Rust 程序设计（初级篇）

[加] 郑宇　黄立群　[加] 沈刚　黄晓涛　全丽莉◎编著

清華大學出版社
北京

内 容 简 介

本书首先介绍了 Rust 语言的历史、特点、与其他编程语言的优缺点对比，以及可能的应用领域，并详细讲解了 Rust 安装编译的基本流程、基本命令和各种与 Rust 编程相关的准备工作。然后，对于想开始学习 Rust 编程语言的读者，本书继续介绍 Rust 编程语言的基础知识，诸如关键字、基本类型、基本语句、变量、运算符以及各种错误处理和测试手段。针对每个应用领域，本书用实例演示如何从零开始编写实用例子。

本书的另一个重要原则是边学习、边实践。在每一个学习阶段，除了引入丰富的例子讲解 Rust 语言的基本要点以外，还编写了专门的章节，说明如何利用已学习的知识来编写简单实用的 Rust 小程序，综合演示 Rust 语言的使用方法。

本书配套教学资源包括 PPT、样例代码、视频以及外部资源链接，可供读者进一步学习使用。

图书在版编目（CIP）数据

Rust 程序设计. 初级篇 /（加）郑宇等编著. -- 北京：清华大学出版社，2025. 2. -- ISBN 978-7-302-68432-9

Ⅰ. TP312

中国国家版本馆 CIP 数据核字第 2025K8E027 号

责任编辑：郭 赛
封面设计：杨玉兰
责任校对：韩天竹
责任印制：沈 露

出版发行：清华大学出版社
网 址：https://www.tup.com.cn，https://www.wqxuetang.com
地 址：北京清华大学学研大厦 A 座　**邮 编**：100084
社 总 机：010-83470000　**邮 购**：010-62786544
投稿与读者服务：010-62776969，c-service@tup.tsinghua.edu.cn
质量反馈：010-62772015，zhiliang@tup.tsinghua.edu.cn
课件下载：https://www.tup.com.cn，010-83470236
印 装 者：三河市龙大印装有限公司
经 销：全国新华书店
开 本：185mm×260mm　**印 张**：18　**字 数**：476 千字
版 次：2025 年 3 月第 1 版　**印 次**：2025 年 3 月第1 次印刷
定 价：69.00 元

产品编号：100253-01

前言

PREFACE

计算机语言发展至今，呈现出“百花齐放，各有所长”的局面：C/C++以快速高效著称，适合系统编程；Python在数据分析和人工智能领域独占鳌头；Java以稳定性见长；Go被誉为“云计算时代的编程语言”。Rust作为一门新兴的系统编程语言，不仅继承了C/C++的性能优势，更凭借其独特的内存管理机制（如生命周期、所有权、借用等）解决了长期困扰开发者的内存安全问题。据统计，70%的系统漏洞源于内存安全问题，而Rust正是为此而生的。

然而，Rust的学习曲线如同一座陡峭的山峰，尤其是对习惯了传统编程语言（如C/C++、Java、Python等）的开发者而言，其函数式编程特性和创新的内存管理机制让许多初学者望而却步。但这座山峰并非不可征服——只要找到正确的路径，读者经过训练也能轻松登顶。本书基于作者20多年的实战经验，采用独特的“自底向上”教学法，将复杂的概念转化为直观的架构图、流程图和代码示例，帮助读者快速理解并掌握核心知识点。通过丰富的实战案例，我们将Rust的核心特性（如内存管理、并发/异步编程等）以工程师熟悉的视角逐一拆解，科学地降低学习难度。本书适合具有一定经验的软件工程师自学，也适合高等院校的计算机专业相关学生在教师的指导下学习。读者最好已经学习并掌握了一门编程语言（函数式编程语言Haskell，或者过程式编程语言Java、C/C++、Python等面向对象编程语言均可）。我们希望通过这种循序渐进、贴近实战的教学方式帮助读者快速掌握Rust，并将其应用于实际项目，为未来的技术挑战做好准备。

本书的核心目标是让读者学完即用，快速上手Rust的实际开发。我们不仅通过大量实例深入浅出地讲解编程的概念和技巧，更在每篇末尾精心设计了实战项目，完整呈现从需求分析、任务拆解、架构设计到代码实现的全流程。这种“即学即用、接近实战”的方式可以确保读者不仅能理解Rust的核心知识点，还能立即将其运用到实际项目，掌握独立开发应用程序的能力。

为提高阅读效率，代码讲解多采用注释形式（以“//”或“#”标记），仅对关键知识点进行正文解析。此外，为避免术语混淆，本书直接采用业界通用的英文术语（如crate、trait等），并在附录中提供中英文词汇对照表（Glossary）。本书所有示例均基于Rust 2018版（部分支持Rust 2021版），全部包含在随书附赠的教学资源包中，并已上传至GitHub和码云。示例涵盖区块链、Substrate、Solana、IPFS/Filecoin、同态加密（HE）、多方计算（MPC）、零知识证明（ZKP）等热门领域；同时，代码实现均选择使用Tokio、Warp等流行框架。本书旨在帮助读者快速掌握Rust，“在战争中学会战争，在游泳中学会游泳”。如果读者希望深入某个领域，本书以及教学资源包还提供了丰富的资源链接，作为进一步学习的起点。

年轻的Rust潜力无限，它正在定义编程的未来。鉴于目前中文版Rust相关书籍稀缺，本书希望能填补这一空白，并推动Rust编程语言进入高校计算机教育课程体系，为即将到来的

Rust 编程语言大规模应用培养更多的人才。Trust Rust,trust yourself,让我们一起拥抱这场技术变革,用 Rust 开启编程的新篇章!

资料获取

可以在 https://gitee.com/gavinzheng731/rust-programming-book 获得本书的示例程序、相关文件、论文、PPT 课件等配套资源;镜像站为 https://github.com/gavinzheng/RustProgramBook。这些资料也可以在本书的教学资源包中找到。

致谢

感谢催生本书的出版界的朋友:清华大学出版社郭赛编辑,Springer 朱伟博士,AM 文化合伙人周瑾瑜女士。感谢武汉北大高科软件股份有限公司罗铮先生、王涛先生、邓昕先生;北科信链数字有限公司戴天年先生、成璋先生;深圳技术大学城市交通与物流学院罗钦先生;武汉城市职业学院教务处处长肖静教授,校工会常务副主席程华平老师,计算机与电子信息工程学院院长向健极教授,党总支书记黄毅老师,副院长王世刚副教授、王社副教授,软件教研室黄涛老师,教学办公室主任叶飞老师、钟雯老师;中通服湖北公司区块链研究院卢赓先生;深圳安复每天王振宇先生、曹彦能女士对本书编写工作的支持。

作　者

2025 年 3 月

目录

CONTENTS

介 绍 篇

第1章 Rust 简介 …… 3

1.1 为什么要学习 Rust …… 4

1.1.1 内存安全 …… 4

1.1.2 效率 …… 5

1.1.3 实用性 …… 6

1.2 Rust 语言简介 …… 8

1.3 Rust 语言应用展望 …… 10

1.3.1 区块链 …… 11

1.3.2 操作系统 …… 12

1.3.3 嵌入式 …… 13

1.3.4 存储 …… 13

1.3.5 隐私计算/编译器 …… 13

1.4 Rust 的缺点 …… 14

1.5 如何快速学习 Rust …… 15

1.5.1 通过关注学习 …… 15

1.5.2 通过动手学习 …… 15

1.5.3 通过阅读学习 …… 16

1.5.4 通过传授学习 …… 16

第2章 Rust 编程准备工作 …… 18

2.1 Linux 下 Rust 编程环境 …… 18

2.1.1 Rust 编译器的下载安装 …… 18

2.1.2 验证 …… 18

2.1.3 设置代理 …… 20

2.2 Windows 下编程环境 …… 20

2.3 在线 Rust 编译器 …… 21

2.4 Rust 编译器分支 …… 23

2.5 Rust 编译器版本策略 …… 23

2.6 rustc 编译命令 …… 23
2.7 Rust 编译器管理工具 rustup …… 28
2.7.1 更新 rustup 自身 …… 29
2.7.2 工具链相关 …… 30
2.7.3 用 rustup 安装组件 …… 31
2.7.4 rustup 常用命令 …… 32
2.8 Rust 调试 …… 32
2.8.1 命令行调试 …… 32
2.8.2 可视化调试 …… 33
2.9 Rust 标准库 …… 35
2.10 Rust 编程的汉字处理 …… 36
2.11 Rust 知识点图谱 …… 36

第 3 章 Cargo 项目管理与编译 …… 38

3.1 项目结构 …… 39
3.2 Cargo 的配置文件 …… 40
3.2.1 Cargo.toml …… 40
3.2.2 Cargo.lock …… 43
3.2.3 Cargo.lock vs Cargo.toml …… 43
3.3 依赖包 …… 43
3.4 开发时依赖包 …… 46
3.5 Cargo 目标对象 …… 47
3.5.1 库对象 …… 47
3.5.2 二进制对象 …… 47
3.5.3 示例对象 …… 48
3.5.4 测试对象 …… 48
3.5.5 基准性能对象 …… 49
3.5.6 配置一个对象 …… 49
3.6 package 表 …… 50
3.7 patch 表 …… 51
3.8 常用的 cargo 的命令 …… 52
3.9 扩展 cargo 命令 …… 52
3.10 特征 …… 54
3.11 profile …… 56
3.11.1 默认 profile …… 58
3.11.2 自定义 profile …… 59
3.11.3 重写 profile …… 59
3.12 工作空间 …… 60
3.13 Cargo 的使用 …… 64
3.13.1 Cargo 系统目录 …… 64

3.13.2 Cargo 清除缓存 …… 65
3.13.3 构建时卡住 …… 65
3.13.4 target 目录结构 …… 65
3.14 config.toml 进行 Cargo 配置 …… 66
3.15 构建脚本 …… 69
3.15.1 build-dependencies …… 70
3.15.2 build.rs …… 70
3.15.3 构建脚本的生命周期 …… 70
3.15.4 构建脚本的输出 …… 71
3.15.5 构建脚本的依赖 …… 72
3.15.6 覆盖构建脚本 …… 73
3.16 如何组织 Rust 项目 …… 73
3.16.1 Rust 中项目组织的重要性 …… 73
3.16.2 模块、crate 和工作空间 …… 74
3.16.3 模块：代码组织的逻辑单元 …… 75
3.16.4 crate：可重用的库或可执行文件 …… 75
3.16.5 创建和管理 crate …… 76
3.16.6 工作空间 …… 77
3.16.7 项目组织工具 …… 77
3.16.8 惯例和最佳实践 …… 78
3.16.9 持续集成 …… 80
3.16.10 试运行 …… 81
3.16.11 覆盖率报告和代码质量指标 …… 81
3.16.12 持续改进的重要性 …… 82
3.17 复杂例子 …… 83

基 础 篇

第 4 章 编程基础 …… 91
4.1 堆和栈 …… 92
4.2 基本数据类型 …… 93
4.2.1 整型 …… 93
4.2.2 布尔类型 …… 96
4.2.3 字符类型 …… 97
4.2.4 浮点类型 …… 99
4.3 字面量 …… 102
4.3.1 数字字面量 …… 102
4.3.2 字符串字面量 …… 103
4.3.3 字符字面量 …… 104
4.4 元组 …… 104

4.4.1 元组声明 …… 104
4.4.2 元组解构 …… 104
4.4.3 元组索引 …… 105
4.4.4 元组使用 …… 105
4.4.5 特殊情况 …… 106
4.5 范围类型 …… 107
4.6 结构 …… 110
4.6.1 具名结构体 …… 110
4.6.2 元组类型结构体 …… 112
4.6.3 空结构体 …… 113
4.6.4 结构可见性 …… 113
4.6.5 结构/字段的可变性 …… 114
4.6.6 其他 …… 115
4.7 枚举 …… 116
4.7.1 C风格的枚举类型 …… 117
4.7.2 带数据的枚举类型 …… 117
4.7.3 混合类型的枚举类型 …… 118
4.7.4 枚举的内存布局 …… 119
4.7.5 代数数据类型 …… 119
4.8 数组、切片和向量 …… 121
4.8.1 数组 …… 121
4.8.2 向量 …… 123
4.8.3 切片 …… 124
4.9 字符串 …… 127
4.9.1 字符串切片 …… 127
4.9.2 字符串 …… 128
4.9.3 字节字符串 …… 131
4.9.4 其他字符串类型 …… 132
4.9.5 各种字符串类型之间转换 …… 132
4.9.6 写时复制 …… 134
4.9.7 字符串相关操作 …… 135
4.10 变量和可变性 …… 137
4.10.1 变量绑定 …… 137
4.10.2 变量 …… 138
4.10.3 可变性 …… 138
4.10.4 变量的作用域和遮蔽 …… 139
4.10.5 常量和静态全局变量 …… 140
4.10.6 别名 …… 144
4.10.7 类型转换 …… 144
4.10.8 零长度类型 …… 146

4.11 控制语句…… 146
4.11.1 分支语句 match …… 147
4.11.2 条件语句 if …… 152
4.11.3 循环语句…… 154
4.11.4 if/let while …… 158
4.12 函数…… 160
4.12.1 提早返回…… 160
4.12.2 发散函数…… 161
4.12.3 递归函数…… 162
4.12.4 函数指针和函数作为参数…… 162
4.12.5 函数嵌套…… 162
4.12.6 方法…… 163
4.12.7 函数作为返回值…… 163
4.12.8 常量函数…… 164
4.12.9 函数和闭包参数做模式解构…… 165
4.12.10 其他 …… 165
4.13 注释…… 166
4.14 运算符…… 167
4.14.1 一元操作符…… 168
4.14.2 二元操作符…… 168
4.14.3 优先级…… 171
4.15 impl 代码块 …… 171
4.15.1 使用 impl 给结构定义方法 …… 172
4.15.2 使用 impl 给枚举定义方法 …… 172
4.16 程序的内存表现…… 173
4.17 文件操作…… 175
4.17.1 文本文件…… 175
4.17.2 二进制文件…… 177
4.17.3 文件路径…… 179
4.17.4 搜索指定扩展名的文件…… 180
4.17.5 压缩文件…… 182
4.18 Rust 标准库 …… 184
4.18.1 Rust 标准库的特点 …… 184
4.18.2 Rust 标准库模块 …… 185
4.19 其他…… 187
4.19.1 下画线…… 187
4.19.2 字符串格式化输出…… 188
4.19.3 Rust 类型清单 …… 191
4.19.4 Rust 保留字 …… 191
4.19.5 其他…… 192

第 5 章 错误处理…… 193

5.1 对象解封 …… 194
5.2 Expect() …… 194
5.3 Option 类型 …… 195
5.4 Result 类型 …… 196
5.5 访问和变换 Option 和 Result 类型 …… 198
5.5.1 用 map 替换 match …… 199
5.5.2 逻辑组合子…… 200
5.5.3 在 Option 和 Result 类型之间互相转换 …… 200
5.6 try!宏 …… 200
5.7 panic!宏 …… 201
5.8 From trait …… 203
5.9 问号(?)操作符…… 204
5.10 Carrier Trait …… 205
5.11 自定义错误类型…… 205
5.12 Error Crates …… 208
5.12.1 failure crate …… 208
5.12.2 snafu crate …… 209
5.12.3 anyhow crate …… 210
5.12.4 thiserror crate …… 212
5.13 Main 函数中的错误返回 …… 213
5.14 错误传递…… 214
5.15 函数中处理多种错误类型…… 215
5.16 处理特定的错误类型…… 216
5.17 总结…… 216

第 6 章 日志和测试…… 218

6.1 单元测试 …… 218
6.1.1 单元测试…… 218
6.1.2 断言宏…… 220
6.1.3 #[should_panic]属性 …… 220
6.2 集成测试 …… 220
6.2.1 Library crate 的集成测试 …… 221
6.2.2 二进制 crate 的集成测试 …… 221
6.2.3 定义集成入口…… 222
6.2.4 有选择地执行集成测试案例…… 222
6.3 文档测试 …… 222

6.3.1 自动生成程序文档 …… 222
6.3.2 编写程序文档 …… 222
6.3.3 运行文档中的测试代码 …… 223
6.4 性能测试 …… 224
6.4.1 nightly 分支下的性能测试 …… 224
6.4.2 stable 分支下的性能测试 …… 225
6.4.3 其他 …… 227
6.5 日志 …… 227
6.5.1 日志宏 …… 227
6.5.2 日志记录器 …… 228
6.5.3 非结构化/结构化日志 …… 229
6.5.4 常用用法 …… 229
6.5.5 日志相关的环境变量 …… 230
6.6 日志监控 …… 231
6.7 复杂样例 …… 231

第 7 章 基础篇总结 …… 234

7.1 命令行程序 …… 234
7.1.1 命令行参数解析 …… 234
7.1.2 命令行程序的输入/输出 …… 237
7.2 环境变量读写 …… 238
7.2.1 读取操作系统环境变量 …… 238
7.2.2 读取环境配置文件 …… 238
7.3 文件读写 …… 239
7.3.1 Json 文件读写 …… 239
7.3.2 Yaml 文件读写 …… 243
7.3.3 Toml 文件读写 …… 245
7.4 进程 …… 247
7.4.1 生成子进程 …… 247
7.4.2 终止进程 …… 249
7.4.3 进程信号处理 …… 250
7.5 正则表达式 …… 251
7.6 时间相关 …… 253
7.6.1 标准库的 Time crate …… 253
7.6.2 chrono crate …… 253
7.6.3 自定义性能测试 …… 254
7.7 区块链相关 …… 255
7.7.1 比特币公私钥生成 …… 255

7.7.2 比特币地址生成 …… 256
7.7.3 keystore 文件 …… 259
7.7.4 密码学应用 …… 264
7.8 错误处理 …… 269
7.8.1 版本 1 …… 269
7.8.2 版本 2 …… 271
附录 词汇表 …… 273

介绍篇

Chapter 1 第1章 Rust 简介

Rust 是一个由 Mozilla 主导开发的通用编译型编程语言，它的设计准则是“**安全、并发、实用**”，支持**函数式、并发式、过程式以及面向对象**的编程风格。Rust 语言原本是 Mozilla 员工 Graydon Hoare 的私人项目，而 Mozilla 于 2009 年开始赞助这个项目，并且在 2010 年首次披露了它的存在。同一年，它的编译器源代码开始由原本的 OCaml 语言转移到 Rust 语言进行启动(bootstrapping)工作，被称作 rustc，并于 2011 年实际完成。这个可自我编译的编译器在架构上采用了 LLVM 作为后端。发展至今，Rust 虽然由 Mozilla 资助，但它其实是一个开源项目，有很大部分的代码来自社区的贡献者。Rust 编程语言的官方网站是 https://www.rust-lang.org/。

Rust 是在 MIT License 和 Apache License 2.0 双重协议声明下的免费开源软件。第一个有版本号的 Rust 编译器在 2012 年 1 月发布。Rust 1.0 是第一个稳定版本，于 2015 年 5 月 15 日发布。其后陆续发布了 Rust 2018 Edition 和 Rust 2021 Edition。

Rust 已经连续 7 年(2016—2022)在 Stack Overflow 开发者调查的“最受喜爱编程语言”评选项目中夺得桂冠(图 1.1)。

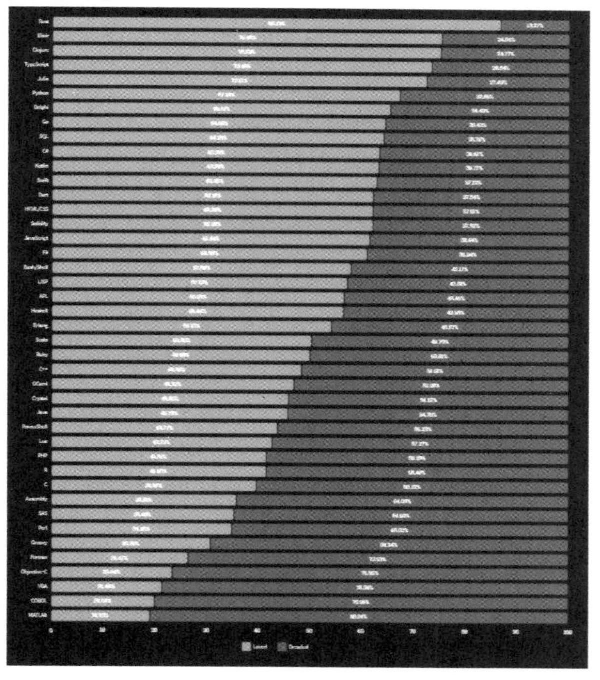

图 1.1　2022 年 Stack Overflow“最受喜爱编程语言”榜单[①]

① https://survey.stackoverflow.co/2022/#section-most-loved-dreaded-and-wanted-programming-scripting-and-markup-languages

图 1.2 和图 1.3 是 Rust 的 Logo 和吉祥物。

图 1.2 Rust 语言的 logo①

图 1.3 Rust 语言的吉祥物

1.1 为什么要学习 Rust

计算机语言发展到现在,可以说是八仙过海,各擅胜场:FORTRAN 语言擅长数学计算;Ada 语言主要应用在军事领域,注重高可靠性;C/C++语言侧重于低级的系统编程(如 OS、I/O、设备驱动等)和嵌入式编程,优点在于快速高效;Python 语言在大数据分析和人工智能开发方面有独到的优势;Java 语言胜在稳定和安全,应用广泛;而 Golang 语言则被称为云编程语言。

2015 年 5 月,Rust 发布了 1.0 版本,Mozilla 曾这样描述 Rust:

"Rust 是一个新的编程语言,注重性能、并行、内存安全。设计者们从头开始创建一门语言,融合现代编程语言的优秀设计,避免了传统编程语言的历史包袱。"

Rust 被认为是一个**类型安全(Type Safe)**的系统编程语言:借助现代化的类型系统,给予了 Rust 语言高级的抽象表达能力,与此同时又保留了对底层的控制能力。下面从内存安全、效率和实用性三个角度介绍 Rust 语言的特点和优越性。

1.1.1 内存安全

在传统的系统级编程语言(C/C++)的开发过程中,手动管理内存非常容易出问题,程序员发现很难编写内存安全和线程安全的代码,经常会出现因各种内存错误而引起的崩溃或 Bug,例如空指针(Null Pointer)、野指针(Wild Pointer)、内存泄露(Memory Leak)、内存越界(Out of Boundary)、段错误(Segment Fault)、数据竞争(Data Race)、迭代器失效等。谷歌研究认为内存安全漏洞是困扰无数系统的实际威胁。最近一项研究②发现,在每年通过安全更新解决的漏洞中,约 70%属于内存安全问题。内存安全引发的问题大致有以下几大类:

- **释放后使用,又称悬垂指针(Dangling Pointer)**
  内存资源被释放后,程序员仍然通过该指针或者指针别名访问该内存资源,从而导致系统崩溃。这种释放后使用的场景被称为悬垂指针(Dangling Pointer)。
- **多重释放(Double Free)**
  已经释放过的指针或未分配内存的指针被重复释放。

---

① https://www.rust-lang.org/zh-CN/governance

② https://www.zdnet.com/article/microsoft-70-percent-of-all-security-bugs-are-memory-safety-issues/

- **使用未初始化的数据(Uninitialized Memory)**

  内存未初始化,其内存地址上的数据是随机的,而这会导致程序行为不可预测。
- **缓存上溢和下溢(Overflow and Underflow)**

  当在读写一个内存块时,程序员可能试图访问该块之外的内容。例如:数组有10个元素,但是程序员却试图访问第11个元素,这被称为数组越界。而数组越界会引发段故障(Segmentation Fault)而导致程序崩溃。此类错误很难定位。同时,缓存的上溢和下溢也是很多安全问题的根源。
- **引用空指针(Null Pointer)**

  空指针意味着没有内存数据。引用空指针数据会导致程序行为不可预测。Tony Hoare把空指针称为万亿美元的错误。如果设定指针地址为0,就被称为空指针。在大多数编程语言中,这意味着这个指针不指向任何数据,但是这些编程语言并不限制空指针的使用。访问地址0会导致操作系统立刻出现故障。
- **数据竞争(Data Race)**

  数据竞争会导致不可定义的行为,而且很难被诊断发现。因此,修正错误会非常困难。数据竞争的3个原因:
  - 两个或多个指针同时访问同一数据;
  - 至少有一个指针被用来修改数据;
  - 没有机制来同步对数据的访问。

为了解决内存管理的问题,一些编程语言实现了自动垃圾回收的机制(Garbage Collection,GC),故程序员在绝大多数情况下不用再操心内存释放的问题,而是由垃圾回收程序在运行时进行监视检查,释放不再被程序使用的内存资源。显而易见,垃圾回收机制会降低程序的执行效率。而Rust语言则被普遍认为是一种关注内存安全的系统编程语言,同时结合了对性能的底层控制与许多现代语言的特征。Rust以其内存管理模型而闻名:

① 用编译时的内存安全检查取代了运行时的垃圾回收机制;

② "零成本",即内存管理并不以损失运行时的性能为代价。

Rust引入了强大的类型系统和所有权系统,不仅保证了内存安全,还保证了并发安全,同时还不会牺牲运行时的性能。另外,为了保证支持硬件实时系统,Rust从C++那里借鉴了确定性析构、RAII(Resource Acquisition Is Initialization,资源获取即初始化)和智能指针,用于自动化地、确定性地管理内存,从而避免垃圾回收机制的引入,因此就不会有"紧急暂停"(指的是当垃圾回收算法程序监视运行时,在某个时间点会占用太多资源而导致程序本身看起来像暂时停止运行一样)的问题。

1.1.2 效率

效率是衡量编程语言的重要标准。C++的运行效率一直为程序员所推崇,而Java的虚拟机(Virtual Machine,VM)执行模式+垃圾回收机制对程序执行效率的影响也一直为程序员所诟病。对效率的讨论主要包括下面三方面。

1. 运行时效率

由于Rust坚持了零成本抽象的原则,所有的检查都在编译时进行,所以Rust程序的运行速度和性能几乎和C++程序、汇编语言程序一样。

2. 编译时效率

Rust的整个编译过程因为要做尽量多的检查:

- 宏展开
- 泛型程序预编译
- 借用检查(Borrow Checker)
- 生命周期检查
- …

所以导致编译的时间比较长。这也是 Rust 社区一直在讨论的问题。目前 Rust 团队也在考虑采用增量编译等处理方式提高编译效率。

3. 开发时的效率

初学者用 Rust 编程可能会比较慢:为了通过 Rust 编译器极其严格的正确性检查,可能程序员需要花更多的时间定位编译错误并修正。但是在项目的整个生命周期里,这样的付出会给程序员节省很多的时间。在编写正确的程序上花费的努力将会从调试各种各样的 Bug 中得到十倍、百倍的回报。

综合考量,用 Rust 可以快速而高效地开发程序,同时也不会损失代码效率,而且可以避免很多危险、潜在的编程错误。

1.1.3 实用性

Rust 的实用性表现在以下几方面。

1. 稳定而强有力的核心团队

Rust 最初的核心团队来自 Mozilla,发展到现在,Mozilla 和非 Mozilla 成员都有。开发工作的核心团队细分为专项治理语言项目、社区运营、语言核心开发、工具开发、库开发等,负责管理和维护各个项目的各方面事项,具体如图 1.4 所示。

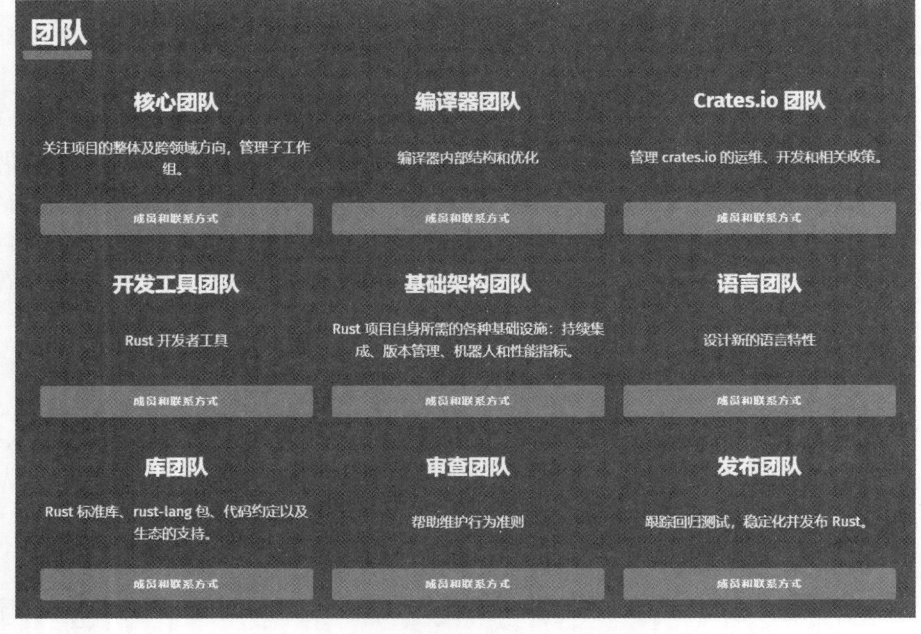

图 1.4 Rust 语言团队组成[①]

① https://www.rust-lang.org/zh-CN/governance

Rust语言在不同领域的应用由不同的工作组负责开发维护，如嵌入式设备、游戏开发、安全响应等。同时，Rust团队维护三个发行分支：稳定版（Stable）、测试版（Beta）和开发版（Nightly）。其中，稳定版和测试版每6周发布一次。标记为不稳定（Unstable）和特征开关（Feature Gate）的语言特性或标准库特性只能在开发版中使用。Rust语言相对复杂的新功能都要经历如下步骤才算真正稳定可用：

```
RFC → Nightly → Beta → Stable
```

2021年2月，Rust基金会宣布成立，赞助商包括华为、AWS、Google、Microsoft、Facebook等，基金会将完全专注于Rust语言的开发与生态发展。Rust基金会成立后，整体项目由基金会来支持；而开发则通过开源社区进行。

专业而稳定的核心团队，合理的路径设计，稳定的步调，清晰透明的版本管理和释出机制，来自企业界的热情支持等给了我们强烈的信心：Rust会稳步发展，兼容并蓄，逐步成长为新一代主流的系统编程语言。投注在Rust语言学习上的所有努力不会白费，并极有可能在未来获得丰厚的回报。

2. 强大的社区

Rust编程语言是开源的，其源码位于https://github.com/rust-lang/rust项目中；语言设计和相关讨论位于https://github.com/rust-lang/rfcs项目中。任何一个开发者都可以直接给这个项目提Bug，或者直接贡献代码。Rust项目是完全由开源社区管理和驱动的，社区的氛围非常友好。开发者能够通过社区详细了解Rust的每一步改进是如何产生的，又是如何达成共识并且通过RFC（Request for Comments）流程实现的。

Rust语言相对重大的设计必须经过RFC设计步骤，这个步骤主要用于讨论如何“设计”语言。所有大功能必须先写好设计文档，讲清楚设计的目标、实现方式、优缺点等，让整个社区参与讨论，然后由核心组（Core Team）的成员参与决定是否接受这个设计。笔者强烈建议各位读者多读一下RFC文档，许多深层次的设计思想问题都可以在这个项目中找到答案。在Rust社区，我们不仅可以看到最终的设计结果，还能看到每一步设计的过程，对程序员来说非常有教育意义。

目前，Rust开源社区已有超过6000名贡献者，约有1300万名开发者。当在学习Rust的过程中碰到问题时，可以在Reddit上发帖，或者是在Gitter上求助，又或者是在GitHub上面求助。社区的朋友都非常友好和乐于助人。

3. 学习资料

Rust官方编写了Rust编程语言的书籍及其周边工具，还有技术方面的相关书籍，包括rustup、cargo、异步编程，以及Rust WASM等。这些公开的在线书籍可以帮助读者学习。同时，Rust官方还提供了Rust语言的Playground工具[①]，供学习者在线开发、调试代码以及共享代码使用。

4. Rust语言的自身优势

（1）运行速度快：性能和C++差不多，Rust语言使用的是静态类型编译型语言。

（2）不再有C++程序中的段错误（Segment Fault）：Rust利用枚举类型——Result返回

① https://play.rust-lang.org/?version=stable&mode=debug&edition=2021

Ok(value)或Err(error),返回错误更明确。

(3) 强大的函数式特性:Rust支持函数式程序设计(Functional Programming,FP)友好的类型系统、不可变类型、闭包,迭代器、模式匹配等功能。

1.2 Rust语言简介

Rust被认为是一种安全、并发并且实用的编程语言,它类似于C++,但是在保持性能的前提下具有更好的内存安全性。Rust是一种静态的强类型语言。静态的意思是编译器在编译时已经获得了所有变量和其类型的信息,并且会在编译时进行绝大部分相关的检查,在运行时进行的检查只占一小部分。强类型意味着Rust不允许在类型间进行自动转换——指向整数的指针不能被编程为指向字符串的指针。

Rust有着非常优秀的特性,例如:

- 可重用模块(Reusable Module)
- 内存安全和保证(安全的操作与不安全的操作)
- 不可恢复和可恢复的错误处理特性(Error Handling)
- 并发性支持(Fearless Concurrency)
- 复杂的数据类型(Collection)
- 强大的、静态的、表达力丰富的、安全的类型系统(Expressive Type System)
- 跨平台编程支持(Cross Platform Programming)
- 和其他编程语言(如C)的交互操作性(Interoperability)
- 杰出的执行效率和速度
- 现代的泛型系统(Modern Generic System)

为了达成目标,Rust遵循了三条设计哲学:

1) 内存安全(Memory Safe)

Rust杰出的内存安全机制基于3个支柱:

(1) 没有空指针:在指针为空时使用Option<T>是非常安全的。

(2) 可选的支持垃圾回收的库。

(3) 所有权(Ownership)、借用(Borrowing)和生命周期(Lifetimes)用来在编译时检测所有的内存使用。

2) 零成本抽象(Zero-Cost Abstraction)

因为Rust所倡导的安全的概念,所以Rust编译器在程序编译时会做尽可能多的检查,争取在编译期间就发现问题。而这些检查并不会对程序运行时的效率造成影响,所以被称为零成本。此外,Rust的编译信息还非常友好和详细,大大提高了程序员学习和纠错的效率。

3) 实用性(Practicability)

(1) 表达能力强(Expressive)

Rust不同于衍生自C语言的Java、Go、Python等语言,它更多地吸取了Ocaml、Haskell、Scheme等函数式语言的特性。虽然Rust是一门系统级编程语言,但并不意味着它只能写底层程序(操作系统、驱动、工具、数据库、搜索引擎等),它的抽象表达能力也非常出众。实践证明,它对问题建模的能力和方便性不比C++、Java、Python、Ruby这些语言差。

(2) 性能强劲(Performance)

强劲的性能也是Rust的亮点之一,Python虽然优点非常多,但是其性能一直被人诟病。

而 Rust 的一个设计理念就是实现高并发，充分利用现代计算机的多核特性。目前，很多基准测试都表明 Rust 的性能和 C 语言已经相差不大。考虑到 Rust 本身就是为了现代多核计算机设计的编程语言，况且 Rust 还是处在婴儿期，而 C 可是 20 世纪 70 年代的产物，Rust 确实未来可期。

（3）良好的兼容性（Compatibility）

为了保证老程序的兼容性，Rust 设计组提出了一个基于 Edition 的版本演进策略，它要解决的问题是如何让 Rust 更平稳地进化。有时候引入新功能必然会和老的特性冲突。为了最大化地减少这些变动给用户带来的影响，Rust 的 Edition 版本的方案就是让 Rust 的兼容性保证是一个**有限的时间长度**，而不是永久。Rust 目前推出了以下的 Edition：

```
2015 -->2018 -->2021
```

新的 Edition 包括一些不兼容的改变。但是，Rust 设计组不会突然让前一个 Edition 的代码到了后一个 Edition 中就不能编译了，而是采用了一种平滑过渡的方案。

（4）扩展性（Extensibility）

Rust 几乎可以在任何粒度上与包括 C 和 C++的其他语言的模块共存：可以在模块级上共存，也可以在函数级上共存。例如，我们可以重写整个网络安全的部分，也可以重写那些最容易遭受攻击的部分。C 和 Rust 之间的调用没有开销，C 可以调用 Rust，反之亦然。即使是 C++，虽然有一些方法还是要通过 C 接口实现；但是，Rust 也有一些不错的 crate 可以帮助程序员生成额外的模板代码，使得 C++和 Rust 可以无缝通信。

总而言之，

性能上，Rust 非常快速且节省内存：没有运行时（Runtime），不使用垃圾收集器，它适合高性能服务的场景，可以在嵌入式设备上运行，并且可以轻松地与其他语言集成。

可靠性上，Rust 的丰富类型系统和所有权模型保证了内存安全性和线程安全性，在编译时就能够消除许多类错误。

开发效率上，Rust 拥有出色的文档、友好的编译器、有效的错误提示以及一流的工具——集成的包管理器和构建工具，具有自动完成和类型检查的智能多编辑器支持，以及自动格式化程序等。

Rust 语言在编程语言家族中的定位如图 1.5 所示。

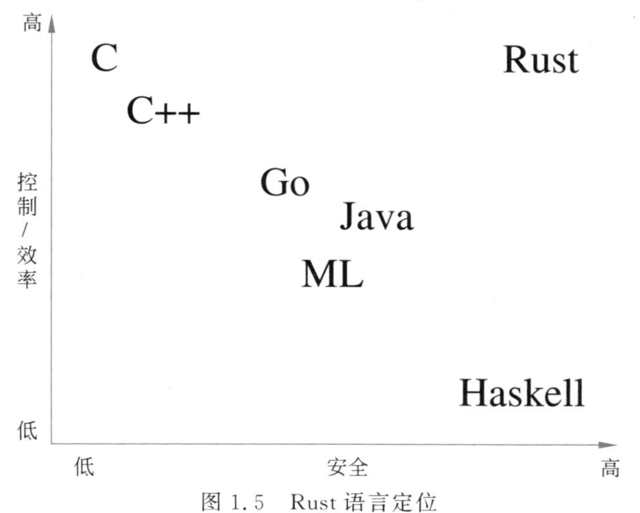

图 1.5 Rust 语言定位

1.3 Rust 语言应用展望

鉴于 Rust 语言、工具及其社区的蓬勃发展，Rust 编程语言越来越被主流工业界所接受。首先，越来越多的国际大公司选择使用 Rust 来开发或者重构重要的项目。

- **Meta**
  Meta 推出了用 Rust 语言开发的区块链项目——Libra/Diem。
- **Google**
  2016 年开始开发的 Fuchsia 操作系统，其中 22%的代码使用 Rust 编写。
- **Microsoft**
  为了解决安全问题，开始尝试使用 Rust 来代替 C 和 C++重写 Windows 组件；其 DeisLabs 团队也选择使用 Rust 来构建 Kubernetes 工具 Krustlet。
- **Amazon**
  Amazon Web Service(AWS)开始在 Lambda[①] 中实验性地使用 Rust。Lambda 提供边编程边付费(Pay as you go)的功能：用户只需要编写 Rust 函数，而由 AWS 负责从物理服务器、虚拟机直到 Rust 运行时环境的管理。AWS 同时提供了很多托管服务，如 DynamoDB(NoSQL 数据库)、SQS(消息队列)和 S3(文件存储方案)。Rust 提供了 rusoto[②]SDK 来访问这些服务。
- **字节跳动**
  飞书客户端非 UI 部分是由 Rust 跨平台实现的；2021 年 5 月开源了 Rust 语言编写的 rsmpeg 项目；同时采用 Rust 作为主要语言开发 FFmpeg 库。
- **华为**
  华为一直活跃于 Rust 社区，开发了代发度量工具 Tokei、Cargo-Geiger 等；同时也尝试将 Rust 应用于开源项目。

其次，从使用 Rust 的产品和项目的角度看，Rust 在几乎所有的多平台、高性能和注重安全性的领域都已经广泛应用。

- **区块链(Blockchain)**
- **浏览器(Browser)**
  绝大部分的现代浏览器[③]都基于 3 个浏览器引擎：
  - Blink：Chromium、Google Chrome、Microsoft Edge 和 Opera
  - Gecko：Firefox
  - WebKit：Safari

  Firefox 的新的内核 Servo[④] 于 2012 年由 Mozilla Research 开发。Servo 项目的目标是创建一个独立的、模块化的、可嵌入的 Web 引擎，帮助程序员来部署 Web 标准的内容和应用。Servo 使用 Rust 开发而成，利用了 Rust 的内存安全和并发特性。Servo 一开始是一个研究项目，2017 年，Servo 中的 CSS 引擎成熟并被并入 Gecko；

---

① https://aws.amazon.com/blogs/opensource/rust-runtime-for-aws-lambda/
② https://crates.io/crates/rusoto
③ https://en.wikipedia.org/wiki/List
④ https://github.com/servo/servo

而其渲染部分(被称为WebRender)也将被集成到Firefox。如果大家使用Firefox浏览器,则实际上就在执行大量的Rust代码。

- **编译器(Compiler)**
- **操作系统(OS)**
- **数据库[1](Database)**

  PingCAP分布式数据库TiDB使用Rust开发底层分布式存储TIKV,并已开源。
- **隐私计算(Privacy Computation)**
- **嵌入式系统(Embedded System)**
- **存储系统(Storage)**

1.3.1 区块链

目前比较流行并且知名的使用Rust开发的区块链系统[2]如下。

1. 超级账本锯齿鱼(Hyperledger Sawtooth)

Sawtooth是一个构建、部署和运行分布式账本的企业级方案,它使用Rust语言给应用开发程序员和系统管理员更多的控制权、更大的灵活性和为他们的区块链网络提供更大的安全性。

2. Solana[3]

Solana是一个高性能的区块链,提供高吞吐量和非常低的燃料(GAS)费用,它通过其历史证明机制(Proof of History,POH)实现了这一点。该机制被用来提高其POS共识机制的性能。

3. Polkadot[4]

2017年10月,Gavin Wood为了打破区块链网络中数据孤立的状态,以及以太坊扩展性问题,推出了以跨链互通为核心优势的波卡(Polkadot)。Polkadot是将多个专用区块链连接到一个统一网络中的下一代区块链协议。协议就是基于共识的一组约定:例如怎么样建立连接、怎么样互相识别等。

4. Substrate[5]

Substrate是一个区块链的开发框架,提供更灵活方便的方式开发区块链。Substrate提供了下列所有的区块链核心模块,区块链程序员可以自由选择和组合应用这些核心模块,而不用关心它们的实现细节。

- 数据库(Database)
- 网络(Networking)
- 交易队列(Transaction Queue)
- 共识(Consensus)

---

① https://crates.io/categories/database-implementations

② https://github.com/rust-in-blockchain/awesome-blockchain-rust

③ https://solana.com/

④ https://polkadot.network/

⑤ https://substrate.io/

5. Parity[①]

Rust 安全的语言特性与区块链的特性天生有重合性,因此区块链也成为较早引入 Rust 语言的领域之一,Gavin Wood 博士开发的 Parity 客户端是首个使用 Rust 的区块链项目,于 2015 年推出。

6. Grin[②]

Mimblewimble[③] 是一个面向隐私安全的去中心化区块链格式和协议,依托于健壮的加密原语,提供非常好的可扩展性、隐私和可替代性,它解决了当前几乎所有实现的区块链与现实需求之间的差距。Grin 是一个实现 Mimblewimble 协议的区块链开源软件项目,并填补实现了 Mimblewimble 协议所缺失的一个完整的区块链和加密货币所必需的一些特性。

7. ChainX[④]

ChainX 是 Polkadot 的平行链项目。

可以在 https://rustinblockchain.org/找到 Rust 在区块链中应用的实时进展。

1.3.2 操作系统

2022 年 9 月,Linus Torvalds 公开声明 Rust 语言将进入 Linux 6.1 版本[⑤](图 1.6)。

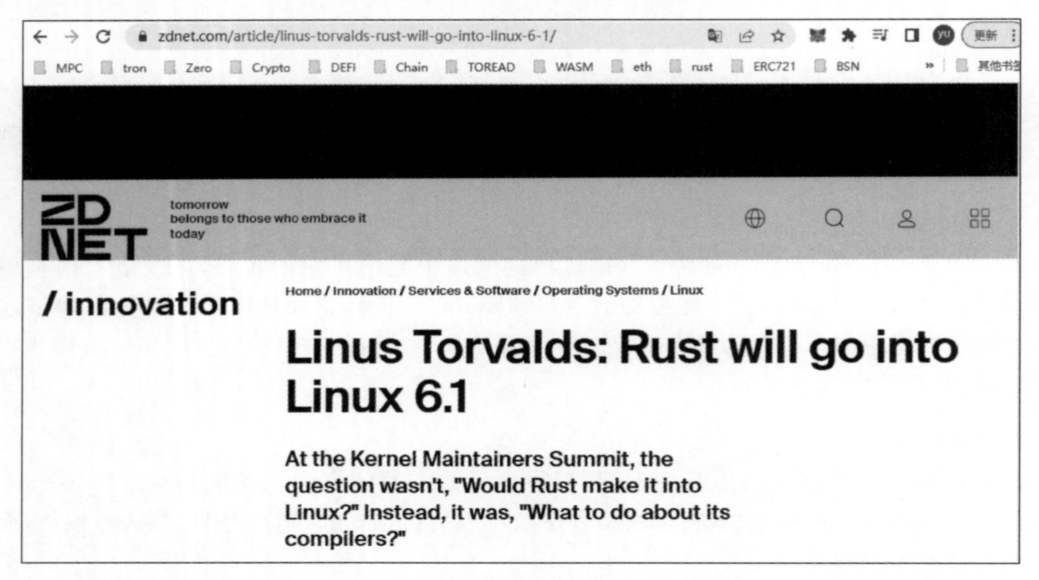

图 1.6 Linus Torvalds 公开声明将 Rust 纳入 Linux

很多 Rust 开发程序员也在挑战用 Rust 语言开发操作系统,目前比较成熟的项目是 Redox OS[⑥]。Redox 是用 Rust 语言开发的微内核架构的类 UNIX 操作系统。Google 也在其

---

① https://www.parity.io/
② https://grin.mw/
③ https://github.com/mimblewimble/grin/blob/master/doc/intro.md
④ https://chainx.org/
⑤ https://www.zdnet.com/article/linus-torvalds-rust-will-go-into-linux-6-1/
⑥ https://www.redox-os.org/

Fuchsia[1]操作系统中使用Rust。另外,还有针对物联网设备(Internet of Things)的操作系统Tock[2],物联网设备的操作系统比较特殊的地方就是需要考虑物联网设备的低内存和低电能的限制。

在BlueHat IL 2023大会上,微软企业和操作系统安全副总裁David Weston介绍了微软正对Windows11进行的内核级改造。微软正在用Rust取代C++改写内核,目前已经添加了36000行代码。而Weston也指出,Rust语言有着极高的内存安全性,原来内核中大量不安全的子例程也在改写后消失不见。

1.3.3 嵌入式

市场上有太多的硬件平台和外部设备。为每一个硬件设备从头开始编写Rust程序几乎不可能,所以在嵌入式开发领域,也采用了抽象的分层架构。在最底层,一般包括外部设备访问用crate,这些crate用来定义寄存器和微控制器的底层细节。在其上,是嵌入式硬件抽象层(embedded-hal,Hardware Abstraction Layer)。硬件抽象层包含定义驱动程序和抽象层实现之间的硬件无关的接口。驱动程序直接使用嵌入式硬件抽象层的trait,而不需要关心硬件特定的细节,这让开发程序员开发可移植的驱动程序、固件和应用成为可能。可以在crates.io上以embedded-hal或者embedded-hal-impl为关键字搜索相关的crate。驱动程序则支持平台无关的设备,如传感器、调制解调器、LCD控制器等。

1.3.4 存储

目前,在去中心化的存储系统市场中,IPFS/Filecoin是最耀眼的明星。星际文件系统(Inter-Planetary File System,IPFS)本质上是一种内容可寻址、版本化、点对点超媒体的分布式存储、传输协议。IPFS的目标是补充乃至取代过去20年里使用的超文本媒体传输协议(HTTP),构建更快、更安全、更自由开放的互联网时代。而Filecoin是一个去中心化的存储网络(Distributed Storage Network,DSN),是一个云存储的自由交易市场,通过Filecoin项目来实现其协议。矿工通过提供数据存储或检索来获得通证(Token,也被称为Filecoin),而客户在存储或分发数据以及检索数据时,需要向矿工支付通证。Filecoin中生成信誉证明(Proof of Reputation,PoR)以及时空证明(Proof of Space Time,PoST)的程序[3](filecoin-project/rust-fil-proofs)都是基于Rust开发的。

Dropbox是最早使用Rust并取得成功的公司之一。Dropbox将Rust用于其部分文件同步引擎,以及一个新的视觉交流工具Dropbox Capture,旨在使团队能够轻松地使用屏幕记录、视频信息、屏幕截图或GIF来异步分享工作。

1.3.5 隐私计算/编译器

隐私增强技术(Privacy Enhancement Technology,PETs)是一系列广泛的硬件或软件解决方案,旨在提取数据价值,以充分释放其商业、科学和社会潜力,而不危及这些信息的隐私和安全。

---

① https://fuchsia.dev/

② https://www.tockos.org

③ https://github.com/filecoin-project/rust-fil-proofs

隐私计算技术的重要性在于：随着云计算的快速发展，越来越多的关键性服务和高价值数据被迁移到了云端，云计算过程的数据安全也因此成为学术界和工业界关注的焦点。隐私安全计算填补了当前云安全的一项空白——使用中数据(Data-in-use)的保密安全。对企业来说：

- 随着数据安全法、隐私保护法的颁布，不当的数据使用或将导致增加罚款；
- 企业在分析和应用测试方面缺乏自给自足，数据可能需要由第三方机构进行测试；隐私计算技术保证在数据共享的同时实现隐私保护；
- 隐私泄露会损害企业的声誉。

常见的隐私计算技术有：

- 安全多方计算(Secure Multi-Party Computation，sMPC)、同态加密(Homomorphic Encryption，HE)等；
- 联邦学习(Federate Learning，FL)；
- 可信计算(Trust Execution Environment，TEE)。

目前很多的隐私计算技术，诸如零知识证明(Zero Knowledge Proof，ZKP)、同态加密等的底层实现都是基于数字电路的。业界出现了很多领域专业语言(Domain Specific Language，DSL)，有效地隔离了数字电路和用户逻辑，使用户能够专注于业务相关的隐私安全逻辑，而不用操心其数字电路的设计和实现。当前最流行的 DSL 有 Zokrates[①] 和 Circom[②]，而它们都是用 Rust 语言开发的。

1.4 Rust 的缺点

读者很容易把 Rust 语言当成软件工程的“万灵丹”。例如：

- Rust 语言具有高级语法，但是具有低级语言的效率；
- 不会崩溃的并发；
- 具有完美安全机制的 C。

但是以上的口号确实有失偏颇，而 Rust 确实也不是完美无瑕的。

(1) 使用 Rust 语言给循环的数据结构建模时会比较困难，例如图。

(2) Rust 的编译效率要慢于其同级的编程语言。

Rust 编译中有一个非常复杂的工具链，这个工具链接受多种 Rust 文件的中间表现形式(Intermediate Representation，IR)，并最终传给 LLVM 编译器。Rust 程序的编译单元不是单个的文件，而是一个文件包(通常被称为 crate)。由于 crate 可能包含多个模块，故要编译的文件包可能非常大。

(3) Rust 编译器严格的检查。

Rust 编译器的编译检查是非常严格的。对于初学者而言，一开始可能需要跟编译器的各种各样错误提示打交道。这是一个漫长的过程，但是付出的努力绝对是值得的。

(4) Rust 编程语言包罗万象。

Rust 包括富类型系统(Rich Type System)，拥有上百个新的关键字以及各种其他编程语言没有的特点和功能，这一切都造成了陡峭的学习曲线。

---

① https://github.com/Zokrates/ZoKrates

② https://github.com/iden3/circom

1.5　如何快速学习 Rust

笔者非常赞同 Rust 死灵书[①]中提倡的 Rust 学习方法和态度：Learning by Watching(通过关注学习)，Learning by Doing(通过动手学习)，Learning by Reading(通过阅读学习)，Learning by Teaching(通过传授学习)。

1.5.1　通过关注学习

由于 Rust 语言仍然是一门非常活跃的新生代编程语言：新的概念、框架、crate 层出不穷；而且 Rust 社区已经成了自给自足的、非常活跃的、自我演进的社区，Rust 学习者必须对 Rust 的发展趋势时刻保持关注。

1. 笔者推荐关注的官方网站

(1) 官方博客[②]。

(2) Crates Rust 类库[③]。

(3) Docs. rs Rust 类库文档[④]。

(4) Rust 补充性文档网站 Rust Forge[⑤]。

(5) RFC[⑥]。

2. 关注以下按话题分类的网站

(1) 关于 Rust 游戏开发[⑦]。

(2) 关于 Rust Web 开发[⑧]。

(3) 关于 Rust IDE[⑨]。

(4) Rust 中未稳定的特性(Unstable Feature)[⑩]。

3. 订阅邮件

(1) This Week in Rust[⑪]。从 2013 年 6 月开始，"This Week in Rust"保持每周更新，已有 280 多期。Rust 的功能更新、RFC 通过、社区动态、近期活动等都可以在周报中看到。想要了解 Rust 的重要动态，在这里一目了然。

(2) Rust in Blockchain[⑫]。区块链中 Rust 应用的新闻邮件。

1.5.2　通过动手学习

学习一门新的编程语言的最好方法是动手，如同在游泳中学习游泳，在战争中学习战争。

---

① https://doc. rust-lang. org/nightly/nomicon/intro. html

② https://blog. rust-lang. org/

③ https://crates. io/

④ https://docs. rs/

⑤ https://forge. rust-lang. org/

⑥ https://rust-lang. github. io/rfcs/

⑦ https://arewegameyet. rs/

⑧ https://www. arewewebyet. org/

⑨ https://areweideyet. com/

⑩ https://doc. rust-lang. org/unstable-book/language-features. html

⑪ https://this-week-in-rust. org/

⑫ https://rustinblockchain. org/newsletters/rib-newsletter-44/

所以笔者推荐的学习路径如下。

(1) 通读 Rust by Example[①]。把其中的例子都自己运行一遍,特别是对其中指出的错误用法也调试一遍。

(2) 到 LeetCode[②] 和 Rustgym[③] 上刷一刷面试题,补足自己的相关知识短板,并用 Rust 语言编程解决 LeetCode 上的一些面试问题或者竞赛问题。

(3) 尝试做一个项目练手。在做项目的过程中一定会需要各种各样的库,请到 Crates[④](crates.io 是公共的包注册器,用来查询和下载相应的库)上搜索,寻找适合需求的 crate,了解它们的用法,必要时查阅它们的源码。

1.5.3 通过阅读学习

Rust 核心团队推出了 Rust 编程语言的官方权威著作:

(1) The Rust Programming Language[⑤]。在对 Rust 的常用概念有基本了解的情况下,再读这本官方教程可以进一步理解某些细节。

(2) Rust 死灵书(Rust nomicon)[⑥]。

(3) Rust and WebAssembly[⑦]。介绍如何将 Rust 代码生成为更快、更可靠的 WebAssembly 代码。

(4) Cargo Book[⑧]。Rust 包管理器 Cargo 的在线书籍。

(5) Rustup[⑨]。Rust 工具链管理工具在线书籍。

(6) Async[⑩]。Rust 异步编程在线书籍。

读者可以参考这个网站[⑪]上列出的 Rust 相关的书籍(大部分书籍的电子版可以在本书的资源包里找到)。笔者推荐其中的:

(7) Programming Rust 2nd Edition。

(8) Mastering Rust 2nd Edition。

1.5.4 通过传授学习

教学相长。根据笔者的经验,只有自己能够把一个知识点给别人讲解明白了,这才是真明白了。所以,在线上或者线下参与 Rust 的相关讨论,回答 Rust 的相关问题也是非常重要的一个学习方法。笔者推荐的线上社区有:

(1) Rust 官方网站除了工作团队和工作组,还有社区论坛[⑫](讨论任何与 Rust 相关的内

---

① https://doc.rust-lang.org/rust-by-example/index.html

② https://leetcode.com/

③ https://rustgym.com/

④ https://crates.io/

⑤ https://doc.rust-lang.org/stable/book/

⑥ https://doc.rust-lang.org/nightly/nomicon/intro.html

⑦ https://rustwasm.github.io/book/

⑧ https://doc.rust-lang.org/cargo/reference/cargo-targets.html#library

⑨ https://rust-lang.github.io/rustup/basics.html

⑩ https://rust-lang.github.io/async-book/01_getting_started/01_chapter.html

⑪ https://github.com/sger/RustBooks

⑫ https://www.rust-lang.org/community

容)、内部论坛(讨论语言自身开发)和Discord、Zulip等聊天平台以供交流。

(2) Rust语言中文社区[①]。

(3) Reddit[②]。

(4) Stackoverflow[③]。

(5) Rust用户论坛[④]。

总而言之,最后也是最重要的原则:持续学习,不断参与,积极动手。

---

① https://rustcc.cn/

② https://www.reddit.com/r/rust/comments/a93dv8/cryptocurrencies_written_in_rust/

③ https://stackoverflow.com/

④ https://users.rust-lang.org/

Chapter 2 第2章 Rust 编程准备工作

在开始 Rust 编程之前，必须安装 Rust 编译器，并进行相应的配置。读者可以在 https://www.rust-lang.org/learn/get-started 找到相关信息。本章主要介绍如何下载安装 Rust 编译器，如何编译 Rust 程序，以及如何使用基本的 Rust 工具。

- cargo：Rust 的包管理器（见第 3 章）。
- rustc：Rust 编译器。
- rustup：Rust 工具链管理器。

本章还会讨论一些特殊的话题，例如 Rust 编程中的汉字处理。

2.1 Linux 下 Rust 编程环境

本节以 Ubuntu 为例，介绍 Linux 下 Rust 编译器的下载和安装。在 Linux 系统上安装 Rust 编译器，需要先安装 libssl-dev、pkg-config、zlib1g-dev、protobuf 等库包。命令如下：

```
$ sudo apt-get update
$ sudo apt-get install libssl-dev libudev-dev pkg-config zlib1g-dev llvm clang cmake make
libprotobuf-dev protobuf-compiler
```

2.1.1 Rust 编译器的下载安装

输入下面的命令即可开始下载和安装 Rust 编译器，如图 2.1 所示。

```
$ curl --proto '=https' --tlsv1.2 -sSf https://sh.rustup.rs | sh
```

一般选择默认安装选项 1。如果一切顺利，将显示图 2.2 所示的安装成功界面。

最后，按照上面的提示设置环境变量：

```
$ source $HOME/.cargo/env
```

2.1.2 验证

安装 Rust 后，打开 shell，输入：

```
$ rustc --version
```

输出如图 2.3 所示。

```
root@iZm5efohbvfvrrcnjdpz8hZ:~# curl https://sh.rustup.rs -sSf | sh
info: downloading installer

Welcome to Rust!

This will download and install the official compiler for the Rust
programming language, and its package manager, Cargo.

Rustup metadata and toolchains will be installed into the Rustup
home directory, located at:

  /root/.rustup

This can be modified with the RUSTUP_HOME environment variable.

The Cargo home directory is located at:

  /root/.cargo

This can be modified with the CARGO_HOME environment variable.

The cargo, rustc, rustup and other commands will be added to
Cargo's bin directory, located at:

  /root/.cargo/bin

This path will then be added to your PATH environment variable by
modifying the profile files located at:

  /root/.profile
  /root/.bashrc

You can uninstall at any time with rustup self uninstall and
these changes will be reverted.

Current installation options:


   default host triple: x86_64-unknown-linux-gnu
     default toolchain: stable (default)
               profile: default
  modify PATH variable: yes

1) Proceed with installation (default)
2) Customize installation
3) Cancel installation
>
```

图 2.1　通过 Rustup 安装 Rust

```
Current installation options:


   default host triple: x86_64-unknown-linux-gnu
     default toolchain: stable (default)
               profile: default
  modify PATH variable: yes

1) Proceed with installation (default)
2) Customize installation
3) Cancel installation
>1

info: profile set to 'default'
info: default host triple is x86_64-unknown-linux-gnu
info: syncing channel updates for 'stable-x86_64-unknown-linux-gnu'
info: latest update on 2022-07-19, rust version 1.62.1 (e092d0b6b 2022-07-16)
info: downloading component 'cargo'
info: downloading component 'clippy'
info: downloading component 'rust-docs'
 18.3 MiB /  18.3 MiB (100 %)  17.6 MiB/s in  1s ETA:  0s
info: downloading component 'rust-std'
 26.1 MiB /  26.1 MiB (100 %)  11.1 MiB/s in  2s ETA:  0s
info: downloading component 'rustc'
 54.0 MiB /  54.0 MiB (100 %)  12.2 MiB/s in  4s ETA:  0s
info: downloading component 'rustfmt'
info: installing component 'cargo'
info: installing component 'clippy'
info: installing component 'rust-docs'
 18.3 MiB /  18.3 MiB (100 %)   6.4 MiB/s in  2s ETA:  0s
info: installing component 'rust-std'
 26.1 MiB /  26.1 MiB (100 %)  10.7 MiB/s in  2s ETA:  0s
info: installing component 'rustc'
 54.0 MiB /  54.0 MiB (100 %)  12.2 MiB/s in  4s ETA:  0s
info: installing component 'rustfmt'
info: default toolchain set to 'stable-x86_64-unknown-linux-gnu'

  stable-x86_64-unknown-linux-gnu installed - rustc 1.62.1 (e092d0b6b 2022-07-16)


Rust is installed now. Great!

To get started you may need to restart your current shell.
This would reload your PATH environment variable to include
Cargo's bin directory ($HOME/.cargo/bin).

To configure your current shell, run:
source "$HOME/.cargo/env"
root@iZm5efohbvfvrrcnjdpz8hZ:~#
```

图 2.2　Rust 安装成功画面

```
root@iZm5e527ctpldxn4bnlotmZ:~# rustc --version
rustc 1.69.0 (84c898d65 2023-04-16)
```

图 2.3 rustc 版本验证

输入:

```
$ cargo --version
```

输出如图 2.4 所示。

```
root@iZm5e527ctpldxn4bnlotmZ:~# cargo --version
cargo 1.69.0 (6e9a83356 2023-04-12)
root@iZm5e527ctpldxn4bnlotmZ:~#
```

图 2.4 Cargo 版本验证

不同的 Rust 语言版本以及不同的环境所返回的版本号可能和本书的示例不一样。但是,只要能返回版本号,就说明安装成功。

2.1.3 设置代理

国内有些地方访问 GitHub 可能不太顺畅,那么编译软件下载依赖时就可能会卡住。这时,可以设置 Cargo 用的镜像:在 CARGO_HOME 目录下(Ubuntu 下默认是~/.cargo)建立一个名为 config (切记,没有扩展名)的文件,内容如下:

```
[source.crates-io]                                                    # 标准 crates-io
# registry = "https://github.com/rust-lang/crates.io-index"           # 注释掉标准的 Cargo 源
replace-with = 'ustc'       # 启用 ustc 源,具体设置参照下面的[source.ustc]配置

# 用国内的 USTC 镜像源代替
[source.ustc]
registry ="git://mirrors.ustc.edu.cn/crates.io-index"

# 或者用国内的 rustcc 中文社区的镜像源代替(要使用的话,去除下面的注释)
#[source.rustcc]
#registry ="git://code.aliyun.com/rustcc/crates.io-index"
```

2.2 Windows 下编程环境

在 Windows 上,前往 https://rustup.rs 并按照说明下载 rustup-init.exe,运行它并遵循它提供的安装指示进行安装(图 2.5)。

Windows 平台下的选项要稍微麻烦一点。在 Windows 平台上,Rust 支持两种形式的应用二进制接口(Application Binary Interface,ABI),一种是原生的 MSVC 版本,另一种是 GNU 版本。如果需要和 MSVC 生成的库打交道,就选择 MSVC 版本;如果需要和 MinGW 生成的库打交道,就选择 GNU 版本。一般情况下,我们选择 MSVC 版本(在 Windows 上使用 Microsoft Visual Studio 构建的 Rust)。

Rust 并没有自己的链接器(linker),所以需要自己装一个,做法因特定的操作系统而有所不同。对于 Linux 系统,Rust 会尝试调用 cc 进行链接。对于 Windows 系统,Rust 编译器还需要依赖 MSVC 提供的链接器(Microsoft Visual C++ Build Tools),因此还需要下载 Visual

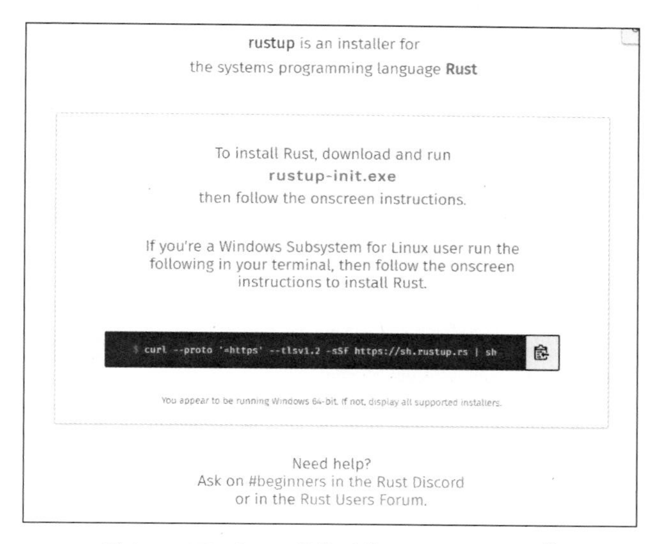

图 2.5　Windows 系统下载 rustup-init.exe①

C++的工具链。到 Visual Studio 官网②下载 VS2015 或者 VS2017 社区版，然后安装 C++开发工具即可。

2.3　在线 Rust 编译器

如果不想在本地计算机上安装 Rust，但是又想尝试一下 Rust，可以使用 Rust 编程语言的在线编译器。

（1）**Rust Playground**：http://play.rust-lang.org/（图 2.6）。

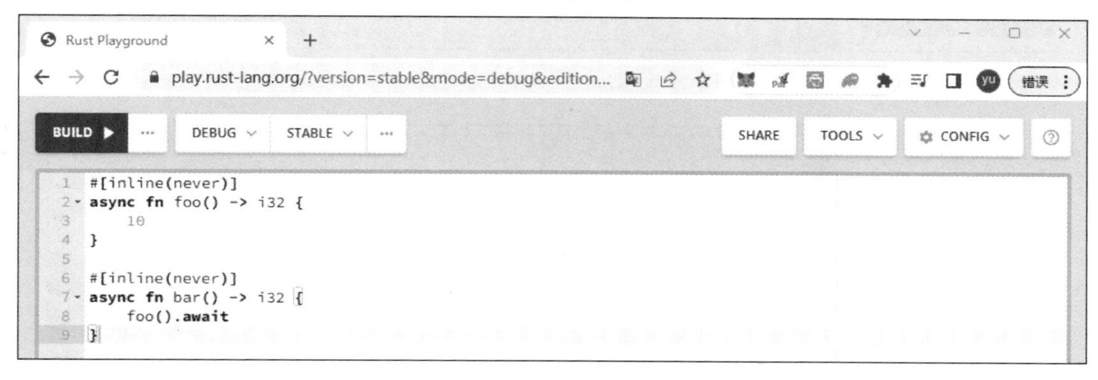

图 2.6　Rust Playground 在线编译器③

（2）**Rust Gym**：https://rustgym.com/（图 2.7）。

还可以查看 https://godbolt.org/，它提供了多种编程语言的在线编译环境（图 2.8）。

① https://rustup.rs

② https://visualstudio.microsoft.com/downloads/

③ http://play.rust-lang.org/

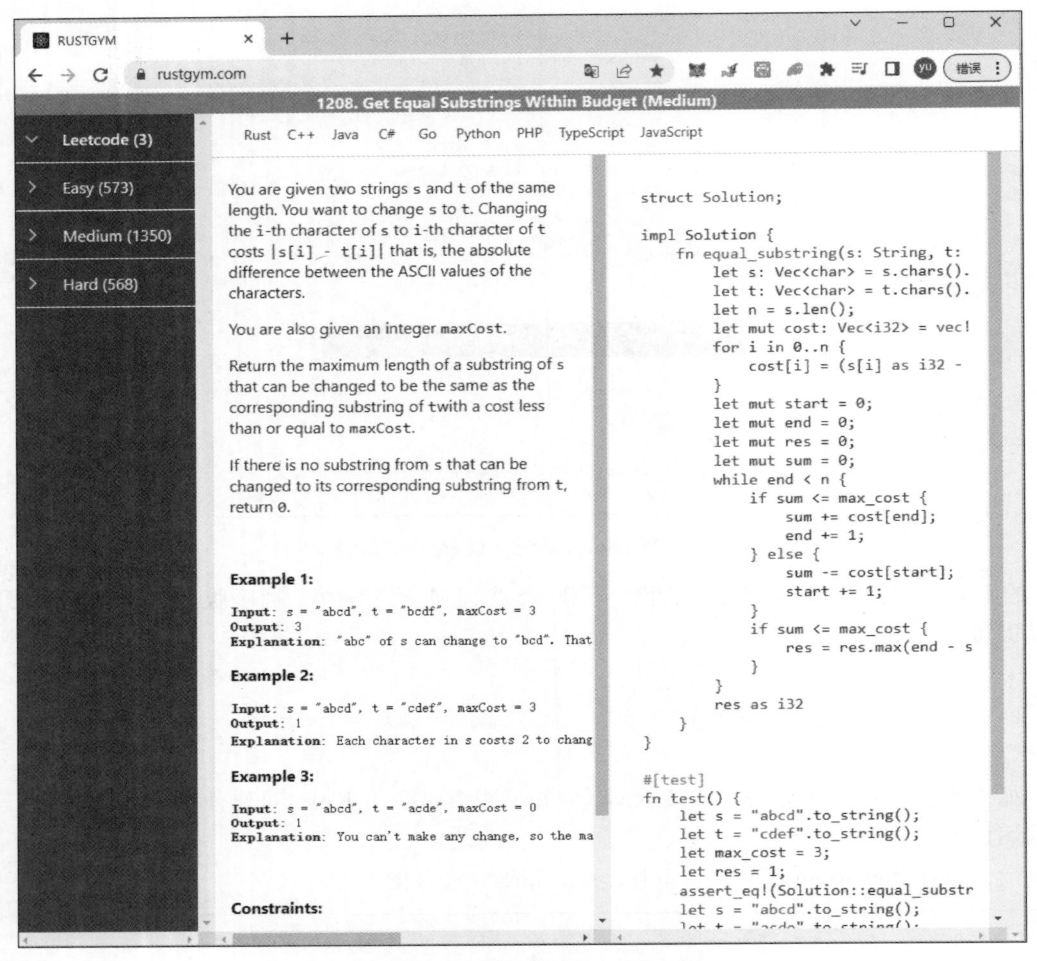

图 2.7　Rust Gym 在线编译器①

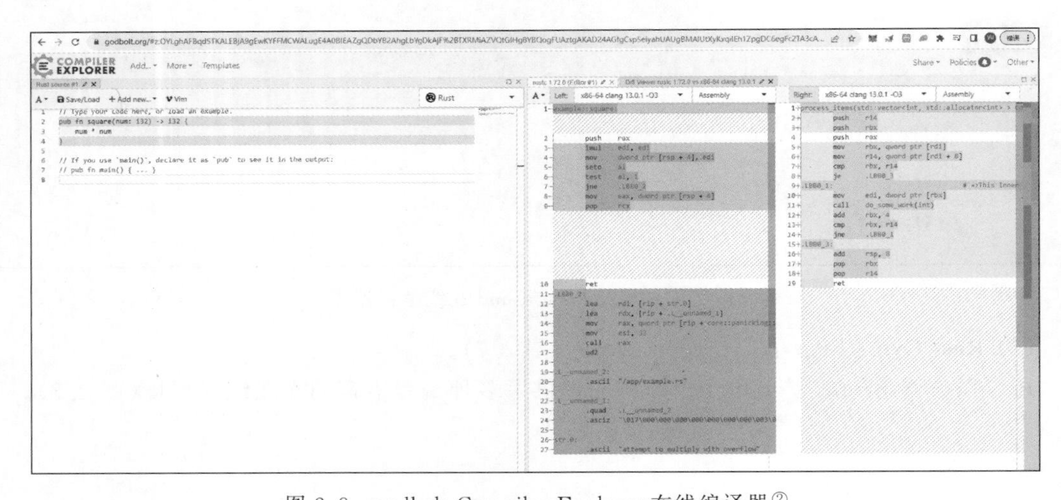

图 2.8　godbolt Compiler Explorer 在线编译器②

① https://rustgym.com/
② https://godbolt.org/

2.4　Rust编译器分支

Rust的第一个正式版本号是1.0，是2015年5月发布的。从那以后，只要版本没有出现大规模的不兼容的升级，大版本号就一直维持在“1”，而这次版本号会逐步升级。Rust一般以6周更新一个正式版本的速度进行迭代。为了兼顾更新速度以及稳定性，Rust使用了多渠道发布的策略。

1. nightly分支

从主分支每天编译成功的版本。这个版本包含所有最新的特性和功能；新的功能一般从nightly版本开始，但是可能不稳定，存在问题的可能性大，支持的功能变化也很快。

2. beta分支

最近的nightly版本会被每6周升级为一个beta版本。这个时候，beta版本仅仅允许修正严重错误的补丁，它仅仅包含被标志为稳定(stable)的特性和功能。再过6周后，此beta版本会升级为stable版本。

3. stable分支

每6周释出一个stable版本。最新的beta版本自动成为stable版本。stable版本是正式版，也是最稳定、最可靠的版本。stable版本是保证向后兼容的。在nightly版本中使用试验性质的功能，必须手动开启特征门(feature gate)。也就是说，要在当前项目的入口文件中加入一条“#! [feature (...name...)]”语句，否则是编译不过的。等到这个功能最终稳定了，再用新版编译器编译时，它会警告这个特征门现在是多余的，可以删除了。

2.5　Rust编译器版本策略

Rust编译器的版本号采用了语义化版本号(Semantic Versioning)规则：除非主版本号改变了，否则新版本和老版本应该是兼容的。例如：如果某个crate的1.2版本测试通过，那么后面的版本1.3、1.4、1.6等都应该能测试通过。但是如果版本2.x被引入，就可能引入和版本1.x不兼容的功能。在这个规则之下，版本格式为：**主版本号.次版本号.修订号**。版本号递增规则如下。

- **主版本号(Major release)**：如做了不兼容的API修改。
- **次版本号(Minor release)**：如做了向后兼容的功能性新增。
- **修订号(Patch release)**：如做了向后兼容的问题修正。

2.6　rustc编译命令

下面来编写一个简单的Rust程序。进入程序的根目录，输入下列命令：

```
root@iZm5e527ctpldxn4bnlotmZ:/work/rustprogram/chapter1# cargo new helloworld --bin
```

输出如图2.9所示。

命令执行成功后，会生成如下目录结构：

```
root@iZm5e527ctpldxn4bnlotmZ:/work/rustprogram/chapter1# cargo new helloworld
     Created binary (application) `helloworld` package
root@iZm5e527ctpldxn4bnlotmZ:/work/rustprogram/chapter1# ls -al
```

图 2.9 生成简单的 Helloworld 例子项目

```
root@iZm5e527ctpldxn4bnlotmZ:/work/rustprogram/chapter1# tree helloworld/
helloworld/
├── Cargo.toml
└── src
    └── main.rs
```

main.rs 是一个简单的 hello world 程序,其内容如下所示:

```
// chapter2\helloworld\src\main.rs
fn main () {
    println!(" hello world!") ;
}
```

程序清单 2.1 hello world 例子

Rust 官方的编译器称为 rustc,负责将 Rust 源代码编译为可执行文件或其他库文件,它使用 LLVM 作为后端,支持交叉编译,并且支持跨平台编译。同时,其输出的错误信息非常精确友好,是程序员编程的好帮手。rustc 是用 Rust 语言开发而成的。关于具体实现,最新、最近的特性,以及将来的计划,请参考官方线上书籍[①]。其使用方法如下:

```
$ rustc [OPTIONS] INPUT
```

其中,[OPTIONS] 表示编译参数,而 INPUT 则表示输入文件。而编译参数有以下可选:

- -h,--help:输出帮助信息到标准输出。
- --cfg SPEC:传入自定义的条件编译参数,使用方法如下:

```
// chapter2\hello.rs
fn main () {
    if cfg!( sayhello) {
        println!(" Hello Milly!") ;
    }
}
```

程序清单 2.2 使用 cfg! hello 的例子

在上面的例子程序中,若 cfg!(sayhello)成立,则运行程序就会输出"Hello Milly"到标准输出。可以用如下命令来编译:

```
$ rustc --cfg sayhello hello.rs
```

执行上面的命令后,程序的运行输出如下:

```
Rust Programming\sourcecode\chapter2>.\hello.exe
Hello Milly!
```

- -L [KIND=]PATH:往链接路径中加入一个文件夹,并且可以指定这个路径的类型(Kind),这些类型包括:

① https://rustc-dev-guide.rust-lang.org/

➢ dependency：在这个路径下找依赖的文件，如 mod。

➢ crate：只在这个路径下找 extern crate 中定义的库。

➢ native：只在这个路径下找 Native 库。

➢ framework：只在 macOS 下有用，只在这个路径下找 Framework。

➢ all-默认选项。

• -l [KIND=]NAME：链接一个库，这个库可以指定类型(Kind)，默认为 dylib。

➢ static：静态库。

➢ dylib：动态库。

➢ framework：macOS 的 Framework。

此处举一个例子说明如何手动链接一个库，我们先创建一个文件 myhello.rs，在里面写一个函数：

```
// chapter2\myhello.rs
// 这个函数仅仅向标签输出 Hello Milly! 需要把它标记为 pub
pub fn print_hello() {
    println!(" Hello Milly!") ;
}
```

程序清单 2.3　myhello 库的例子

然后把这个文件编译成一个静态库：libmyhello.a(Linux 下)或者 libmyhello.lib(Windows 下)。其中，lib 是自动添加到库名的：

```
$ rustc --crate-type staticlib myhello.rs
```

然后创建一个 main.rs，链接这个库并输出"Hello Milly!"：

```
// chapter2\main.rs
extern crate myhello;                       // 指定链接库 myhello
fn main () {
    myhello::print_hello() ;                // 调用库函数
}
```

程序清单 2.4　main.rs 的例子

编译 main.rs：

```
$ rustc -L. -lmyhello main.rs
```

上面程序的输出如下：

```
\Rust Programming\sourcecode\chapter2>.\main.exe
Hello Milly!
```

也可以使用 rlib 库(libmyhello.rlib)来编译。其中，lib 是自动添加到库名的：

```
$ rustc --crate-type lib myhello.rs          // 生成 libmyhello.rlib
$ rustc -L. main.rs --extern rary=libmyhello.rlib
```

• --crate-type：指定编译输出类型，它的参数如下。

➢ bin：二进行可执行文件。

➢ lib：编译为库(.rlib)。

➢ rlib：Rust 库。

➢ dylib：动态链接库(.dll 或者.so)。

➢ staticlib：静态链接库(.a 或者.lib)。

crate_type 属性的值可能有 bin、lib、rlib、dylib 或者 staticlib。--crate-type lib 开关告诉 rustc 不要去找 main()函数，而是生成 rlib 文件，它包含编译后的代码，可以被用来创建二进制文件或者其他 rlib 文件。

```
$ rustc --crate-type=lib structs.rs
```

编译结果是 libstructs.rlib；后缀名为 rlib（表明是 Rust 库），并且 lib 被添加到文件名的前面。如果需要指定生成的库文件名，如 mycrate，可以使用--crate-name 标志：

```
$ rustc --crate-type=lib --crate-name=mycrate structs.rs
```

- --crate-name：指定这个 crate 的名字，默认是文件名，如 main.rs 编译成可执行文件时默认是 main，但可以指定它为 structs：

```
$ rustc --crate-name structs main.rs
```

则会输出名为 structs 的可执行文件。

- --emit：指定编译器的输出。编译器默认输出一个可执行文件或库文件，但可以选择输出一些其他的东西用于 Debug。

  ➢ asm：输出汇编。

  ➢ llvm-bc：LLVM Bitcode[①]。

  ➢ llvm-ir：LLVM IR[②]，即 LLVM 中间码(LLVM Intermediate Representation)。

  ➢ obj：Object File(就是 *.o 文件)。

  ➢ link：这个要结合其他--emit 参数使用，会执行 Linker 再输出结果。

  ➢ dep-info：文件依赖关系(Debug 用，类似于 Makefile 一样的依赖)。

以上参数可以同时使用，使用逗号分隔，如

```
$ rustc --emit asm,llvm-ir,obj main.rs
```

同时，在最后可以加一个 =PATH 来指定输出到一个特定文件，如

```
$ rustc --emit asm=output.s,llvm-ir=output.ir main.rs
```

这样会把汇编生成到 output.s 文件中，把 LLVM 中间码输出到 output.ir 中。

- --print：打印一些信息，参数如下。

  ➢ crate-name：编译目标名。

  ➢ file-names：编译的文件名。

  ➢ sysroot：打印 Rust 工具链的根目录地址。

- -g：在目标文件中保存符号，这个参数等同于 -C debuginfo=2。
- -O：开启优化，这个参数等同于 -C opt-level=2。

---

① https://llvm.org/docs/BitCodeFormat.html

② https://llvm.org/docs/LangRef.html

- -o FILENAME：指定输出文件名，同样适用于--emit 的输出。
- --out-dir DIR：指定输出的文件夹，默认是当前文件夹，且会忽略-o 配置。
- --explain OPT：解释某一个编译错误，例如若写了一个 main.rs，使用了一个未定义变量 failure：

```
fn main() {
    failure
}
```

编译它时编译器会报错：

```
main.rs:2:5: 2:6 error: unresolved name `failure` [E0425]
main.rs:2 failure
^
main.rs:2:5: 2:6 help: run `rustc --explain E0425` to see a detailed explanation
error: aborting due to previous error
```

虽然错误已经很明显，但是我们也可以让编译器详细解释一下什么是 E0425 错误：

```
$ rustc --explain E0425
```

- --test：编译成一个单元测试可执行文件。
- --target TRIPLE：指定目标平台的目标三元组，基本格式是 cpu-manufacturer-kernel[-os]，例如：

```
$ rustc --target x86_64-apple-darwin        # 64 位+Apple+MacOS
```

- -W help：打印 Linter 的所有可配置选项和默认值。
- -W OPT，--warn OPT：设置某一个 Linter 选项为 Warning。
- -A OPT，--allow OPT：设置某一个 Linter 选项为 Allow。
- -D OPT，--deny OPT：设置某一个 Linter 选项为 Deny。
- -F OPT，--forbit OPT：设置某一个 Linter 选项为 Forbit。
- -C FLAG[=VAL]，--codegen FLAG[=VAL]：目标代码生成的相关参数，可以用 -C help 来查看配置，值得关注的几个要点如下。
  - linker=val：指定链接器。
  - linker-args=val：指定链接器的参数。
  - prefer-dynamic：默认 Rust 编译是静态链接，选择这个配置将改为动态链接。
  - debug-info=level：Debug 信息级数，0=不生成，1=只生成文件行号表，2=全部生成。
  - opt-level=val：优化级数，可选 0～3。
  - debug_assertion：显式开启 cfg(debug_assertion)条件。
- -V，--version：打印编译器版本号。
- -v，--verbose：开启啰唆模式(打印编译器执行的日志)。
- --extern NAME=PATH：用来指定外部的 Rust 库(*.rlib)的名字和路径，名字应该与 extern crate 中指定的一样。
- --sysroot PATH：指定工具链根目录。

- -Z flag：编译器 Debug 用的参数,可以用-Z help 来查看可用参数。
- --color auto|always|never：输出时对日志加颜色。
  auto：自动选择加还是不加颜色,如果输出目标是虚拟终端(TTY)就加,否则就不加。
  - always：加颜色。
  - never：不加颜色。

2.7 Rust 编译器管理工具 rustup

rustup① 是一个用来安装 Rust 编译器、标准库、Cargo 包管理器以及其他用来进行代码格式化、测试、性能测试以及文档管理的核心管理工具。在 Rust 中,这些工具的不同组合被称为工具链(toolchains)。2.1 节和 2.2 节介绍了如何使用 rustup 来安装 Rust。详细的安装指令可以在 rustup 官网②找到。

- Linux

```
curl --proto '=https' --tlsv1.2 -sSf https://sh.rustup.rs | sh
```

- Windows

```
下载 rustup-init.exe,并点击安装,参见 2.2 节
```

- 验证 rustup 的状态

```
root@iZm5e527ctpldxn4bnlotmZ:~# rustup --version
rustup 1.26.0 (5af9b9484 2023-04-05)
info: This is the version for the rustup toolchain manager, not the rustc compiler.
info: The currently active `rustc` version is `rustc 1.69.0 (84c898d65 2023-04-16)`
```

rustup 有一个 TOML 格式的配置文件,位置如下。

- **Windows**：%USERPROFILE%/.rustup/setting.toml。
- **Linux**：~/.rustup/settings.toml。

rustup 的主要功能如下。

- 管理安装多个官方版本的 Rust。
- 配置基于目录的 Rust 工具链。
- 安装和更新 nightly 版本、beta 版本和 stable 版本发布渠道。
- 接收来自发布通道更新的通知。
- 安装官方历史版本的 nightly 工具链。
- 安装指定的 stable 版本。
- 安装额外的 std,用于交叉编译。
- 安装自定义的工具链。
- 安装 Cargo metadata。
- 校验下载的哈希值。
- 校验签名(如果 GPG 存在)。

---

① https://github.com/rust-lang-nursery/rustup.rs

② https://rustup.rs

- 断点续传。
- 只依赖 bash、curl 和常见 UNIX 工具。
- 支持 Linux、macOS、Windows。

2.7.1 更新 rustup 自身

在使用 rustup 成功地安装了 Rust 后，当一个新版本的 Rust 发布后，可以通过如下命令来更新 Rust 版本：

```
rustup update      //将本地 Rust 编译器更新到最新的稳定版本.在发布我们自己的项目时,请务必使用最新版本
```

在编译自己项目的一个特定版本时，如果使用 Circle 或者 travis 等持续集成工具(Continue Integration ,CI)，可以使用 ci/rust-version. sh 脚本文件来检查 Rust 编译器的版本。如果有必要，可以使用下面的命令安装特定的 Rust 编译器版本：

```
rustup install VERSION
```

如果想获取指定分支下的 Rust 编译器的版本，可以使用下面的命令：

```
rustup run nightly rustc -- version   //获取 nightly 分支下 rustc 编译器的版本信息
```

请注意，如果本地的默认版本和程序要求的编译器版本不一致，则必须使用以下方式来覆盖默认编译器的设定，以保证程序使用所要求的 Rust 编译器版本来进行编译[①]。

- 使用 Cargo 命令编译时指定相应编译器版本：

```
cargo + beta test
```

- 设定 RUSTUP_TOOLCHAIN 环境变量。
- 通过 rustup override 命令来设定特定目录使用特定编译器版本来进行编译：

```
rustup override set nightly-2014-12-18     //设定特定的编译器版本
rustup override set 1.0.0                  //设定通用版本编译器
rustup override unset                      //取消以前 rustup override 的设定,回到默认工具链
```

- 在 Cargo 项目的根目录下的 rust-toolchain. toml 或者 rust-toolchain 文件中[②]有详细的格式说明：

```
[toolchain]
channel = "nightly-2020-07-10"                                  //本项目所使用的 Rust 编译器版本
components = [ "rustfmt", "rustc-dev" ]                         //本项目用到的组件
targets = [ "wasm32-unknown-unknown", "thumbv2-none-eabi" ]     //本项目交叉编译的目标平台
profile = "minimal"                                             //本项目所使用的配置 profile
```

- rustup default 命令可以用来设定和查询当前默认的工具链版本。使用没有参数的 rustup default 命令会打印当前的默认设置。如果指定了工具链的版本，则该命令设置当前默认设置为参数值：

```
rustup default nightly-2023-03-09-x86_64-pc-windows-msvc
```

---

① https://rust-lang. github. io/rustup/overrides. html

② https://rust-lang. github. io/rustup/overrides. html#the-toolchain-file

更新 rustup 自身：

```
rustup self update
rustup update stable                    // 更新 stable 分支
```

卸载 Rust 同安装一样简单。在 shell 中运行卸载 Rust 的脚本：

```
$ rustup self uninstall
```

2.7.2 工具链相关

1. 安装工具链

Rust 2021 Edition 只能工作在 nightly 版本上，需要安装 Rust nightly 版本：

```
rustup toolchain install nightly            / 安装 nightly 版本
```

或者，安装指定的版本 nightly-x86_64-pc-windows-gnu(Windows 下的 GNU 版本)：

```
rustup toolchain install nightly-x86_64-pc-windows-gnu
```

又或者，安装指定的版本 nightly-x86_64-unknown-linux-gnu(Linux 下的 GNU 版本)：

```
rustup toolchain install nightly-x86_64-unknown-linux-gnu
```

又或者，安装指定的版本 nightly-aarch64-unknown-linux-gnu(Linux 下 ARM 的 GNU 版本)：

```
rustup toolchain install nightly-aarch64-unknown-linux-gnu
```

工具链的命名格式是**分支版本(release channel)**、**打包日期(archive date)**和**宿主机(host)**。

2. 显示/查询工具链

下例显示当前已下载安装的工具链：

```
PS D:\Rust-blockchain-main>rustup toolchain list
stable-2021-06-17-x86_64-pc-windows-msvc(default)  // stable 分支+打包日期+x86 架构的 64 位宿主机
nightly-2018-11-12-x86_64-pc-windows-msvc           // 为 windows 操作系统的个人计算机(PC)
nightly-2018-12-06-x86_64-pc-windows-msvc
nightly-2019-07-31-x86_64-pc-windows-msvc
nightly-2020-11-23-x86_64-pc-windows-msvc
nightly-2021-04-25-x86_64-pc-windows-msvc
nightly-2022-05-09-x86_64-pc-windows-msvc
```

也可以使用下面的命令查看当前安装的以及默认的工具链：

```
rustup show
```

3. 切换工具链

鉴于本书交叉使用 2018 和 2021 版本，如果 2018 版和 2021 版在本地都已经安装了，则需要设置当前默认的工具链在不同工具链之间切换：

```
PS D:\Rust-blockchain-main>rustup default nightly-2022-05-09-x86_64-pc-windows-msvc
info: using existing install for 'nightly-2022-05-09-x86_64-pc-windows-msvc'
```

```
info: default toolchain set to 'nightly-2022-05-09-x86_64-pc-windows-msvc'

  nightly-2022-05-09-x86_64-pc-windows-msvc unchanged - rustc 1.62.0-nightly (cb1219871 2022-05-08)
```

检查当前默认的工具链：

```
PS D:\dev\rust\book\Rust-blockchain-main>rustup toolchain list
stable-2021-06-17-x86_64-pc-windows-msvc
nightly-2018-11-12-x86_64-pc-windows-msvc
nightly-2018-12-06-x86_64-pc-windows-msvc
nightly-2019-07-31-x86_64-pc-windows-msvc
nightly-2020-11-23-x86_64-pc-windows-msvc
nightly-2021-04-25-x86_64-pc-windows-msvc
nightly-2022-05-09-x86_64-pc-windows-msvc (default)
```

可以看到，当前默认的工具链已经切换到 nightly 版本。

4. 卸载指定的工具链

```
rustup toolchain uninstall nightly-2018-11-12-x86_64-pc-windows-msvc
```

可以使用 rustup 间接启动 rustc 来编译程序：

```
rustup run nightly rustc --crate-type dylib compiler_plugin.rs
```

一般不推荐用上面的命令编译。但是，上面命令的好处是可以在一行命令中灵活地指定在哪个工具链下编译。

2.7.3 用 rustup 安装组件

我们还需要安装一些必要的组件[①]。命令格式如下：

```
rustup component add <component>          // 安装组件
rustup component remove <component>       // 卸载组件
rustup component list                     // 列出可用组件
```

使用下面的命令安装必要的组件：

```
rustup component add rust-docs                          // Rust 官方文档的本地拷贝
rustup component add rust-src --toolchain nightly       // --toolchain 参数可选
rustup component add rustfmt                            // 自动格式化代码
rustup component add clippy                             // lint 工具，检查通用的错误和程序风格
rustup component add rls                                // Rust Language Server
rustup component add rust-analysis
rustup component add rls-preview --toolchain nightly    // --toolchain 参数可选
```

使用 rustup 可以增加编译的目标平台，这个功能在交叉编译和编写 WASM 时很有用：

```
rustup target add <target>                              // 安装目标平台
rustup target remove <target>                           // 卸载目标平台
rustup target add --toolchain <toolchain><target>       // 为特定工具链安装目标平台
rustup target list                                      // 列出当前工具链的所有目标平台
```

---

① https://rust-lang.github.io/rustup/concepts/components.html

使用示例:

```
rustup target add x86_64-unknown-linux-gnu
```

2.7.4 rustup 常用命令

表 2.1 列出了一些常用的 rustup 命令格式及其简介。

表 2.1 常用 rustup 命令参数清单

命令	简介
rustup -h	显示帮助信息
rustup default <toolchain>	配置默认工具链
rustup show	显示当前安装的工具链信息
rustup update	检查安装更新
rustup toolchain [SUBCOMMAND]	配置工具链
rustup toolchain install <toolchain>	安装工具链
rustup toolchain uninstall <toolchain>	卸载工具链
rustup toolchain link <toolchain-name> "<toolchain-path>"	设置自定义工具链
rustup override [SUBCOMMAND]	配置一个目录以及其子目录的默认工具链
rustup override set <toolchain>	设置该目录以及其子目录的默认工具链
rustup override unset	取消目录以及其子目录的默认工具链
rustup override list	查看已设置的默认工具链
rustup target [SUBCOMMAND]	配置工具链的可用目标
rustup target add <target>	安装目标
rustup target remove <target>	卸载目标
rustup target add --toolchain <toolchain> <target>	为特定工具链安装目标
rustup component	配置 rustup 安装的组件
rustup component add <component>	安装组件
rustup component remove <component>	卸载组件
rustup component list	列出可用组件

关于更多的 rustup 的用法和命令,可以查阅官方文档[1]。

2.8 Rust 调试

2.8.1 命令行调试

Rust 提供了命令行的调试工具 rust-lldb 和 rust-gdb。可以使用如下命令(以 Ubuntu 为例)安装(图 2.10 和图 2.11):

1. rust-lldb

```
apt install lldb
apt-get install -y rust-lldb
```

① https://rust-lang.github.io/rustup/

```
root@iZm5e527ctpldxn4bnlotmZ:~# rust-lldb
(lldb) command script import "/root/.rustup/toolchains/stable-x86_64-unknown-linux-gnu/lib/rustlib/etc/lldb_lookup.p
y"
(lldb) command source -s 0 '/root/.rustup/toolchains/stable-x86_64-unknown-linux-gnu/lib/rustlib/etc/lldb_commands'
Executing commands in '/root/.rustup/toolchains/stable-x86_64-unknown-linux-gnu/lib/rustlib/etc/lldb_commands'.
(lldb) type synthetic add -l lldb_lookup.synthetic_lookup -x ".*" --category Rust
(lldb) type summary add -F lldb_lookup.summary_lookup  -e -x -h "^(alloc::([a-z_]+::)+)String$" --category Rust
(lldb) type summary add -F lldb_lookup.summary_lookup  -e -x -h "^&(mut )?str$" --category Rust
(lldb) type summary add -F lldb_lookup.summary_lookup  -e -x -h "^&(mut )?\\[.+\\]$" --category Rust
(lldb) type summary add -F lldb_lookup.summary_lookup  -e -x -h "^(std::ffi::([a-z_]+::)+)OsString$" --category Rust
(lldb) type summary add -F lldb_lookup.summary_lookup  -e -x -h "^(alloc::([a-z_]+::)+)Vec<.+>$" --category Rust
(lldb) type summary add -F lldb_lookup.summary_lookup  -e -x -h "^(alloc::([a-z_]+::)+)VecDeque<.+>$" --category Rus
t
(lldb) type summary add -F lldb_lookup.summary_lookup  -e -x -h "^(alloc::([a-z_]+::)+)BTreeSet<.+>$" --category Rus
t
(lldb) type summary add -F lldb_lookup.summary_lookup  -e -x -h "^(alloc::([a-z_]+::)+)BTreeMap<.+>$" --category Rus
t
(lldb) type summary add -F lldb_lookup.summary_lookup  -e -x -h "^(std::collections::([a-z_]+::)+)HashMap<.+>$" --ca
tegory Rust
(lldb) type summary add -F lldb_lookup.summary_lookup  -e -x -h "^(std::collections::([a-z_]+::)+)HashSet<.+>$" --ca
tegory Rust
(lldb) type summary add -F lldb_lookup.summary_lookup  -e -x -h "^(alloc::([a-z_]+::)+)Rc<.+>$" --category Rust
(lldb) type summary add -F lldb_lookup.summary_lookup  -e -x -h "^(alloc::([a-z_]+::)+)Arc<.+>$" --category Rust
(lldb) type summary add -F lldb_lookup.summary_lookup  -e -x -h "^(core::([a-z_]+::)+)Cell<.+>$" --category Rust
(lldb) type summary add -F lldb_lookup.summary_lookup  -e -x -h "^(core::([a-z_]+::)+)Ref<.+>$" --category Rust
(lldb) type summary add -F lldb_lookup.summary_lookup  -e -x -h "^(core::([a-z_]+::)+)RefMut<.+>$" --category Rust
(lldb) type summary add -F lldb_lookup.summary_lookup  -e -x -h "^(core::([a-z_]+::)+)RefCell<.+>$" --category Rust
(lldb) type category enable Rust
(lldb) ^D
```

图 2.10　rust-lldb

```
root@iZm5e527ctpldxn4bnlotmZ:~# rust-gdb
GNU gdb (Ubuntu 9.2-0ubuntu1~20.04.1) 9.2
Copyright (C) 2020 Free Software Foundation, Inc.
License GPLv3+: GNU GPL version 3 or later <http://gnu.org/licenses/gpl.html>
This is free software: you are free to change and redistribute it.
There is NO WARRANTY, to the extent permitted by law.
Type "show copying" and "show warranty" for details.
This GDB was configured as "x86_64-linux-gnu".
Type "show configuration" for configuration details.
For bug reporting instructions, please see:
<http://www.gnu.org/software/gdb/bugs/>.
Find the GDB manual and other documentation resources online at:
    <http://www.gnu.org/software/gdb/documentation/>.

For help, type "help".
Type "apropos word" to search for commands related to "word".
(gdb) quit
```

图 2.11　rust-gdb

2. rust-gdb

```
sudo apt install gdb
sudo apt install rust-gdb
```

关于 rust-lldb 和 rust-gdb 的具体调试命令，我们不再介绍。需要的话，可以进入它们的控制台，直接输入 help 命令查询。长期在 UNIX、Linux 环境下工作的程序员可能比较熟悉并能熟练使用 GDB 和 LLDB 来调试程序。但是大部分程序员更青睐下面将要介绍的可视化调试。

2.8.2　可视化调试

推荐使用 VSCode 来进行可视化调试。VScode 有 Windows 和 Linux 版本。我们以 Windows 的安装为例。

1. 安装 VSCode 及调试组件

(1) VSCode 官网①下载安装文件。

(2) 启动运行 VSCode。

(3) 安装必要的 VSCode 扩展。

- Rust-Analyzer
- GDB Debug

① https://code.visualstudio.com/download

- LLDB VSCode
- CodeLLDB
- Rust Test Lens
- Native Debug

安装扩展首先需要单击扩展标签,找到需要安装的扩展并单击"安装"按钮。安装成功以后的扩展窗口界面如图 2.12 所示。

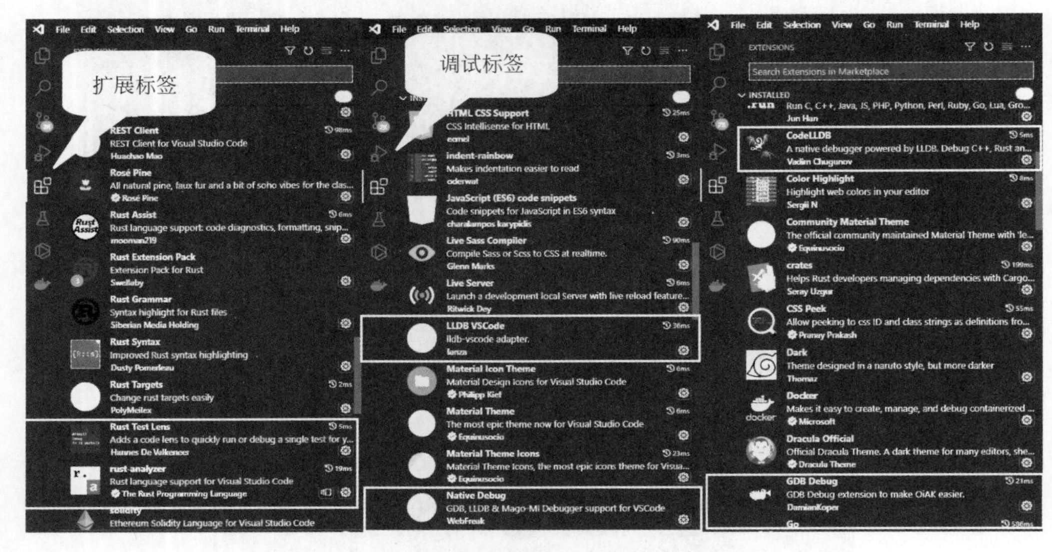

图 2.12　visual code 扩展管理

2. 调试 Rust 项目

以教学资源包 18.3 节中的爬虫程序(chapter18/crawler)为例：VScode 的 workspaceRoot 为 d:\dev\rust\；项目名为 crawler；步骤如下。

(1) 单击图 2.13 中最左边的标签栏里的调试标签。

(2) 单击图 2.13 中左上方的设置标签,可以看到右边的 launch.json 文件编辑窗口被打开。

(3) 输入相应的信息。调试项目名为 rust crawl。

```
{
  "name":"rust crawl",                    // 配置名称,将会在调试配置下拉列表中显示
```

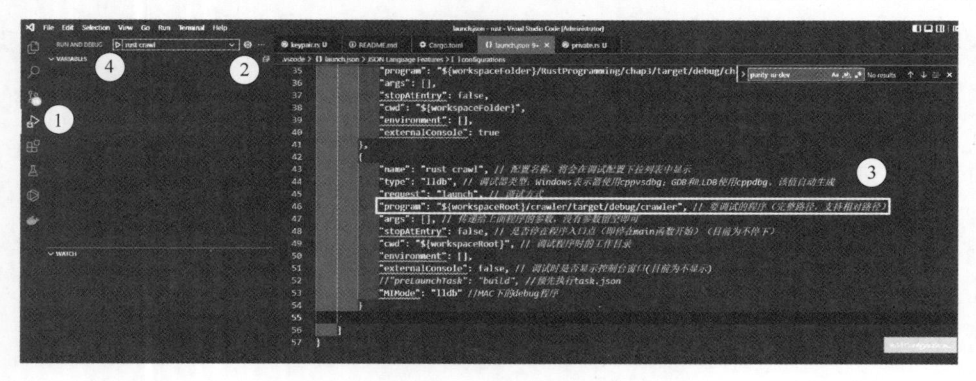

图 2.13　visual code 调试

```
    "type":"lldb", // 调试器类型：Windows 表示器使用 cppvsdbg；GDB 和 LLDB 使用 cppdbg.该值自动生成
    "request":"launch",                   // 调试方式
    "program":"${workspaceRoot}/crawler/target/debug/crawler",
                                          // 要调试的程序(完整路径,支持相对路径)
    "args":[],                            // 传递给上面程序的参数,没有参数留空即可
    "stopAtEntry":false,                  // 是否停在程序入口点(即停在 main 函数开始)(目前为不停下)
    "cwd":"${workspaceRoot}",             // 调试程序时的工作目录
    "environment":[],                     // 设置环境变量
    "externalConsole":false,              // 调试时是否显示控制台窗口(目前为不显示)
    //"preLaunchTask":"build",            //预先执行 task.json
    "MIMode":"lldb"                       //MAC 下的 debug 程序
}
```

(4) 单击图 2.13 中左上方的绿色三角,开始调试。

从图 2.14 可以看到,我们已经可以开始进行设置断点、步进调试、检查变量等调试工作。

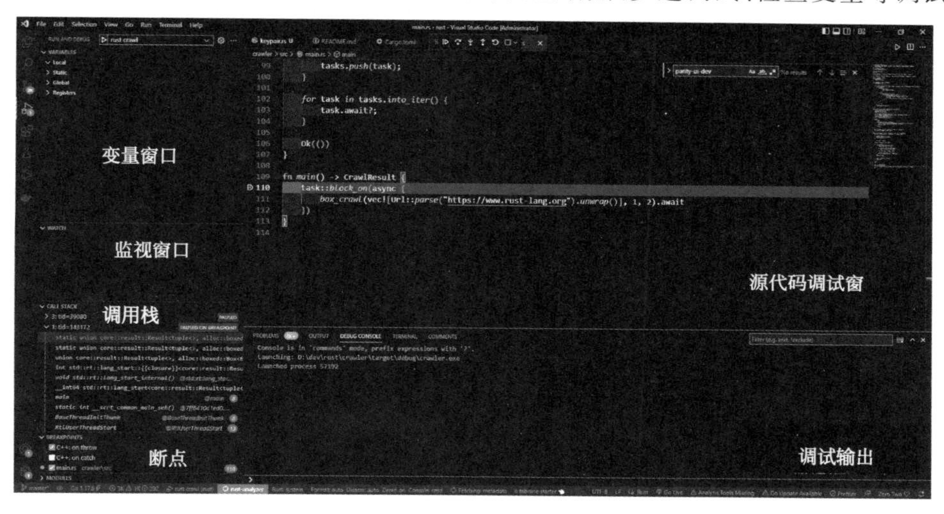

图 2.14 visual code 断点调试

2.9 Rust 标准库

Rust 标准库提供应用程序开发所需的基础和跨平台支持。标准库主要的内容如下。

- std::io：核心 Core I/O 功能。
- std::fs：文件系统相关的功能。
- std::path：跨平台的路径相关的功能。
- std::env：进程的环境相关的功能。
- std::mem：内存相关的功能。
- std::net：TCP/UDP 通信。
- std::os：OS 相关的功能。
- std::thread：原生线程相关的功能。
- std::collections：核心集合类型。

尽管 Rust 的 std 库包含很多模块,但是在默认情况下,它不会为每个 Rust 程序载入 std 库的全部内容。相反,Rust 值载入程序运行所需的库的最小集称为 prelude,但是 prelude 仅仅用来一次性地告诉 Rust 编译器使用某个库所需的所有重要组件。除非程序员手工导入,它

们并不被自动导入。

标准库提供了一个 std::prelude 模块,在这个模块中导出了一些最常见的类型、trait 等,编译器会为用户写的每个 crate 自动插入一句话:

```
use std::prelude::*;
```

这样,标准库里面的这些最重要的类型、trait 等名字就可以直接使用,而无须每次都写全称或者 use 语句。**在 Rust 程序中,只有 std::prelude 会被自动导入。**

2.10 Rust 编程的汉字处理

Rust 可以使用汉字作为标识符,不过必须选择 nightly 版本的 Rust 进行开发,并且需要在开头写上:

```
#![feature(non_ascii_idents)]
```

示例程序是这样的:

```
// chapter2\chinesechar.rs
#![feature(non_ascii_idents)]
#[derive(Debug)]
struct 联系人{
    姓名: String,
    电话: String,
}
impl 联系人{
    fn 构建新的联系人<T: Into<String>>(新的人姓名: T, 新的人电话: T) ->Self{
        联系人{
            姓名: 新的人姓名.into(),
            电话: 新的人电话.into(),
        }
    }
}
fn main() {
    let mut 联系人列表: Vec<联系人>=Vec::new();
    联系人列表.push(联系人::构建新的联系人("瑾瑜","156********"));
    println!("{:?}", 联系人列表[0]);
}
```

程序清单 2.5 使用汉字作为标识符的例子

程序编译运行的输出如下:

```
Rust Programming\sourcecode\chapter2>.\chinesechar.exe
联系人{ 姓名:"瑾瑜", 电话:"156********" }
```

不过对于任何一个有经验的开发者来说,使用汉字作为标识符都是很不舒服的行为。因为开发者必须在中文和英文的输入法之间来回切换,而且有时编译器会仅仅是因为使用了汉字就报错。而使用英语字母则不会出现这个问题。这里笔者举上面的例子只是为了说明:Rust 是可以把汉字当作标识符的,但是**并不鼓励开发者使用汉字作为标识符**。

2.11 Rust 知识点图谱

图 2.15 给出了本书将要介绍的 Rust 语言知识图谱。

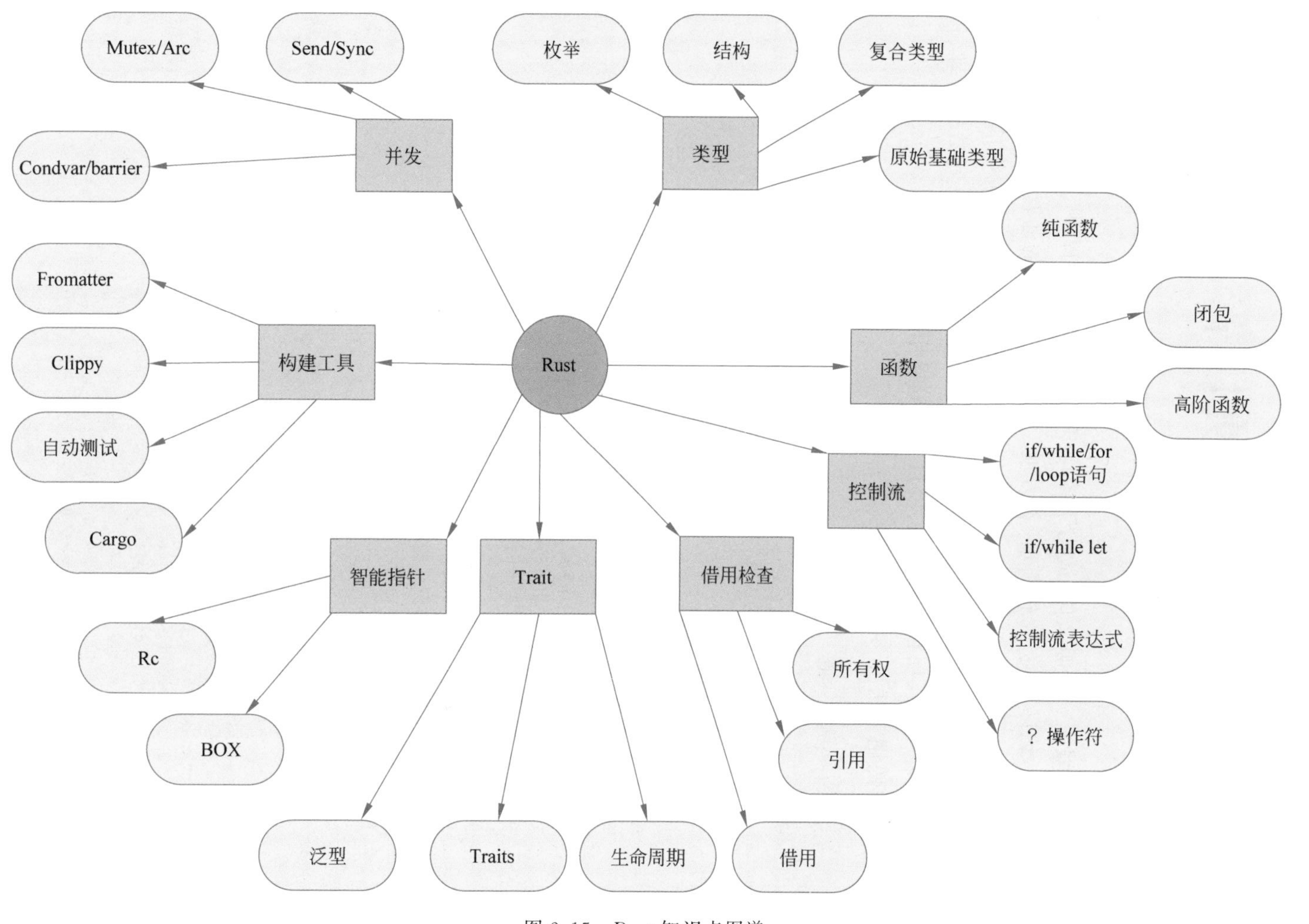

图 2.15 Rust 知识点图谱

第3章 Cargo项目管理与编译

rustc 一次只能编译一个源文件，适用于编译开发一些简单的程序，而且输入编译命令时需要输入各种各样的编译开关，比较烦琐，不方便。而程序员开发的通常是一个大程序：编译的时候需要知道程序的相关信息，应该如何编译以及编译时需要的依赖包等信息。Rust 提供了功能非常强大的包管理器 Cargo，可以方便地进行项目创建、项目管理（元数据管理、依赖管理、编译配置、条件编译等）、项目运行测试、项目发布等操作。

Cargo 命令的使用方法及参数如下：

```
Rust Programming\sourcecode\chapter2>cargo
Rust's package manager

Usage: cargo [+ toolchain] [OPTIONS] [COMMAND]

Options:
  -V, --version              Print version info and exit
      --list                 List installed commands
      --explain <CODE>       Run `rustc --explain CODE`
  -v, --verbose...           Use verbose output (-vv very verbose/build.rs output)
  -q, --quiet                Do not print cargo log messages
      --color <WHEN>         Coloring: auto, always, never
  -C  <DIRECTORY>            Change to DIRECTORY before doing anything(nightly-only)
      --frozen               Require Cargo.lock and cache are up to date
      --locked               Require Cargo.lock is up to date
      --offline              Run without accessing the network
      --config <KEY=VALUE>   Override a configuration value
  -Z  <FLAG>                 Unstable(nightly-only) flags to Cargo, see 'cargo -Z help' for details
  -h, --help                 Print help

Some common cargo commands are(see all commands with --list):
    build, b    Compile the current package
    check, c    Analyze the current package and report errors, but don't build object files
    clean       Remove the target directory
    doc, d      Build this package's and its dependencies' documentation
    new         Create a new cargo package
    init        Create a new cargo package in an existing directory
    add         Add dependencies to a manifest file
    remove      Remove dependencies from a manifest file
    run, r      Run a binary or example of the local package
    test, t     Run the tests
    bench       Run the benchmarks
    update      Update dependencies listed in Cargo.lock
    search      Search registry for crates
    publish     Package and upload this package to the registry
    install     Install a Rust binary. Default location is $ HOME/.cargo/bin
    uninstall   Uninstall a Rust binary

See 'cargo help <command>' for more information on a specific command.
```

可以用下面的命令(cargo new)来创建两种类型的项目(Package,亦称编译单元(Compile Unit)。为避免歧义,本书以后统一使用 Package 或者其中文名——项目)。

创建一个库/Library Package(也称为 **Library crate 项目**):

```
cargo new --lib encrypt        // 创建一个名为 encrypt 的库/Library 项目(也称为库 crate 项目)
```

创建一个可执行 Package(也称为**二进制 crate 项目**):

```
cargo new projectname --bin     // 创建一个名为 projectname 的可执行项目(也称为二进制 crate 项目)
```

本章介绍一些编程常用的 Cargo 命令和配置。关于 Cargo 命令的更详细的信息,请参考 Cargo 的官方在线书籍[①]。

3.1 项目结构

一般通用的、也是推荐的 Cargo 项目的目录结构如下:

```
SampleProject          // 项目根目录
├─benches              // 性能测试目录: cargo bench
|      ├─ large-input.rs
|      └─ multi-file-bench/
|                 ├─ main.rs
|                 └─ bench_module.rs
├─examples             // 该目录下是示例文件: 使用本项目的一些周边的例子: cargo example
|      ├─ simple.rs
|      └─ multi-file-example/
|               ├─ main.rs
|               └─ ex_module.rs
├─src                  // 源代码目录
|   ├─bin              //一个项目如果包含多个二进制 crate,除了 main.rs 以外,可以放在 bin 目录下
|   |   ├─ named-executable.rs
|   |   ├─ another-executable.rs
|   |   └─ multi-file-executable/
|   |            ├─ main.rs
|   |            └─ some_module.rs
|   ├─submodule        // 子模块
|   ├─memeber crate    // 成员 crate 项目
|   ├─lib.rs           // 主库 crate 文件
|   └─main.rs          // 主二进制 crate 文件
├─target               // 编译结果目录
|   ├─debug            // debug 版本编译结果目录
|   └─release          // release 版本编译结果目录
├─tests                // 测试目录: cargo test
|     ├─ some-integration-tests.rs
|     └─ multi-file-test/
|            ├─ main.rs
|            └─ test_module.rs
├─build.rs             // 预构建脚本文件
├─Cargo.lock           //Cargo lock 文件
└─Cargo.toml           //Cargo 配置文件
```

一个 Cargo 编译单元(Package)可以有:

- 一个库 crate(src/lib.rs);

---

① https://doc.rust-lang.org/cargo

- 可以同时有多个二进制 crate,一个 main. rs 在项目 src 目录下,其他在 src/bin 目录下;
- build. rs 叫作构建脚本(Build Script),每次 cargo build,它首先执行一些任务,如项目依赖的第三方非 Rust 代码、进行一些相关检查等;
- 示例目录(examples);
- 测试目录(tests);
- 基准测试目录(bench);
- Cargo 配置文件 Cargo. toml 和 Cargo. lock;
- 编译的结果目录 target/debug,target/release。

3.2 Cargo 的配置文件

每个编译单元(Package)都有一个 Cargo. toml 和 Cargo. lock 文件,它们是 Cargo 项目代码管理的两个核心文件:

- Cargo. toml 由程序员编写,提供编译单元的元数据、配置以及依赖包等信息;
- Cargo. lock 由 Cargo 命令自动维护,不需要手工编辑,包含编译单元目前的库包依赖信息。

3.2.1 Cargo. toml

Cargo. toml 文件使用 TOML (Tom's Obvious,Minimal Language)[1]格式。表 3.1 列出了 Cargo. toml 中用到的所有关键字以及使用示例。

表 3.1 Cargo. toml 的关键字和示例

表 名	名 称	说 明	示 例
根	cargo-features	不稳定的 nightly 版本专用	*cargo-features = ["edition2021"]*
Package	name	项目名字	
	version	项目版本	
	authors	项目作者	
	edition	Rust 的版本	*edition= "2018"* **目前可以有 2015、2018、2021 3 个可能的值**
	rust-version	所支持的 Rust 最低版本	
	description	项目描述	*description = "create books from markdown files"*
	documentation	项目文档的 URL	*documentation = "http://azerupi.github.io/mdBook/index.html"*
	readme	项目的 README 文件	*readme = "README.md"*
	homepage	项目的首页 URL	*homepage = "https://github.com/paritytech/parity-wasm"*
	repository	项目源代码仓库的 URL	*repository = "https://github.com/azerupi/mdBook"*

① https://toml.io/en/

续表

表名	名称	说明	示例
Package	license	项目的授权证明(开源协议的License)	`License="MIT"`
	license-file	开源协议的License文件的路径	
	keywords	项目关键字	`keywords = ["book","gitbook","rustbook","markdown"]`
	categories	项目的分类	
	workspace	项目的工作空间路径	
	build	项目预编译脚本的路径	`build = "build.rs"`
	links	项目链接的本地库包的名字	
	exclude	在发布版本时排除的文件	`exclude = [ "book-example/*", "src/theme/stylus", ]`
	include	在发布版本时需要包括的文件	
	publish	可以用来声明不要发布本项目	
	metadata	外部工具的配置	
	default-run	Cargo run运行的默认的可执行二进制文件	
	autobins	禁止二进制可执行文件自动发现	见官方文档
	autoexamples	禁止例子的自动发现	见官方文档
	autotests	禁止测试案例的自动发现	见官方文档
	autobenches	禁止性能测试的自动发现	见官方文档
	resolver	设置所使用的依赖关系解析器	`resolver = "2"` 在**edition = "2021"**的情况下,默认**resolver = "2"** 见官方文档[①]

[target]		目标平台设置	`[target.'cfg(windows)'.dependencies]`
			`winapi = "0.2"`
			
			`[target.'cfg(not(windows))'.dependencies]`
			`daemonize = "0.2"`

	[lib]	库包目标配置	`[lib]`
			`crate-type = ["cdylib"]`
			`bench = false`

① https://doc.rust-lang.org/edition-guide/rust-2021/default-cargo-resolver.html#details

续表

表名	名称	说明	示例
[target]	[[bin]]	可执行文件设置; 两个方括号([[...]])表示每个 package 可以有多个可执行文件的设置	[[bin]] name = "cool-tool" test = false bench = false [[bin]] name = "frobnicator" **cargo run** 命令使用**--bin <bin-name>** 开关来运行不同的可执行配置
	[[example]]	例子程序设置; 两个方括号([[...]])表示每个 package 可以有多个例子程序的设置	[[example]] name = "timeout" path = "examples/timeout.rs" 通过 **cargo run -- example NAME** 调用
	[[test]]	目标测试设置; 两个方括号([[...]])表示每个 package 可以有多个测试设置	[[test]] name = "testinit" path = "tests/testinit.rs" [[test]] name = "testtime" path = "tests/testtime.rs"
	[[bench]]	性能测试设置 两个方括号([[...]])表示每个 package 可以有多个性能测试设置	
[dependencies]		项目库包依赖包声明	[dependencies] rand = "0.3.14"
[dev-dependencies]		例子(examples)、测试(tests)和性能测试(benches)的依赖包声明	[dev-dependencies] log = "0.3"
[build-dependencies]		预编译脚本的依赖声明	[build-dependencies] rustc_version = "0.1"
[badges]		项目在 crate. io 发布时使用的徽章	
[features]		条件编译特性	[features] default = ["output","watch","serve"] debug = [] output = [] watch = ["notify","time","crossbeam"]
[patch]		被重载的依赖库包	见官方文档
[replace]		被重载的依赖库包(不推荐使用)	见官方文档
[profile]		编译器设置和优化设置	[profile.release] lto = true 详细见官方文档
[workspace]		工作空间定义	见 3.11 节

具体的讨论示例等请参照官方文档[①]。本章后面主要讨论常用的几个表名：package、patch、profile 和 dependency。

3.2.2　Cargo.lock

Cargo.lock 文件的目的是保持最近成功编译时的项目状态。这么做的原因是保证在不同的机器上编译时，使用的依赖库包的版本都是相同的。这样，在不同的机器上编译同一个项目会得到同样的编译结果。这样可序列化的状态可以在不同的计算机和开发团队之间流畅地共享使用。因此，如果一个依赖包引入了一个错误（如通过打补丁），除非使用了 cargo update，否则在其他计算机和其他开发团队的编译结果中并不会被影响。在实际应用中，**建议在开发库包时把 Cargo.lock 文件也纳入版本管理**，这样可以保证一个可稳定工作的编译版本。即使为了调试目的，Cargo.lock 的版本历史也能帮助程序员很容易地梳理出库与包之间的依赖树。

Cargo.lock 是由 Rust 编译器自动生成和管理的（这也是 2.6 节的例子里为什么没有 Cargo.lock 的原因，因为还没有编译该项目，所以 Cargo.lock 文件还未生成）。一般情况下，推荐使用 cargo update 命令来修改 Cargo.lock 文件；而并不推荐程序员对该文件进行手工修改。cargo update 命令能够根据 Cargo.toml 描述文件，重新检索并更新各种依赖项的信息，并写入 Cargo.lock 文件，例如依赖项版本的更新变化等。

3.2.3　Cargo.lock vs Cargo.toml

如果我们要上传项目到代码仓库（如 GitHub 或者 Gitee），那么，是否需要上传 Cargo.lock 呢？一般来说有如下判断准则：

- 如果项目是作为第三方库类型的服务，就可以把 Cargo.lock 加入 gitignore 中，这意味着不用上传 Cargo.lock；
- 如果项目是一个面向用户的终端产品，例如一个手机 App 的新版本，那么就需要把 Cargo.lock 上传到代码仓库中；这是因为每一个确定的终端版本都依赖于特定的依赖库包及特定的版本，Cargo.lock 能够保证在不同的终端环境里编译出来的终端版本都是相同的。

我们可以通过下面的命令以手动的方式将依赖更新到新版本：

```
$ cargo update                 # 更新所有依赖
$ cargo update -p rand         # 只更新"rand"
```

3.3　依赖包

下面罗列了指定依赖包[dependencies]的位置和版本的方式。

- Crates.io 注册表。这是默认的选项，需要以字符串的方式设定 package 的名字和版本：

```
[dependencies]
async-std ="1.7"
```

---

① https://doc.rust-lang.org/cargo/

- 其他的注册表。注册表的名字必须在 $HOME/.cargo/config 文件里配置。并且,在 Cargo.toml 中,在声明依赖包时,必须声明注册表的名字。例如:假设 $HOME/.cargo/config 文件的内容如下:

```
1.  [registries]
2.  ustc ={ index ="https://mirrors.ustc.edu.cn/crates.io-index/" }      # 中科大镜像源
3.  rustcc={ index ="git://code.aliyun.com/rustcc/crates.io-index" }   # 阿里云镜像源
4.
5.  [source.crates-io]
6.  registry ="https://github.com/rust-lang/crates.io-index"
7.  #replace-with ='ustc'
8.  [source.rustcc]
9.  registry ="git://code.aliyun.com/rustcc/crates.io-index"
10. [source.ustc]
11. registry ="git://mirrors.ustc.edu.cn/crates.io-index"
```

那么,我们就可以用如下方式声明依赖:

```
[dependencies]
cratename ={ version ="2.1", registry ="ustc" }
```

如果更改了注册表,在如上例重新配置为 ustc 后,因为要下载更新 ustc 注册服务的索引文件,所以初次构建可能要比较久的时间。

如果我们注释上面的第 6 行并去除第 7 行的注释,就意味着我们直接使用新注册服务(ustc)来替代默认的 crates.io。这样做的好处是不用再手动地更改每个 crate 的注册表,同时也不需要重新构建,节省了不少时间。

- Git 仓库。Git 仓库可以被用来指定依赖包:

```
[dependencies]
chrono ={ git ="https://github.com/chronotope/chrono" , branch ="master" }
```

Cargo 会自动获取指定分支和指定位置的代码仓库,并寻找 Cargo.toml 文件,下载其依赖包。

- **指定一个本地路径**。Cargo 支持基于路径的依赖包。一个库包可以作为主 package 的子 crate。那么在编译主 package 时,子 crate 作为依赖包也会被编译。但是这种依赖包是不能上传到 crates.io 公共注册表的:

```
[dependencies]
bitcrypto ={ path ="../crypto" }
primitives ={ path ="../primitives" }
```

- **多引用方式混合**。Cargo 支持同时指定一个注册表和 Git 或者路径位置。在本地编译时,使用 Git 或者路径,而注册表的版本会用于 package 发布到 crates.io 之后。实际上,我们可以同时使用多种方式来引入同一个包,例如本地引入和 crates.io:

```
[dependencies]
# 本地使用时,通过 path 引入,
# 发布到 crates.io 时,通过 crates.io 的方式引入:  version ="1.0"
rand ={ path ="my-rand", version ="1.0" }
```

或者

```
# 本地使用时,通过 Git 仓库引入
# 当发布时,通过 crates.io 引入: version ="1.0"
inkwell ={ git ="https://github.com/TheDan64/inkwell", version ="1.0" }
# 如果 version 无法匹配,Cargo 将无法编译
```

- **根据平台引入依赖**：我们还可以根据特定的平台来引入依赖。例如：

```
[target.'cfg(windows)'.dependencies]
hyper ="0.3.0"
[target.'cfg(unix)'.dependencies]
openssl ="1.0.3"
[target.'cfg(target_arch ="riscv")'.dependencies]
platform ={ path ="platform/riscv" }
[target.'cfg(target_arch ="arm")'.dependencies]
platform ={ path ="platform/arm" }
```

还能使用逻辑操作符进行控制。例如：

```
[target.'cfg(not(unix))'.dependencies]
openssl ="1.0.1"      # 如果不是 unix 操作系统时,才对 openssl 进行引入。
```

如果想要知道 cfg 能够作用的目标，可以在终端中运行 rustc --print=cfg 进行查询，也可以通过指定平台查询：rustc --print=cfg --target=x86_64-pc-windows-msvc，该命令将对 64bit 的 Windows 进行查询。示例如下：

```
Rust Programming\sourcecode>rustc --print=cfg
debug_assertions
panic="unwind"
target_arch="x86_64"
target_endian="little"
target_env="msvc"
target_family="windows"
target_feature="fxsr"
target_feature="sse"
target_feature="sse2"
target_has_atomic="16"
target_has_atomic="32"
target_has_atomic="64"
target_has_atomic="8"
target_has_atomic="ptr"
target_os="windows"
target_pointer_width="64"
target_vendor="pc"
windows
```

Cargo 还允许通过下面的方式来引入平台特定的依赖：

```
[target.x86_64-pc-windows-gnu.dependencies]
hyper ="0.3.0"
[target.i686-unknown-linux-gnu.dependencies]
openssl ="1.0.3"
```

常见的几个使用示例如下：

```
[dependencies]
num ="0.1.27"      # 标准的包依赖声明,编译器会自动到 crates.io 上面寻找并下载,相关文档在 doc.rs 上
rand ={ git ="https://github.com/rust-lang-nursery/rand", branch ="0.4" }   #指定特定的位置
```

```
bytemuck ={ version ="1.7.2", features =["derive"]}   #可以指定 crate 的 feature
solana-sdk ={ path ="../sdk", version ="=1.10.0" }    #可以指定本地路径的 crate
codec ={ package = "parity-scale-codec", version = "2.0.0", default-features = false,
features =["derive"]}                                  # 可以使用 derive 属性
```

Rust 还可以单独声明包依赖。下面的例子和上面的 rand 包声明(斜体)是等价的:

```
[dependencies.rand]    // 这相当于将 rand crate 的声明从[dependencies]表移出,单独声明
git ="https://github.com/rust-lang-nursery/rand"
branch ="0.4"          # Git 版本的 0.4 分支
```

声明依赖包的版本信息时,使用如下格式:

```
<major>.<minor>.<patch>
```

可以在版本信息里使用一些特殊字符来向编译器表明包含或者不包含某些特定的版本。

- 波浪线/Tilde (~):如果指定了 major、minor 和 patch 版本,或者只指定了 major 和 minor 版本,那么只允许 patch 部分有变化;如果只指定了 major 版本,那么 minor 和 patch 部分也可以有变化。例如:

```
~1 等价于 > =1.0.0 且 <2.0.0
~1.3 等价于 > =1.3.0 且 <1.4.0
~1.3.2 等价于 > =1.3.2 且 <1.4.0
```

- 补注号/Caret (^):允许在不修改< major >、< minor >、< patch >中最左边非零数字的情况下变化。例如:

```
^0 等价于 > =0.0.0 且 <1.0.0
^0.1 等价于 > =0.1.0 且 <0.2.0
^0.1.3 等价于 > =0.1.3 且 <0.2.0
^0.2.5 等价于 > =0.2.5 且 <0.3.0
^1 等价于 > =1.0.0 且 <2.0.0
^1.4 等价于 > =1.4.0 且 <2.0.0
^1.3.5 等价于 > =1.3.5 且 <2.0.0
```

- 通配符/Wildcard (*):允许任何版本。例如:

```
2.*等价于 > =2.0.0 且<3.0.0
1.8.*等价于 > =1.8.0 且<1.9.0
```

- 手工指定:用 >、>= 、<、<= 、= 来指定版本号。例如:

```
=1.3.2
> =1.5.0
>1.2
< 2
> =1.1 , <1.4.     # 多个版本的约束需要用逗号隔开
```

- 如果版本指定为 1,则 Cargo 会使用该 crate 版本 2 之前的最新版本。

3.4 开发时依赖包

可以为项目添加只在测试时需要的依赖库。可以在 Cargo. toml 中添加[dev-dependencies]来实现。例如:

```
[dev-dependencies]
base58="0.3"
```

[dev-dependencies]下的依赖只会在运行测试(tests)、示例(examples)和基准性能测试(benches)时才会被引入。并且,假设 A 库包引用了 B 库包,而 B 库包通过[dev-dependencies]的方式引用了 C 库包,那么 A 库包是不会引用 C 库包的。我们还可以指定平台特定的测试依赖包。例如:

```
[target.'cfg(unix)'.dev-dependencies]
tokio="0.1.0"
```

3.5　Cargo 目标对象

Cargo 项目中包含一些对象,它们包含的源代码文件可以编译成相应的包,这些对象称为 Cargo Target。例如之前章节提到的库对象(library)、二进制对象(binary)、示例对象(examples)、测试对象(tests)和基准性能对象(benches)都是 Cargo 的目标对象。

本节介绍如何在 Cargo.toml 清单中配置这些对象,当然,大部分时候都无须手动配置,因为默认的配置通常由项目目录的布局自动推断出来。在开始讲解如何配置对象前,先来看看这些对象究竟是什么。

3.5.1　库对象

库对象用于定义一个库,该库可以被其他的库或者可执行文件链接。该对象包含的默认文件名是 src/lib.rs,且**默认情况下,库对象的名称和项目名是一致的**,除非特别指定。

一个编译单元只能有一个库对象,因此也只能有一个 src/lib.rs 文件,以下是一种自定义配置:

```
# 在 Cargo.toml 中定制化库对象
[lib]                               # 库对象
crate-type =["cdylib"]              # 指定库对象的类型
bench =false
```

3.5.2　二进制对象

二进制对象在编译后可以生成可执行文件,默认的文件名是 src/main.rs,二进制对象的名称和项目名也是相同的。Rust 编译器默认会去编译 main.rs。但是,如果源文件名不是 main.rs,则需要在二进制对象中指定,否则 Rust 编译器不知道编译哪个入口文件。

一个项目可能拥有多个二进制文件,因此**一个项目可以拥有多个二进制对象**。当拥有多个二进制对象时,**这些对象的文件默认放在 src/bin/目录下**。

二进制对象可以使用库对象提供的公共 API,也可以通过定义在 Cargo.toml 中的[dependencies]来引入外部的依赖库。可以使用 cargo run --bin <bin-name>的方式来运行指定的二进制对象,以下是二进制对象的配置示例:

```
# Cargo.toml 文件中定制二进制可执行对象.
[[bin]]                    #二进制对象
name ="pestexample"
test =false
```

```
bench = false
path = "src/bin/pestexample.rs"
[[bin]]                              #二进制对象
name = "pestzok"
path = "src/pestzok.rs"
```

使用下面的命令可以运行相应的二进制对象：

```
cargo run --bin pestexample   // 指定要运行的二进制对象
cargo run                     // 等价于 cargo run --bin pestzok
                              // 因为项目名为 pestzok,如果不指定要运行的二进制对象,就会运行 pestzok
```

3.5.3 示例对象

示例对象的文件在根目录下的 examples 目录中。示例程序一般使用项目中库对象的功能进行演示。示例对象编译后的文件会存储在 target/debug/examples 目录下。

示例对象可以使用库对象的公共 API,也可以通过定义在 Cargo. toml 中的[dependencies]或者[dev-dependencies]来引入外部的依赖库。默认情况下,示例对象都是可执行的二进制文件(带有 fn main()函数入口),这主要是因为示例程序是用来测试和演示库对象的,是用来运行的。也可以将示例对象改成库的类型。例如：

```
[[example]]
name = "foo"
crate-type = ["staticlib"]
```

如果想要指定运行某个示例对象,可以使用如下命令：

```
cargo run --example <example-name>
```

如果是库类型的示例对象,则可以使用如下命令进行构建：

```
cargo build --example <example-name>
```

与此类似,还可以使用如下命令将示例对象编译出的可执行文件安装到默认的目录中,将该目录添加到 $PATH 环境变量中,就可以直接全局运行安装的可执行文件。例如：

```
cargo install --example <example-name>
```

cargo test 命令默认会对示例对象进行编译,以防止示例程序因为长久未运行而导致过期以至于无法运行。

3.5.4 测试对象

如果运行 cargo test,从输出可以看到测试内容有以下三部分。

- **单元测试**：单元测试是库项目或者二进制项目中用#[test]标记的函数,这些函数能够访问定义在项目中的私有 API。详情参见 6.1 节。
- **集成测试**：是一个独立的可执行二进制项目,也包含#[test]标记的函数,它与项目的库链接并可以访问项目的公开 API。详情参见 6.2 节。使用示例如下：

```
cargo test --test integration_test   // 此处假设 tests 目录下有 integration_test.rs 测试案例存在
```

- **文档测试**：详情参见 6.3 节。

测试对象的文件位于项目根目录下的 tests 目录中。当运行 cargo test 时，里面的每个文件都会被编译成独立的包，然后被执行。测试对象可以使用库对象提供的公共 API，也可以通过定义在 Cargo. toml 中的[dependencies]和[dev-dependencies] 来引入外部的依赖库。

如果希望在多个集成测试之间共享代码，可以把要共享的部分放在独立的模块，如 tests/common/mod. rs 并定义 mod common 模块。然后，每个测试都可以引入该模块 common。通过这种文件组织和命名方式，Cargo 会忽略 tests/目录的子目录的文件。Rust 不再将 common 模块看作集成测试文件：**tests 目录下的子目录中的文件不会被当作独立的包，也不会有测试输出**。

每个集成测试都会生成一个独立的可执行二进制文件，cargo test 会顺序地执行它们。如果有大量的集成测试，可以把测试分割为多个模块，并生成单一的集成测试。可以运行 cargo test 命令，传入要运行的测试的模块名。例如：

```
cargo test foo ----test-threads 3     //运行名为 foo 的测试模块.--test-threads 是测试模块的参数
```

Rust 为了保持测试结果的简洁，通常会省略成功测试的标准输出（如 println! 的输出）。可以通过传送--nocapture 开关来显示成功测试的输出。例如：

```
cargo test --  --nocapture                //--不可省略
```

或者

```
cargo watch  "test --  --nocapture"
```

3.5.5　基准性能对象

基准性能测试的文件位于 benches 目录下，可以通过 cargo bench 命令来运行。整个结构类似于 tests。每个基准性能测试的函数都使用♯[bench]属性标记。官方的基准性能测试的缺点，首先是**不支持 stable 版本的 Rust**，其次是结果有些简单，缺少更详细的统计分布。因此社区基准测试库包（benchmark crate）就应运而生了，如 criterion. rs[①]。

3.5.6　配置一个对象

可以通过 Cargo. toml 中的[lib]、[[bin]]、[[example]]、[[test]]和[[bench]]部分对以上对象进行配置。由于它们的配置内容都是相似的，因此以[lib]为例[②]来说明相应的配置项。例如：

```
[lib]
name =" foo"                  # 对象名称：库对象、src/main.rs 二进制对象的名称默认是项目名
path =" src/lib.rs"           # 对象的源文件路径
test =true                    # 能否被测试，默认是 trued
doctest =true                 # 文档测试是否开启，默认是 true
bench =true                   # 基准测试是否开启
doc =true                     # 文档功能是否开启
plugin =false                 # 是否可以用于编译器插件（作废）
proc-macro =false             # 是否是过程宏类型的库
harness =true                 # 是否使用 libtest harness
edition =" 2018"              # 对象使用的 Rust Edition
crate-type =[" dylib"]        # 生成的包类型
required-features =[]         # 构建对象所需的 Cargo Features
```

① https://github. com/bheisler/criterion. rs

② https://doc. rust-lang. org/cargo/reference/cargo-targets. html

1. name

对于库对象和默认的二进制对象(src/main.rs),默认的名称是项目的名称(package.name)。对于其他类型的对象,默认是目录或文件名。除了 [lib] 外,name 字段对于其他对象都是必需的。

2. edition

对使用的 Rust Edition 版本进行设置。如果没有设置,则默认使用 [package] 中配置的 package.edition。

3. crate-type

该字段定义了对象生成的包类型,它是一个数组,因此可以为同一个对象指定多个包类型。注意:只有库对象和示例对象可以被指定,而其他的二进制、测试和基准测试对象只能是 bin 包类型,才可执行二进制类型。包类型可用的选项包括 bin、lib、rlib、dylib、cdylib、staticlib 和 proc-macro。更多的可以参考官方的参考手册[①]。

4. required-features

该字段用于指定在构建对象时所需的 features 列表。该字段只对[[bin]]、[bench]]、[[test]]和[[example]]有效,对于[lib]没有任何效果。例如:

```
[features]
# ...
postgres =[]
mysql=[]
tools =[]

[[bin]]
name =" my-tool"
required-features =[" postgres" , " tools"]
```

3.6 package 表

package 表包含与本 package 相关的元数据信息。2.6 节中的 helloworld 例子的 Cargo.toml 的内容如下:

```
[package]
name =" helloworld"
version =" 0.1.0"
authors =[" Your Name <you@example.com> "]
edition =" 2018" # 指定 Rust 的 edition 版本
```

其中最重要的是 edition。可能的版本选项有 2015、2018 和 2021。这些版本的具体描述可以访问官方网站[②]。

一个比较复杂(包含更多的项目元数据)的例子如下:

```
[package]
name =" rustbox"
```

① https://doc.rust-lang.org/stable/reference/linkage.html

② https://doc.rust-lang.org/stable/edition-guide/

```
version = "0.9.0"
authors = [
    "Gavin Zheng <gavinzheng@gmail.com>"],
    "Milly Chou <milly.chou@gmail.com>",
    "Chloe Ross <orangesnowfox@gmail.com>",
    "Daniel Akhterov <akhterovd@gmail.com>",
]
description = "A rust implementation of the Hello library"
repository = "https://github.com/gavinzheng/rustbox"
documentation = "https://docs.rs/sp-runtime-interface-proc-macro"
homepage = "https://github.com/gavinzheng/rustbox"
readme = "README.md"
license = "MIT"
keywords = [
    "hello",
    "terminal",
    "gui",
]
categories = ["network-programming", "asynchronous"]
exclude = [
    "examples/* "
]
publish = false
autobins = false# 对象的自动发现设为 false，以下同
autoexamples = false
autotests = false
autobenches = false
```

3.7 patch 表

patch 表允许暂时使用一个不同的依赖源，也就是依赖覆盖。依赖源可以在任何位置。这个功能在以下情况下非常有用：

- 程序员在测试一个错误修正版(Bug Fix)；
- 性能提升测试；
- 发布一个微小的版本时，暂时使用一个过渡依赖源。

下面演示了如何定义一个暂时的 patch 依赖源：

```
[patch.crates-io]
# 使用一个本地版本的依赖源
myrand={ path = "/home/milly/myrand" }        // 使用 myrand crate 时，使用本地的 myrand，而不是
                                              //crates-io
# 使用 Git 分支的修改版本，而不是用 crates-io 上的版本
ecdsa ={ git = "https://github.com/paritytech/ecdsa.git", branch = "latest" }

# patch 一个 Git 依赖源
[patch.'https://github.com/milly/rand.git']
project ={ path = "/home/milly/rand" }
```

即使使用了 patch 的依赖源，Cargo 仍然会检查 crate 的版本，以防止程序员使用了 crate 的错误主版本。如果程序员需要在过渡期间使用同一 crate 的多个主版本，即可以为每一个主版本依赖生成不同的标识。示例如下：

```
[patch.crates-io]
rand4 ={ path = "/home/milly/rand4", package = "rand" }
rand5 ={ path = "/home/milly/rand5", package = "rand" }
```

3.8 常用的 cargo 的命令

cargo 常用的命令如下。

项目生成与初始化

```
// 默认生成可执行项目(二进制 crate),如果想生成库包(Library crate),使用 --lib
cargo new crate_name [--bin]
cargo init [--bin]              // 默认初始化二进制可执行项目,如果想初始化库包,使用 --lib
```

项目编译

```
cargo build [--release]
cargo run [--release]
```

cargo build 命令的默认模式是编译一个没有优化的调试版本(Debug Version),输出的二进制执行文件在 target/debug 目录下。cargo run 运行的也是调试版本。-release 开关会进行优化的生产环境的编译,输出的二进制可执行文件在 target/release 目录下。测试版本和生产环境版本的编译区别是非常大的,而且优化编译会比较慢。

项目测试案例运行

```
cargo test
```

项目基准性能测试

```
cargo bench
```

项目依赖包更新(会更新 Cargo. lock 文件)

```
cargo update
```

Cargo 版本信息

```
cargo version
```

项目打包和发布到 crate. io

```
cargo package
cargo publish
```

删除编译过程中生成的中间文件

```
cargo clean
```

有时,我们需要对特定的对象平台生成与 Rust 程序相应的汇编代码,命令如下:

```
RUSTFLAGS="--emit asm" cargo build --target=x86_64-unknown-linux-gnu
```

3.9 扩展 cargo 命令

Rust 2021 Edition 新增了一些与 Cargo Module 相关的命令,可以帮助我们理解和管理模块。

cargo modules

```
cargo install cargo-modules                      // 安装 cargo-modules
cargo modules generate tree --with-types         // 生成项目的模块树
```

cargo Watch

```
cargo install cargo-watch        // 安装 cargo-watch
```

cargo-watch 监视源代码的改变，并在每次改变时触发特定命令，示例如下：

```
cargo watch -x check            // 每次代码修改都触发运行 cargo check，这将减少用户的编译时间
```

cargo-watch 同时支持命令链式调用：

```
cargo watch -x check -x test -x run
```

每次修改代码都会触发运行 cargo check。如果成功，将继续运行 cargo test。如果失败，将继续运行 cargo run。

cargo-audit

可以通过以下命令安装：

```
cargo install cargo-audit
```

一旦安装成功，就可以在 cargo 项目下运行该命令。该命令会检查 Cargo.toml 并且用 RustSec 安全数据库[①]扫描所有的依赖包，并打印所有的安全建议。

cargo-edit

cargo-edit 命令会自动向项目的 Cargo.toml 文件中增加依赖包，包括 dev 依赖包和 build 依赖包，并且可以指定特定的依赖包版本。可以通过下面的命令安装：

```
cargo install cargo-edit
```

它提供了 4 个子命令：cargo add、cargo rm、cargo edit 和 cargo upgrade。

cargo-deb

这个命令由社区开发，用来为 Rust 执行文件建立在 Debian Linux 上的发布版本(.deb)。可以通过下面的命令安装：

```
cargo install cargo-deb
```

cargo-outdated 和 cargo-duplicates

cargo outdated 命令显示在 cargo 项目中已经过期的 crate 包依赖；而 cargo duplicates 命令会在项目的依赖包中找到已升级或者已降级的包。可以通过下面的命令安装：

```
cargo install cargo-outdated
cargo install cargo-duplicates
```

一旦安装成功，就可以在 cargo 项目目录下运行该命令。

---

① https://rustsec.org/

cargo install

为了和 cargo 无缝连接,所有社区开发的子命令都遵循命名规则 cargo-[cmd]。当使用 cargo install 命令安装二进制 crate 时,cargo 会将安装的二进制文件加入 $PATH 环境变量,这样就可以自由地使用 cargo <cmd>命令了。

可以在 https://github.com/rust-lang/cargo/wiki/Third-party-cargo-subcommands 中找到社区开发的 cargo 扩展子命令。cargo install 也可以用来安装任何用 Rust 语言开发的二进制 crates 或者可执行文件/应用,它们默认安装在/home/<user>/.cargo/bin/目录下。

至于其他的 cargo 命令,如 cargo check、cargo [un]install binary_crate_name、cargo search crate_name、cargo login api_key、cargo crev、cargo-geiger、cargo-osha、cargo-deny 等高级命令的用法,请参考 cargo 官方文档[①]。

3.10 特征

features 是 Rust 用来定制化项目的主要工具。一个特征是一个编译标识,在编译 crate 时会传给其依赖包,从而添加可选的功能。通常,使用特征的方式主要有以下三种:

- 激活可选的依赖;
- 有条件地使用一个 crate 里的某些组件;
- 增强代码的行为。

1. 下游 crate 使用上游 crate 的特征

示例如下:

```
[package]
name = "foo"
...
[features]
derive = ["syn"]

[dependencies]
syn ={ version = "1", optional = true}
```

当 cargo 编译 foo crate 时,默认它不会编译 syn crate。只有当一个依赖于 syn crate 的 crate(称为下游/downstream crate)需要使用 derive 特性提供的功能,并且显式地选择包含 syn 时,才会编译 sync。例如:

```
[package]
name = "bar"
...
[dependencies]
foo ={ version = "1", features = ["derive"] }   // Cargo会编译 syn crate
```

2. 选择设置默认特性

Cargo 允许我们为 crate 定义一组默认特征(这些特征可能被频繁使用)。同时还可以选择排除一些默认特征。下例演示了如何默认使用 derive 特征编译 syn,同时排除一些 syn 的

① https://doc.rust-lang.org/cargo/

默认特征，而仅仅包含为 derive 特征所需的那些特征。例如：

```
[package]
name = "foo"
...
[features]
derive = ["syn"]
default = ["derive"]                                    // 默认是 derive 特征，因为其被频繁使用

[dependencies.syn]
version = "1"
default-features = false                                // 排除默认特征
features = ["derive", "parsing", "printing"]  // syn 只会被编译这三个特征
optional = true
```

3. 一个 feature 可以开启其他 feature

例如 image 图片包含 JPG 和 PNG 格式，因此当 image 被启用后，还得确保启用 JPG 和 PNG。例如：

```
[features]
jpg = []
png = []
image = ["jpg", "png"]                                  // 打开 image 特性就同时打开了 jpg 和 png
```

4. 默认 feature

默认情况下，所有的 feature 都会被自动禁用，可以通过 default 来启用它们。例如：

```
[features]
default = ["image", "mp3"]
jpg = []
png = []
image = ["jpg", "png"]
mp3 = []
```

5. 可选依赖

当依赖被标记为"可选(optional)"时，意味着它默认不会被编译。假设我们需要用到一个外部的包来处理 TIF 格式的图片，例如：

```
[dependencies]
tif = { version = "0.11.1", optional = true } # 默认不会被编译
```

我们可以通过显式定义 feature 的方式来启用这些可选依赖库，例如为了支持 OMNI 图像格式，我们需要引入两个依赖包：一个处理 RGB 格式，另一个处理 HSV 格式。OMNI 通过特性引入了两个可选格式特性：HSV 和 RGB。

```
[dependencies]
hsv = { version = "0.5.0", optional = true }
rgb = { version = "0.3.2", optional = true }
[features]
omni = ["hsv", "rgb"]
```

6. 依赖库自身的 feature

依赖库也可以定义自己的 feature，也有需要启用的 feature 列表。当引入该依赖库时，可

以通过以下方式为其启用相关的 features:

```
[dependencies]
serde ={ version =" 1.0.1", features =[" derive"]}
```

以上配置为 serde 依赖开启了 derive 特征。

可以通过下面的方式来禁用依赖库的默认特征:

```
[dependencies]
ffmpeg ={ version =" 1.0.2", default-features =false, features =[" libc"]}
```

上面的例子禁用了 ffmpeg 的默认特征,但是又启用了它的 libc 特征。注意:这种方式不一定能成功禁用 default,原因是可能会有其他依赖也引入了 ffmpeg,并且没有对 default 进行禁用。那样的话,默认特征仍然会被启用。

可以通过下面的方式来间接开启依赖库的 feature:

```
[dependencies]
mp4-decoder ={ version =" 0.1.20", default-features =false}

[features]
parallel =[" mp4-decoder/rayon"]# 打开 mp4-decoder 的并行特性开关" rayon"
```

上例中定义了一个 parallel 的特性,同时为其启用了 jpeg-decoder 依赖的 rayon 特性。

7. 检视已解析的 features

在复杂的特征依赖图中,如果想要了解不同的特征是如何被多个包多路启用的,可以使用 cargo tree 命令提供的几个选项来检视哪些特征被启用了。例如:

```
cargo tree -e features
```

推荐按照 crates.io 的方式来设置特征(Feature)名称:crate.io 要求名称只能由 ASCII 码字母数字、_、—或者+组成。本节只介绍如何在 Cargo.toml 中使用特征。至于如何在源代码中基于特征编程,需要用到 cfg!宏以及条件编译,请参照 8.1.2 节。

3.11 profile

profile 其实是一种发布配置,默认包含 4 种:dev、release、test 和 bench。正常情况下,我们无须指定,Cargo 会根据我们使用的命令来自动进行选择。

profile 可以通过 Cargo.toml 中的[profile]部分进行设置和改变。例如在 Cargo.toml 中的 profile 设置中,可以直接通过[profile.{profile}]的方式使用它们。又如可以将所有 dev 相关的配置放在[profile.dev]表下,将所有与 release 相关的配置放在[profile.release]表下。例如:

```
[profile.dev]
opt-level =1                # 使用稍高一些的优化级别,最低是 0,最高是 3
debug-assertions =true      # 打开调试断言
```

需要注意的是,每种 profile 都可以单独设置,例如上面的[profile.dev]。

[profile]表可以让程序员指定一些编译 crate 的开关,Cargo 会将这些开关传给 Rust 编

译器。这些开关主要有以下 3 类。

- **性能开关**。主要有 3 个开关：

➢ opt-level

这个开关告诉 Rust 编译器如何优化代码。可取的值为 0～3：0 是不要做任何优化，3 是能优化尽量优化。如果取值为 s，则这是优化编译结果文件的大小。嵌入式开发可能会关注到这个值。例如：

```
[profile.dev.package]
mandel ={ opt-level =3}  # 使用第三级的优化
```

opt-level 可能的取值如下。

❖ 0：无优化。

❖ 1：基本优化。

❖ 2：一些优化。

❖ 3：全部优化。

❖ "s"：优化输出的二进制文件的大小。

❖ "z"：优化二进制文件的大小，但也会关闭循环向量化。

➢ LTO(Link-Time Optimization)

顾名思义，LTO 是告诉编译器优化不同 crate 之间连接时的代码：每个编译结果单元都带有该单元的相关信息。在多个编译单元连接在一起时，Rust 编译器会利用所有这些信息来对连接后代码进行又一轮的优化。代价是编译时间的加长。

➢ codegen-units

codegen-units 是关于编译时效率的，它告诉编译器编译一个 crate 可以分成多少个独立的编译任务，从而可以并行编译，提高编译效率。

- **调试开关**

[profile]表支持的开关包括 debug、debug-assertions 和 overflow-checks。

➢ debug 标志通知 Rust 编译器在编译后的二进制文件里包含调试信息，这样会增大结果文件的大小，但是程序异常的回溯信息中会包含函数名字和其他相关信息，而不是仅仅包含指令地址。

➢ debug-assertions 标识使用 debug_assert! 宏并编译 cfg(debug_assertions)标注的调试代码，这会导致代码效率下降，但是可以让程序员在运行时更精确地捕捉信息。

➢ overflow-checks 标志可以对整数操作进行溢出检查，这可能会降低效率，但是能帮助程序员更早地捕捉到问题所在。这些标志默认都会在 debug 模式中打开，而在 release 模式中关闭。

- **用户自定义的代码行为**

我们也可以对一个特定的依赖包或者特定的 profile 设定进行重载。下面的例子演示了如何为 serde crate 设置最高优先级的优化，而对其他 crate 进行次一级的优化。下例使用了[profile.<profile-name>.package.<crate-name>]语法。

```
[profile.dev.package.serde]
opt-level =3
[profile.dev.package."*"]
opt-level =2
```

表 3.2 总结了 cargo 命令会使用的 Cargo.toml 中的相关表。

表 3.2 Cargo 命令和 Cargo.toml 的表映射

命　　令	所使用的 Cargo.toml 的表
cargo build	[profile.debug]
cargo build --release	[profile.release]
cargo test	[profile.test]

下面的设定使用了 cargo build --release，编译后生成的二进制文件里包含了调试符号信息：

```
[profile.release]
debug = true # 在发布版本中包含调试符号信息
```

3.11.1 默认 profile

cargo 预定义了以下几个配置(profile)[①]。

- **dev**——开发配置项。cargo build、cargo rustc、cargo check 和 cargo run 默认使用 dev 配置。
- **release**——正式版本配置项，如 cargo install、cargo build --release、cargo run --release。
- **test**——测试配置项，如 cargo test。
- **bench**——性能测试配置项，如 cargo bench。
- **doc**——文档配置项，如 cargo doc。
- **使用自定义 profile**：cargo build --profile release-lto。

1. dev

dev profile 用于开发和调试。cargo build 或 cargo run 默认使用的就是 dev profile。cargo build --debug 也是。注意：dev profile 的结果并没有输出到 target/dev 的同名目录下，而是输出到 target/debug。

默认的 dev profile 设置如下：

```
[profile.dev]
opt-level = 0
debug = true
split-debuginfo = '...'  # Platform-specific.
debug-assertions = true
overflow-checks = true
lto = false
panic = 'unwind'
incremental = true
codegen-units = 256
rpath = false
```

2. release

release 往往用于预发布(staging)/生产环境或性能测试，以下命令使用的就是 release profile：

① https://course.rs/cargo/reference/profiles.html

```
cargo build --release
cargo run --release
cargo install
```

默认的 release profile 设置如下：

```
[profile.release]
opt-level =3
debug =false
split-debuginfo ='...'  # Platform-specific.
debug-assertions =false
overflow-checks =false
lto =false
panic ='unwind'
incremental =false
codegen-units =16
rpath =false
```

3. test

该 profile 用于构建测试，它的设置是继承自 dev。

4. bench

该 profile 用于构建基准测试 benchmark，它的设置默认继承自 release。

3.11.2　自定义 profile

除了默认的四种 profile，还可以定义自己的 profile。自定义的 profile 可以帮助我们建立更灵活的工作发布流和构建模型。

当定义 profile 时，必须指定 inherits 用于说明当配置缺失时该 profile 要从哪个 profile 那里继承配置。例如，我们想在 release profile 的基础上增加 LTO 优化，那么可以在 Cargo.toml 中添加如下内容：

```
[profile.release-lto]
inherits =" release"      // 配置继承自 release
lto =true
```

然后在构建时使用--profile 来指定想要选择的自定义 profile：

```
$  cargo build --profile release-lto
```

3.11.3　重写 profile

可以对特定的包使用 profile 进行重写(override)。例如：

```
# `foo` package 将使用 -Copt-level=3 标志
[profile.dev.package.foo]
opt-level =3
```

这里的 package 名称实际上是一个 Package ID，因此可以通过版本号来选择。例如：

```
[profile.dev.package." foo:2.1.0"]
```

如果要为所有依赖包重写(不包括工作空间的成员)，例如：

```
[profile.dev.package."*"]
opt-level = 2
```

为构建脚本、过程宏和它们的依赖重写为:

```
[profile.dev.build-override]
opt-level = 3
```

重写的优先级按以下顺序执行(最先被匹配的优先级更高):

(1) [profile. dev. package. name],指定名称进行重写。

(2) [profile. dev. package. "*"],对所有非工作空间成员的 package 进行重写。

(3) [profile. dev. build-override],对构建脚本、过程宏及它们的依赖进行重写。

(4) [profile. dev]。

(5) Cargo 内置的默认值。

3.12 工作空间

在 Rust 中,可以使用 Cargo Workspace 来组织大型的 Rust 项目。Workspace 可能包含一个或者多个项目/包(package),这些项目(称为 Workspace 工作成员)被 Workspace 统一管理。

- Cargo 的通用命令适用于 Workspace 的所有成员,如 cargo check --workspace。
- 所有的 package **共享同一个位于 Workspace 根目录下的 Cargo. lock 文件**。
- 所有的 package **共享同一个输出目录**,默认位于 Workspace 根目下的 target 目录。
- 共享项目的元数据,如 workspace. package。
- Cargo. toml 中的[patch],[replace]和[profile. *]节仅适用于根目录,不适用于成员项目。成员项目中的 Cargo. toml 中的相应部分将被自动忽略。

在 Cargo. toml 文件中,[workspace]表支持如下的配置,如表 3.3 所示。

表 3.3　Cargo. toml 中的 workspace 表

表　　名	名　　称	说　　明	样　例　值
[workspace]	定义一个工作空间		
	resolver	指定使用的依赖解析器	见官方文档[1]
	members	工作空间的成员项目	
	exclude	工作空间不需要的项目指定	
	default-members	默认的操作项目	
	package	项目中继承的键	
	dependencies	在项目依赖中继承的键	
	metadata	外部工具的设置	
[patch]		被重载的依赖	
[replace]		被重载的依赖(过时作废)	
[profile]		编译器设置和优化配置	

工作空间的示意图如图 3.1 所示。

[1] https://doc. rust-lang. org/edition-guide/rust-2021/default-cargo-resolver. htm

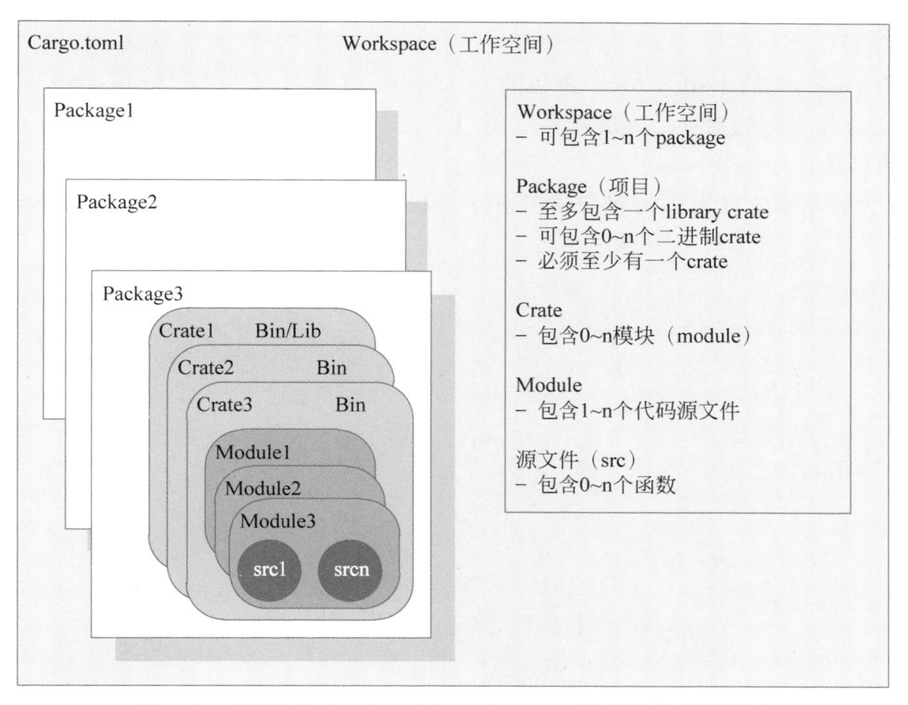

图 3.1 工作空间/Package/Crate/Module/源代码结构层次图

图 3.1 的详细解释如下。

- 一个 Rust 项目最小的独立单元是一个函数({...}代码块可视为函数的一种)。
- 一组函数被组织为一个具有特定文件名的源代码文件(如 main.rs)。
- 文件的上一级别的单元是模块。模块中的代码有唯一的名域空间。模块可以包含用户定义的数据类型(如 structs、traits 和 enums)、常量、类型别名、其他模块导入和函数声明。模块可能嵌套。多个模块可以定义在一个源文件里，或者一个模块的代码也可以散布在多个源代码文件中。
- 多个模块可以被组织为 crate。crates 可以用来在 Rust 项目中共享代码。一个 crate 要么是库，要么是二进制可执行文件。程序员开发并公开发布的 crate 可以被其他开发程序员和开发团队使用。crate 的根是 Rust 编译器开始的源代码。对于二进制 crate，crate 的根为 main.rs；对于库 crates，crate 的根为 lib.rs。
- 一个或者多个 crate 可以被组织为一个 package。一个 package 包含一个 Cargo.toml 配置文件，其中包含如何编译、下载以及链接 package 的信息。一个 package 必须包含至少一个 crate，可以是库，也可以是二进制可执行 crate。一个 package 可能包含任意一个二进制可执行 crates，但是只能包含最多一个库 crate。
- 随着 Rust 项目的增大，可能需要将一个 package 分拆为多个单元，并对它们进行单独管理。一组相关的 package 被组织为一个工作空间，一个工作空间中的一组 package 共享同样的 Cargo.lock 文件(包含工作空间里所有 package 之间共享的特定版本依赖包的详细信息)和输出目录。

工作空间有两种类型[①]：根项目(root package)和虚拟工作空间(virtual workspace)。

① https://doc.rust-lang.org/cargo/reference/workspaces.html

1. 根项目

若一个 package 的 Cargo. toml 在包含[package]的同时又包含[workspace]部分，则该 package 称为工作空间的根项目。换言之，一个工作空间的根(root)是该工作空间的 Cargo. toml 文件所在的目录。

例如：大名鼎鼎的以太坊的客户端 Parity[①] 就在最外层的 package 中定义了[workspace]。例如：

```
[package]
description =" Parity Ethereum client"
name =" parity"
version =" 1.9.0"
license =" GPL-3.0"
authors =[" Parity Technologies <admin@parity.io> "]
build =" build.rs"

[workspace]
members =[
    " ethstore/cli",
    " ethkey/cli",
    " evmbin",
    " whisper",
    " chainspec",
    " dapps/js-glue"
]
```

那么，最外层的目录就是 Parity 的工作空间的根。具体说明参见 3.16 节。

2. 虚拟工作空间

若一个 Cargo. toml 有[workspace]，但是没有[package]部分，则它是虚拟工作空间。对于没有主 package 的场景或当我们希望将所有的 package 组织在单独的目录中时，这种方式非常适合。例如 rust-analyzer[②] 就是这样的项目，它的根目录中的 Cargo. toml 并没有[package]，说明该根目录不是一个 package，但是却有[workspace]。例如：

```
[workspace]
members =[" xtask/", " lib/* ", " crates/* "]
exclude =[" crates/proc-macro-test/imp"]
resolver =" 2"

[workspace.package]
rust-version =" 1.70"
edition =" 2021"
license =" MIT OR Apache-2.0"
authors =[" rust-analyzer team"]
```

结合 rust-analyzer 的目录布局可以看出，该工作空间的所有成员 package 都在单独的目录中。

Cargo. toml 中的[workspace]部分用于定义哪些项目属于工作空间的成员项目。例如：

---

① https://parity. io/

② https://github. com/rust-lang/rust-analyzer

```
[workspace]
members =["member1","path/to/member2","lib/*"]
exclude =["lib/foo","path/to/other"]
```

若某个本地依赖包是通过 path 引入的，并且该包位于工作空间的目录中，则该包自动成为工作空间的成员。剩余的成员需要通过 workspace. members 来指定，里面包含各个成员项目所在的目录（成员目录中包含 Cargo. toml）。members 还支持匹配多个路径。例如，上面的例子使用 lib/ * 匹配 lib 目录下的所有包。exclude 可以将指定的目录排除在工作空间之外。例如上面的例子，lib/ * 在包含 lib 目录下的所有包后，又通过 exclude 中的 lib/foo 将 lib 下的 foo 目录排除在外。

3. 选择工作空间

选择工作空间有两种方式：Cargo 自动查找或者手动指定 package. workspace 字段。当位于工作空间的子目录中时，Cargo 会自动在该目录的父目录中寻找带有[workspace]定义的 Cargo. toml，然后再决定使用哪个工作空间。

还可以覆盖 Cargo 的自动查找功能：将成员包中的 package. workspace 字段修改为工作区间根目录的位置，这样就能显式地让一个成员使用指定的工作空间。当成员不在工作空间的子目录下时，这种手动选择工作空间的方法非常适用。因为 Cargo 的自动搜索是沿着父目录往上查找的，而成员并不在工作空间的子目录下，所以顺着成员的父目录往上找是无法找到该工作空间的 Cargo. toml 的，此时就只能手动指定了。

4. 选择项目

在工作空间中，与 package 相关的 Cargo 命令（如 cargo build）可以使用-p、--package 或者--workspace 命令行参数来指定想要操作的 package。若没有指定任何参数，则 Cargo 将使用当前工作目录中的项目。若工作目录是虚拟工作空间类型，则该命令将作用在所有成员项目上（就好像是使用了--workspace 命令行参数）。而 default-members 可以在命令行参数没有被提供时手动指定操作的成员。例如：

```
[workspace]
members =["path/to/member1","path/to/member2","path/to/member3/*"]
default-members =["path/to/member2","path/to/member3/foo"]
```

使用 default-members，cargo build 就不会应用到虚拟工作空间的所有成员项目上，而是仅应用到指定的成员项目上。

5. workspace. metadata

workspace. metadata 与 package. metadata 非常类似，会被 Cargo 自动忽略，就算没有使用也不会发出警告。这个部分可以用于在 Cargo. toml 中存储一些工作空间的配置元数据信息。例如：

```
[workspace]
members =["member1","member2"]
[workspace.metadata.webrequests]
root ="path/to/webproject"
tool =["npm","ruby","build"]
# ...
```

3.13 Cargo 的使用

3.13.1 Cargo 系统目录

Cargo 的配置目录位于：

Ubuntu

```
$ HOME/.cargo/
```

Windows

```
C:\Users\Administrator\.cargo
```

可以通过修改 CARGO_HOME 环境变量的方式来重新设定该目录的位置。该目录内容如图 3.2 所示。

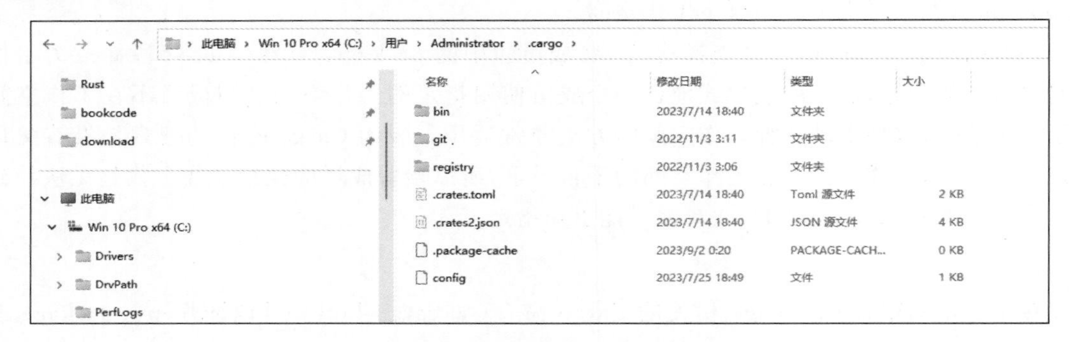

图 3.2　Cargo 安装目录图

具体说明如下。

- config. toml 是 Cargo 的全局配置文件。具体内容格式见 3.14 节。
- config 定义 crate 的注册中心：下载源/镜像源。
- . crates. toml 和. crates2. json 是隐藏文件，请不要手动修改。
- bin 目录包含通过 cargo install 或 rustup 下载的包编译出的可执行文件。我们将该目录加入 $PATH 环境变量中，就可以实现对这些可执行文件的直接访问。
- git 目录中存储了 Git 的资源文件。
  - ➢ git/db，当一个包依赖某个 Git 仓库时，Cargo 会将该仓库克隆到 git/db 目录下，如果未来需要，还会对其进行更新。
  - ➢ git/checkouts，若指定了 Git 源和 commit，相应的仓库就会从 git/db 中 checkout 到该目录下，因此同一个仓库的不同 checkout 共存成为了可能。
- registry 包含注册中心的元数据和 packages。
  - ➢ registry/index 是一个 Git 仓库，包含注册中心中所有可用包的元数据(版本、依赖等)。
  - ➢ registry/cache 中保存了已下载的依赖，这些依赖包以 gzip 的压缩档案形式保存，后缀名为 crate。
  - ➢ registry/src，若一个已下载的 crate 档案被一个 package 需要，该档案会被解压缩到 registry/src 文件夹下，最终 rustc 可以在其中找到所需的 rs 文件。

3.13.2 Cargo 清除缓存

Cargo 命令的缓存罗列如下。理论上，我们可以手动移除缓存中的任何一部分，当后续有包需要时，Cargo 会尽可能地恢复这些资源。

- 解压缩 registry/cache 下的 crate 档案。
- 从 git 中 checkout 缓存的仓库。

我们可以使用 cargo-cache[①] 包来选择性地清除 cache 中指定的部分。

3.13.3 构建时卡住

在开发过程中，我们会碰到构建时卡住的问题。当 Vscode 重新下载依赖（这个过程可能还会更新 crates.io 使用的索引列表）的过程中，Cargo 会将相关信息写入 $HOME/.cargo/.package_cache 下，并将其锁住。如果在此同时，我们试图在另一个地方对同一个项目进行构建，就会报错 Blocking waiting for file lock on package cache。解决办法是：强行停止正在构建的进程。例如终止 Vscode 使用的 rust-analyer 插件进程，并删除 $HOME/.cargo/.package_cache 文件。

3.13.4 target 目录结构

cargo build 的结果会放入项目根目录下的 target 文件夹。这个位置可以通过以下三种方式更改：

- 设置 CARGO_TARGET_DIR 环境变量；
- build.target-dir 配置项；
- --target-dir 命令行参数。

target 目录结构及其说明如表 3.4 所示。

表 3.4 target 目录结构及其说明

目 录	说 明
target/debug/	➢ 包含 dev profile 的构建输出（cargo build 或 cargo build --debug） ➢ dev 和 test profile 的构建结果都存放在 debug 目录下 ➢ 包含编译后的输出，例如二进制可执行文件、库对象（library target）
target/debug/examples/	包含示例对象（example target）
target/debug/deps	依赖和其他输出成果
target/debug/incremental	rustc 增量编译的输出，该缓存可以用于提升后续的编译速度
target/debug/build/	构建脚本（build.rs）的输出
target/release/	➢ releaseprofile 的构建输出，cargo build --release ➢ release 和 bench profile 存放在 release 目录下
target/foo/	➢ 自定义 foo profile 的构建输出，cargo build --profile=foo ➢ 用户定义的 profile 存放在同名的目录下
target/<triple>/debug/	target/thumbv6m-none-eabi/debug/
target/<triple>/release/	target/thumbv6m-none-eabi/release/
target/doc/	包含通过 cargo doc 生成的文档
target/package/	包含 cargo package 或 cargo publish 生成的输出

---

① https://crates.io/crates/cargo-cache

3.14 config.toml 进行 Cargo 配置

本节讲述如何对 Cargo 相关工具进行配置。我们既可以在全局中设置默认的配置，又可以为每个包设定独立的配置，甚至还能进行版本控制。

1. 层级结构

我们可以对 Cargo 进行全局配置：$HOME/.cargo/config.toml。实际上，我们还可以在一个项目内进行配置。编译时，Cargo 的匹配规则是：Cargo 会顺着当前目录往上查找，直到找到目标配置文件。例如在目录/projects/aaa/bbb/ccc 下调用 Cargo 命令，则查找路径如下：

(1) /projects/aaa/bbb/ccc/.cargo/config.toml

(2) /projects/aaa/bbb/.cargo/config.toml

(3) /projects/aaa/.cargo/config.toml

(4) /projects/.cargo/config.toml

(5) /.cargo/config.toml

(6) $CARGO_HOME/config.toml 默认是

- Windows：%USERPROFILE%\.cargo\config.toml
- UNIX：$HOME/.cargo/config.toml

如果一个键(key)在多个配置中出现，那么这些键只会保留一个：最靠近 Cargo 执行目录的配置文件中的键值将被使用((1)优先级最高，(6)优先级最低)。需要注意的是，如果键的值是数组，那么相应的值将被合并。

对于工作空间而言，Cargo 的搜索策略是从根开始的，内部成员中包含的 Cargo.toml 会自动忽略。假如一个工作空间拥有两个成员项目，那么每个成员都有配置文件：

- /projects/aaa/bbb/ccc/mylib/.cargo/config.toml
- /projects/aaa/bbb/ccc/mybin/.cargo/config.toml

但是 Cargo 并不会读取它们，而是从工作空间的根(/projects/aaa/bbb/ccc/)开始往上查找。

2. 配置文件概览

下面是一个完整的配置文件[①]，内容如下：

```
paths = ["/path/to/override"]            # 覆盖 Cargo.toml 中通过 path 引入的本地依赖

[alias]                                  # 命令别名
b = "build"                              # cargo b 等同于 cargo build
c = "check"                              # cargo c 等同于 cargo check
t = "test"                               # cargo t 等同于 cargo test
r = "run"                                # cargo r 等同于 cargo run
rr = "run --release"                     # cargo rr 等同于 cargo run --release
space_example = ["run", "--release", "--", "\"command list\""]

[build]
jobs = 1                                 # 并行构建任务的数量,默认等于 CPU 的核心数
```

① https://course.rs/cargo/reference/configuration.html

```
rustc = "rustc"                          # Rust 编译器
rustc-wrapper = "…"                      # 使用该 wrapper 来替代 rustc
rustc-workspace-wrapper = "…"            # 为工作空间的成员，使用该 wrapper 来替代 rustc
rustdoc = "rustdoc"                      # 文档生成工具
target = "triple"                        # 为 target triple 构建（cargo install 会忽略该选项）
target-dir = "target"                    # 存放编译输出结果的目录
rustflags = ["…", "…"]                   # 自定义 flags，会传递给所有的编译器命令调用
rustdocflags = ["…", "…"]                # 自定义 flags，传递给 rustdoc
incremental = true                       # 是否开启增量编译
dep-info-basedir = "…"                   # path for the base directory for targets in depfiles
pipelining = true                        # rustc pipelining

[doc]
browser = "chromium"                     # cargo doc --open 使用的浏览器
                                         # 可以通过 BROWSER 环境变量进行重写
[env]
# Set ENV_VAR_NAME=value for any process run by Cargo
ENV_VAR_NAME = "value"
# Set even if already present in environment
ENV_VAR_NAME_2 = { value = "value", force = true }
# Value is relative to .cargo directory containing `config.toml`, make absolute
ENV_VAR_NAME_3 = { value = "relative/path", relative = true }

[cargo-new]
vcs = "none"                             # 使用的 VCS  ('git', 'hg', 'pijul', 'fossil', 'none')

[http]
debug = false                            # HTTP debugging
proxy = "host:port"                      # HTTP 代理，libcurl 格式
ssl-version = "tlsv1.3"                  # TLS version to use
ssl-version.max = "tlsv1.3"              # 最高支持的 TLS 版本
ssl-version.min = "tlsv1.1"              # 最小支持的 TLS 版本
timeout = 30                             # HTTP 请求的超时时间，单位为秒
low-speed-limit = 10                     # 网络超时阈值（bytes/sec）
cainfo = "cert.pem"                      # path to Certificate Authority (CA) bundle
check-revoke = true                      # check for SSL certificate revocation
multiplexing = true                      # HTTP/2 multiplexing
user-agent = "…"                         # the user-agent header

[install]
root = "/some/path"                      # cargo install 安装到的目标目录

[net]
retry = 2                                # 网络重试次数
git-fetch-with-cli = true                # 是否使用 git 命令来执行 git 操作
offline = true                           # 不能访问网络
[patch.<registry>]
# Same keys as for [patch] in Cargo.toml

[profile.<name>]                         # profile 配置
opt-level = 0
debug = true
split-debuginfo = '...'
debug-assertions = true
overflow-checks = true
lto = false
panic = 'unwind'
incremental = true
```

```
codegen-units =16
rpath =false

[profile.<name>.build-override]
[profile.<name>.package.<name>]

[registries.<name>]                 # 设置其他注册服务
index =" …"                         # 注册服务索引列表的 URL
token =" …"                         # 连接注册服务所需的鉴权 token

[registry]
default =" …"                       # 默认的注册服务名称: crates.io
token =" … "

[source.<name>]                     # 注册服务源和替换 source definition and replacement
replace-with =" …"                  # 使用给定的 source 来替换当前的 source,例如使用中科大源来替换
                                    # crates.io 源以提升国内的下载速度: [source.crates-io] replace-
                                    # with = 'ustc
'directory =" …"                    # path to a directory source
registry =" …"                      # 注册源的 URL ,例如中科大源: [source.ustc] registry =" git://
                                    # mirrors.ustc.edu.cn/crates.io-index"
local-registry =" …"                # path to a local registry source
git =" …"                           # URL of a git repository source
branch =" …"                        # branch name for the git repository
tag =" …"                           # tag name for the git repository
rev =" …"                           # revision for the git repository

[target.<triple>]
linker =" …"                        # linker to use
runner =" …"                        # wrapper to run executables
rustflags =[" … " , " … "]          # custom flags for `rustc`

[target.<cfg>]
runner =" …"                        # wrapper to run executables
rustflags =[" … " , " … "]          # custom flags for `rustc`

[target.<triple>.<links>]           # `links` build script override
rustc-link-lib =[" foo"]
rustc-link-search =[" /path/to/foo"]
rustc-flags =[" -L" , " /some/path"]
rustc-cfg =['key= " value" ']
rustc-env ={ key =" value"}
rustc-cdylib-link-arg =[" … "]
metadata_key1 =" value"
metadata_key2 =" value"

[term]
verbose =false                      # whether cargo provides verbose output
color ='auto'                       # whether cargo colorizes output
progress.when ='auto'               # whether cargo shows progress bar
progress.width =80                  # width of progress bar
```

3. 环境变量

除了 config. toml 配置文件以外,我们还可以使用环境变量对 Cargo 进行配置。配置文件中的键 foo. bar 对应的环境变量形式为 CARGO_FOO_BAR,其中的“. ”“-”被转换成“_”,且字母都变成了大写的。例如,键名 target. x86_64-unknown-linux-gnu. runner 转换成环境变量后变成 CARGO_TARGET_X86_64_UNKNOWN_LINUX_GNU_RUNNER。环境变量的优先级比配置文件更高。除了上面的机制,Cargo 还支持一些预定义的环境变量。

下面介绍如何解决多次声明同一 crate 的不同版本时引发的冲突。例如:

```
...
[dependencies]
rand= "=0.8"
ark-std = {version= "=0.3.0", features= ["print-trace"]}
serde= {version= "=1.0", default-features=false, features=["derive"]}
serde_json= "=1.0"
log= "=0.4"
env_logger= "=0.10"
clap={ version= "=4.1", features=["derive"]}
clap-num= "=1.0.2"

#halo2
halo2_proofs = { git = "https://github.com/privacy-scaling-explorations/halo2.git", tag=
"v2023_02_02"}

#Axiom's helper API with basic functions
halo2-base= { git= "https://github.com/axiom-crypto/halo2-lib", tag= "v0.3.0-ce"}
#Axiom poseidon chip (adapted from Scroll)
poseidon= { git= "https://github.com/axiom-crypto/halo2-lib", tag= "v0.3.0-ce"}
#Axiom Evm wrapper
#These are just for making proving executables, if you are just building a library you don't need
them as dependencies in your project
axiom-eth={ git = "https://github.com/axiom-crypto/axiom-eth.git", branch = "community-
edition", default-features= false, features= ["halo2-axiom", "aggregation", "evm", "clap"]}
...
```

编译的错误信息如下：

```
    Updating git repository `https://github.com/privacy-scaling-explorations/halo2curves`
error: failed to select a version for `clap`.
    ... required by package `halo2-scaffold v0.2.0 (D:\dev\rust\zero\halo2\halo2-scaffold-main)`
versions that meet the requirements `= 4.1` are: 4.1.14, 4.1.13, 4.1.12, 4.1.11, 4.1.10, 4.1.9,
4.1.8, 4.1.7, 4.1.6, 4.1.5, 4.1.4, 4.1.3, 4.1.2, 4.1.1, 4.1.0

all possible versions conflict with previously selected packages.

  previously selected package `clap v4.0.13`
    ... which satisfies dependency `clap = "= 4.0.13"` of package `axiom-eth v0.2.1 (https://
github.com/axiom-crypto/axiom-eth.git?branch= community-edition#014a2d05)`
    ... which satisfies git dependency `axiom-eth` of package `halo2-scaffold v0.2.0 (D:\dev\
rust\zero\halo2\halo2-scaffold-main)`

failed to select a version for `clap` which could resolve this conflict
```

解决方案如下：

```
...
[dependencies]
rand= "= 0.8"
ark-std= {version= "= 0.3.0", features= ["print-trace"]}
serde= {version= "= 1.0", default-features=false, features=["derive"]}
serde_json= "= 1.0"
log= "= 0.4"
env_logger= "= 0.10"
clap= {version= "= 4", features= ["derive"]}
clap-num = "= 1.0.2"
```

3.15 构建脚本

一些项目希望编译第三方的非 Rust 代码，例如 C 依赖库；一些项目希望链接本地或者基于源码构建的 C 依赖库；还有一些项目需要功能性的工具，例如在构建之间执行一些代码生成的工作等。对于这些目标,社区已经提供了一些工具,Cargo 并不想替代它们,但是为了给用户带来一些便利,Cargo 提供了自定义构建脚本的方式,以帮助用户更好地解决类似的问题。

3.15.1 build-dependencies

我们可以指定某些依赖仅用于构建脚本。例如:

```
[build-dependencies]
cc ="1.0.3"
```

平台特定的依赖仍然可以使用。例如:

```
[target.'cfg(unix)'.build-dependencies]
cc ="1.0.3"
```

需要注意的是,构建脚本(build.rs)和项目的正常代码是彼此独立的,因此它们的依赖不能互通:构建脚本无法使用[dependencies]或[dev-dependencies]中的依赖,而[build-dependencies]中的依赖也无法被构建脚本之外的代码所使用。

3.15.2 build.rs

若要创建构建脚本,我们只需要在项目的根目录下添加一个 build.rs 文件即可。Cargo 会先编译和执行该构建脚本,然后再去构建整个项目。以下是一个非常简单的脚本示例[①]:

```
fn main() {
    // 以下代码告诉 Cargo ,一旦指定的文件 src/hello.c 发生了改变,就重新运行当前的构建脚本
    println!("cargo:rerun-if-changed=src/hello.c");
    // 使用 cc 来构建一个 C 文件,然后进行静态链接
    cc::Build::new()
        .file("src/hello.c")
        .compile("hello");
}
```

构建脚本的一些使用场景如下:

- 构建 C 依赖库;
- 在操作系统中寻找指定的 C 依赖库;
- 根据某个说明描述文件生成一个 Rust 模块;
- 执行一些与平台相关的配置。

下面我们来看看构建脚本具体是如何工作的。下一个章节还提供了一些关于如何编写构建脚本的示例。

3.15.3 构建脚本的生命周期

在项目被构建之前,Cargo 会将构建脚本编译成一个可执行文件,然后运行该文件并执行相应的任务。在运行过程中,脚本可以通过打印以"cargo:"开头的格式化字符串到标准输出来和 Cargo 通信。

Cargo 只有在当脚本源文件或其依赖包发生变化时才会重新编译。默认情况下,任何文

① https://doc.rust-lang.org/cargo/reference/build-scripts.html

件变化都会触发重新编译，如果我们希望对其进行定制，可以使用 rerun-if 命令。

在构建脚本成功执行后，项目就会开始进行编译。如果构建脚本的运行过程中发生错误，脚本应该返回一个非 0 码并立刻退出，在这种情况下，构建脚本的输出会被打印到终端中。我们可以通过环境变量给构建脚本提供一些输入值。

3.15.4 构建脚本的输出

构建脚本如果生成文件，那么这些文件需要放在统一的目录中。该目录可以通过"**OUT_DIR 环境变量**"来指定，**构建脚本不应该修改该目录之外的任何文件**。

之前提到过，构建脚本可以通过打印格式化字符串输出和 Cargo 进行通信：Cargo 会将每行带有"cargo:"前缀的输出解析为一条指令，其他输出内容会被自动忽略。

构建脚本的输出在构建过程中默认是隐藏的，如果想要在终端中看到这些内容，我们可以使用-vv 来调用以下 build.rs。例如：

```
// chapter3\helloworld\build.rs
use std::env;
use std::fs;
use std::path::Path;

fn main() {
    let out_dir =env::var_os("OUT_DIR").unwrap();
    let dest_path =Path::new(&out_dir).join("hello.rs");
    fs::write(
        &dest_path,
        "pub fn message() ->&'static str{
            \"Hello, 北科信链!\"
        }
        "
    ).unwrap();
    println!("cargo:rerun-if-changed=build.rs");
}
```

程序清单 3.1 **build.rs** 的例子

输入下面的命令，将输出：

```
Rust Programming\sourcecode\chapter3\helloworld>cargo run -vv
       Dirty helloworld v0.1.0(E:\projects\Rust Programming\sourcecode\chapter3\helloworld): the
dependency build_script_build was rebuilt (13338329108.781659000s, 57s after last build at
13338329051.690492200s)
   Compiling helloworld v0.1.0(E:\projects\Rust Programming\sourcecode\chapter3\helloworld)
...
    Finished dev [unoptimized +debuginfo] target(s) in 0.26s
     Running `target\debug\helloworld.exe`
Hello, 北科信链!
```

构建脚本打印到标准输出 stdout 的所有内容将保存在文件 target/debug/build/<pkg>/output 中(OUT_DIR 的具体位置取决于配置)，标准错误 stderr 的输出内容也将保存在同一个目录中。程序清单 3.1 中 build.rs 生成的中间文件 hello.rs 的内容如下：

```
// chapter3\helloworld\target\debug\build\helloworld-91696b90d115f9d4\out\hello.rs
pub fn message() ->&'static str{
            "Hello, 北科信链!"
        }
```

表 3.5[1] 列出了 Cargo 能识别的通信指令及简介。如果希望深入了解每个命令,可以通过具体的链接查看官方文档的说明。

表 3.5　Cargo 识别的通信指令列表

命　令	解　释
cargo: rerun-if-changed=PATH	当指定路径的文件发生变化时,Cargo 会重新运行脚本
cargo: rerun-if-env-changed=VAR	当指定的环境变量发生变化时,Cargo 会重新运行脚本
cargo: rustc-link-arg=FLAG	将自定义的 flags 传给 linker,用于后续的基准性能测试 benchmark、可执行文件 binary、cdylib 包、示例和测试
cargo: rustc-link-arg-bin=BIN=FLAG	将自定义的 flags 传给 linker,用于可执行文件 BIN
cargo: rustc-link-arg-bins=FLAG	将自定义的 flags 传给 linker,用于可执行文件
cargo: rustc-link-arg-tests=FLAG	将自定义的 flags 传给 linker,用于测试
cargo: rustc-link-arg-examples=FLAG	将自定义的 flags 传给 linker,用于示例
cargo: rustc-link-arg-benches=FLAG	将自定义的 flags 传给 linker,用于基准性能测试 benchmark
cargo: rustc-cdylib-link-arg=FLAG	将自定义的 flags 传给 linker,用于 cdylib 包
cargo: rustc-link-lib=[KIND=]NAME	告知 Cargo 通过-l 去链接一个指定的库,往往用于通过 FFI 链接一个本地库
cargo: rustc-link-search=[KIND=]PATH	告知 Cargo 通过-L 将一个目录添加到依赖库的搜索路径中
cargo: rustc-flags=FLAGS	将特定的 flags 传给编译器
cargo: rustc-cfg=KEY[="VALUE"]	开启编译时 cfg 设置
cargo: rustc-env=VAR=VALUE	设置一个环境变量
cargo: warning=MESSAGE	在终端打印一条 warning 信息
cargo: KEY=VALUE	links 脚本使用的元数据

3.15.5　构建脚本的依赖

构建脚本也可以引入其他基于 Cargo 的依赖包,只需要在 Cargo.toml 中添加或修改以下内容:

```
[build-dependencies]
cc ="1.0.46"
```

需要这么配置的原因在于构建脚本无法使用通过[dependencies]或[dev-dependencies]引入的依赖包,因为构建脚本的编译运行过程和项目本身的编译过程是分离的,且前者先于后者发生。同样地,我们的项目也无法使用[build-dependencies]中的依赖包。

在引入依赖时,需要仔细考虑它会给编译时间、开源协议和维护性等方面带来什么样的影响。如果我们在[build-dependencies]和[dependencies]引入了同样的包,这种情况下,Cargo 也许会对依赖进行复用,也许不会。如果不能复用,那么编译速度自然会受到不小的影响。

假设 A 项目的构建脚本生成了任意数量的键值对形式的元数据,那么这些元数据会被传递给依赖 A 的依赖包项目的构建脚本。例如,如果包 bar 依赖于 foo,当 foo 生成 key=value 形式的构建脚本元数据时,那么 bar 的构建脚本就可以通过环境变量的形式使用该元数据:DEP_FOO_KEY=value。需要注意的是,该元数据只能传给直接相关的。对于间接相关的,例如依赖的依赖,就无能为力了。

---

① https://doc.rust-lang.org/cargo/reference/build-scripts.html

3.15.6　覆盖构建脚本

当 Cargo.toml 设置了 links 时，Cargo 就允许我们使用自定义库对现有的构建脚本进行覆盖。例如：

```
[package]
# ...
links = "foo"
```

上面的例子声明了本 package 链接到 libfoo 本地库。如果使用了 links 键，则该 package 一定有构建脚本，而且构建脚本使用 rustc-link-lib 指令链接库。Cargo 要求一个本地库最多只能被一个项目链接，换而言之，我们无法让两个项目链接到同一个本地库。这个规则有助于防止 crate 之间的符号重复。

在 Cargo 的任何可被接受的 config.toml 配置文件中添加以下内容[①]：

```
[target.x86_64-unknown-linux-gnu.foo]
rustc-link-lib = ["foo"]
rustc-link-search = ["/path/to/foo"]
rustc-flags = "-L /some/path"
rustc-cfg = ['key="value"']
rustc-env = {key = "value"}
rustc-cdylib-link-arg = ["..."]
metadata_key1 = "value" metadata_key2 = "value"
```

增加这个配置后，一旦我们的某个项目声明了它要链接到 foo，那么项目的构建脚本将不会被编译和运行，取而代之的是这里的配置将被使用。warning、rerun-if-changed 和 rerun-if-env-changed 这三个键在这里不应使用，就算用了也会被忽略。

3.16　如何组织 Rust 项目

有效地项目组织对于维护干净、可维护和可扩展的 Rust 代码库至关重要。组织良好的项目可以增强协作、简化调试并促进未来的开发。本节将深入研究组织 Rust 项目的最佳实践，涵盖文件和文件夹结构、模块、板条箱、工作区、工具、约定和持续集成等主题。

3.16.1　Rust 中项目组织的重要性

有效地组织 Rust 项目具有许多优点。

- 提高代码可读性：组织良好的项目结构可以使开发人员更容易浏览和理解代码库，从而提高生产力。
- 增强的可维护性：适当的组织可以帮助开发人员更轻松地进行维护和重构，从而减少未来更改所需的时间和精力。
- 有效的协作：一致且结构良好的项目布局有助于团队成员之间的协作，使他们能够无缝地协同工作。
- 简化调试：清晰且有组织的项目结构可以帮助开发人员更轻松地识别和修复错误，从

① https://doc.rust-lang.org/cargo/reference/build-scripts.html

而减少调试时间。
- 可扩展性：组织良好的项目更具可扩展性,可以适应未来的增长和扩展,而不会变得难以管理。
- 简化的文档：清晰且有组织的项目结构使编写和维护文档变得更加容易,从而提高了代码库的可访问性和理解性。
- 增强的可测试性：组织良好的项目可以帮助开发人员更轻松地编写和维护测试,从而确保代码库的可靠性和正确性。

3.16.2 模块、crate 和工作空间

了解 Rust 项目组织的核心概念对于创建结构良好的代码库至关重要。
- 模块(Module)：模块提供了一种将相关代码分组在一起的方法,促进了代码组织和封装。
- crate(也被称为编译单元/Compile Unit,包/Package 或者项目/Project)：crate 是可重用的库或可执行文件,可以在项目之间共享。
- 工作空间：工作空间允许集中管理单个项目中的多个 crate,从而促进共享依赖项和代码。

1. 文件和文件夹结构

组织良好的 Rust 项目始于结构良好的文件和文件夹布局。我们选择的结构将取决于项目的规模和复杂性。然而,许多 Rust 项目都使用以下常见的结构。
- 单 crate 结构：这是最简单的结构,适合由单个 crate 组成的小型项目。在此结构中,项目的所有代码都包含在一个目录中,通常名为 src。
- 多 crate 结构：此结构用于分为多个 crate 的大型项目。每个 crate 都是一个独立的代码单元,可以独立编译和测试。包可以组织到项目根目录的子目录中。
- 工作空间结构：工作空间是一起管理的 crate 的集合。此结构用于由多个相关 crate 组成的项目。工作空间允许我们在 crate 之间共享依赖项和代码,并且它们可以使构建和测试整个项目变得更加容易。

2. 文件和文件夹命名的最佳实践

在命名 Rust 项目中的文件和文件夹时,遵循以下最佳实践非常重要。
- 使用描述性且一致的名称：选择能够清楚描述文件或文件夹内容的名称,避免使用模糊或不明确的名称。
- 避免使用长且不明确的名称：保持文件和文件夹名称简短并切中要点；长名称可能难以阅读和记住。
- 使用一致的命名约定：在整个项目中使用一致的命名约定,这将使其他开发人员更容易理解我们的代码。

例如,可以使用以下命名约定：
- 使用 snake_case(蛇形命名)作为文件和文件夹名称；
- 使用 PascalCase(帕斯卡命名)作为类和结构名称；
- 使用 camelCase(驼峰命名)作为函数和变量名称。

通过遵循这些最佳实践,我们可以创建易于导航和理解的文件与文件夹结构。Rust 项目

被组织成模块和 crate，它们是代码组织和重用的基本构建块。理解这些概念对于有效构建 Rust 项目至关重要。

3.16.3　模块：代码组织的逻辑单元

模块是 crate 内代码组织的逻辑单元，它们允许程序员将相关代码组合在一起，从而更轻松地管理和维护项目。模块可以包含函数、结构、枚举、特征和其他 Rust 语言元素。要创建模块，请使用 mod 关键字，后跟模块名称。例如：

```
mod my_module {
    // 此处是代码
}
```

可以使用 use 关键字访问模块中的内容。例如，要从 mon_module 模块访问 mon_function 函数，可以编写如下：

```
use mon_module::mon_function;
// 我们可以调用`mon_function`
function mon_function();
```

3.16.4　crate：可重用的库或可执行文件

crate 是 Rust 中可重用的库或可执行文件，它可以包含一个或多个模块，是 Rust 生态系统中分发和重用的基本单元。crate 可以是二进制 crate（用于创建可执行文件）或库 crate（用于创建可重用库）。要创建 crate，需要在项目的根目录中定义一个 Cargo.toml 文件。Cargo.toml 文件包含有关 crate 的元数据，例如其名称、版本、依赖项和其他设置。

1. 创建和管理模块

要创建模块，请使用 mod 关键字，后跟模块名称。例如：

```
mod mon_module {
    // 此处是代码
}
```

可以将模块嵌套在其他模块中以创建层次结构。例如：

```
mod outer_module {
    mod inner_module {
        // 此处是代码
    }
}
```

2. 嵌套模块

可以将模块嵌套在其他模块中以创建层次结构，这对于将大型项目组织成更小、更易于管理的单元非常有用。例如，我们可以为应用程序的每个功能创建一个模块，然后将模块嵌套在这些模块中以用于每个功能的不同组件。例如：

```
mod mon_app {
    mod feature_1 {
        mod component_1 {
```

```
            // component 1 代码
        }
        mod component_2 {
            // component 2 代码
        }
    }
    mod feature_2 {
        mod component_3 {
            // component 3 代码
        }
        mod component_d {
            // component 4 代码
        }
    }
}
```

3. 组织模块以提高清晰度和可维护性

在组织模块时，考虑清晰度和可维护性非常重要。以下是一些提示：

- 为模块使用描述性且一致的名称；
- 将相关代码分组到模块中；
- 保持模块小而集中；
- 使用嵌套模块创建层次结构；
- 用注释记录模块。

3.16.5 创建和管理 crate

1. 创建一个新的 crate

要创建新的 crate，我们需要在项目的根目录中定义一个 Cargo. toml 文件。Cargo. toml 文件包含有关 crate 的元数据，例如其名称、版本、依赖项和其他设置。

下面是一个简单的 Cargo. toml 文件的示例：

```
[package]
name= "myoncrate"
version= "0.1.0"
authors= ["北科信链"]

[dependencies]
rand = "0.8.5"
```

2. 管理依赖关系

Rust crate 可以依赖于其他 crate，这允许程序员重用其他项目中的代码。要管理依赖项，我们可以使用 Cargo. toml 文件。在 Cargo. toml 文件中，可以指定 crate 所依赖的 crate。例如，以下 Cargo. toml 文件指定 mon_crate crate 依赖于 rand 代码：

```
[package]
name= "mon_crate"
version= "0.1.0"
authors=["Milly Chou"]

[dependencies]
rand= "0.9.5"
```

3. 将 crates 发布到 Crates.io

创建 crate 后，我们可以将其发布到 Rust 的官方 crate 存储库 Crates. io。将 crate 发布到

Crates.io 将允许其他 Rust 开发人员在他们的项目中找到并使用我们的 crate。

3.16.6 工作空间

如同 3.12 节所述，Rust 中的工作空间（WorkSpace）是一个包含一个或多个 Rust 项目（也称为 crate）的目录，它作为管理多个 crate 的中心位置，促进共享依赖项和代码。通过在工作空间中组织 crate，开发人员可以轻松地共享代码、管理依赖项以及同时构建和测试多个 crate。

1. 设置工作空间

要创建新工作空间，只需要创建一个新目录并使用 cargo init 命令将其初始化为工作空间。这将创建一个 Cargo.toml 文件，它是工作空间的配置文件。例如：

```
mkdir mon_workspace
cd mon_workspace
cargo init
```

要将新 crate 添加到工作区，请使用 cargo add 命令，这将为 crate 创建一个新目录并将其添加到 Cargo.toml 文件中。例如：

```
cargo add myoncrate
```

2. 管理工作空间内的依赖关系

在工作空间中使用多个 crate 时，有效管理依赖关系非常重要。Rust 的依赖管理系统允许 crate 相互依赖，也允许 crate 依赖于 Crates.io 上发布的外部 crate。

要指定工作空间中的依赖项，请使用 Cargo.toml 文件中的 dependencies 部分。示例如下：

```
[dependencies]
mon_crate= { path= "mon_crate" }
```

这将告诉 Cargo 名为 mon_crate 的 crate 依赖于另一个同名的 crate，该 crate 位于工作区的 mon_crate 目录中。

3. 使用工作空间的好处

使用工作空间的好处在于：集中依赖管理，重用，易用。具体解释如下：

- 工作空间提供集中的依赖关系管理，使开发人员能够在一个地方轻松管理多个 crate 的依赖关系，简化了更新和解决依赖关系的过程，可以确保工作区中所有 crate 的一致性；
- 工作空间通过允许 crate 共享代码和模块来促进代码的可重用性，可以促进代码组织并减少重复，从而更轻松地跨多个项目维护和更新代码；
- 工作空间允许开发人员使用单个命令运行测试并构建工作空间中的所有 crate，从而简化了测试和构建过程以及开发工作流程，并减少了重复任务所花费的时间。

3.16.7 项目组织工具

除了核心 Rust 语言和标准库之外，还有一些工具可以帮助有效组织 Rust 项目。

- Cargo：Cargo 是官方的 Rust 包管理器，负责处理依赖管理、构建、测试和发布 crate，它通过提供创建、管理和发布 crate 的命令来简化项目组织。

- Rustfmt：Rustfmt 是一种代码格式化程序，可以确保整个项目的代码格式保持一致，有助于维护干净且可读的代码库，使开发人员更轻松地协作和维护项目。
- 文档生成器：Rustdoc 等文档生成器会自动从 Rust 源代码生成 API 文档，有助于为库和应用程序创建全面的文档，使用户更容易理解和使用代码。
- Linters：像 Clippy 这样的 Linters 会分析 Rust 代码来识别潜在的错误、风格问题和性能优化，有助于维护代码质量并遵守最佳实践，防止出现错误并提高代码的可维护性。
- 版本控制系统：像 Git 这样的版本控制系统对于管理代码更改和 Rust 项目协作至关重要，它允许开发人员跟踪更改、解决冲突并维护代码库的多个版本。

3.16.8 惯例和最佳实践

建立编码、测试和文档约定对于维护一致且可读的代码库至关重要，这些约定确保了所有贡献者遵循标准化方法，从而提高代码质量和协作。以下是一些常见的约定和最佳实践。

1. 编码约定

编码约定提供了以一致且可读的方式编写 Rust 代码的指南，这些约定涵盖变量和函数命名、代码结构和布局、错误处理和日志记录等方面。

- 变量和函数命名：为变量和函数使用描述性且一致的名称，使代码不言自明；避免缩写并确保名称反映实体的目的。
  - 使用描述性和简洁的名称：变量和函数名称应清楚地传达其目的和意图；避免使用模糊或通用名称，例如 x、y 或 foo。
  - 遵循 Rust 的命名约定：Rust 对变量、函数和类型有特定的命名约定；例如，变量和函数以小写字母开头，而类型以大写字母开头。
  - 使用一致的命名：在整个项目中保持命名约定的一致性，这使得其他开发人员可以更容易地理解和浏览代码库。
- 代码结构和布局：将代码组织成逻辑块并使用适当的缩进来提高可读性；跨模块和包保持一致的结构，以便其他开发人员更轻松地浏览代码库。
  - 将代码组织成逻辑块：使用函数、模块和 crate 将代码分解成逻辑块，这提高了可读性和可维护性。
  - 使用正确的缩进：缩进有助于直观地对相关代码块进行分组并提高可读性；遵循 Rust 推荐的缩进样式。
  - 保持代码行简短：长代码行可能难以阅读和理解；最大行长度为 80 个字符。
- 错误处理和日志记录：在整个代码中优雅且一致地处理错误；使用 Rust 标准库提供的错误处理机制，并使用适当的级别和消息记录错误。
  - 优雅地处理错误：错误是编程中不可避免的一部分；使用 Rust 的错误处理机制来优雅地处理错误并提供有意义的错误消息。
  - 记录重要事件：使用日志记录来记录应用程序中的重要事件和错误，这有助于调试和监控应用程序。

2. 测试约定

测试约定确保所有代码都经过彻底测试和可维护，这些约定涵盖了编写单元测试、组织和命名测试以及执行集成和端到端测试等方面。

- 编写单元测试：为各个功能和模块编写单元测试，以确保其正确性；使用 test 或 spectest 等测试框架来有效地编写和组织测试。
  - 为所有代码编写测试：每段代码都应该有相应的单元测试；单元测试验证各个功能和模块的正确性。
  - 保持测试独立：单元测试应该相互独立，不应该依赖外部因素，这使得它们更容易维护和调试。
  - 使用富有表现力的测试名称：测试名称应清楚地描述测试的目的，这使得识别和理解测试用例变得更加容易。
- 组织和命名测试：将测试组织成逻辑组，并对其进行描述性命名，以表明每个测试的目的，这使得识别和维护测试变得更加容易。
  - 将测试组织成逻辑组：将相关测试分组到逻辑模块或类中，这使得导航和维护测试套件变得更加容易。
  - 使用一致的命名：对测试文件和测试函数使用一致的命名约定，这提高了可读性，并使其更容易识别和理解测试。
- 集成和端到端测试：除了单元测试之外，还可以考虑编写集成和端到端测试来验证整个系统或应用程序的行为。
  - 执行集成测试：集成测试验证应用程序不同组件之间的交互，确保组件按预期协同工作。
  - 执行端到端测试：端到端测试模拟应用程序的实际使用情况，从用户的角度验证应用程序的行为是否符合预期。

3. 文档约定

文档约定确保了代码库文档齐全且易于理解，这些约定涵盖了编写清晰简洁的文档、使用 Rustdoc 注释以及生成 API 文档等方面。

- 编写清晰简洁的文档：为代码编写清晰简洁的文档，解释目的、用法和实现细节；使用 Markdown 或 Rustdoc 注释来记录模块、函数和类型。
  - 使用清晰简洁的语言：文档应使用清晰简洁且易于理解的语言编写；避免使用读者可能不熟悉的行话或技术术语。
  - 提供上下文和示例：提供上下文和示例以帮助读者理解代码的目的和用法，这使得文档内容更加丰富，更具吸引力。
  - 保持文档最新：文档应与代码库中的最新更改保持同步，这确保了文档准确地反映项目的当前状态。
- 使用 Rustdoc 注释：使用 Rustdoc 注释来记录函数、结构和枚举等代码元素；这些注释会被 Rustdoc 自动转换为 API 文档。
  - 使用 Rustdoc 注释：Rustdoc 注释用于为 Rust 项目生成 API 文档，这些注释提供了有关函数、模块和类型的信息。
  - 遵循 Rustdoc 的注释约定：Rustdoc 有应遵循的特定注释约定，这些约定确保了生成的文档是一致且可读的。
- 生成 API 文档：使用 Rustdoc 生成 API 文档，为 crate 创建 HTML 或 Markdown 文档，该文档对于用户有效理解和使用 crate 至关重要。
  - 生成 API 文档：API 文档提供了项目公共 API 的详细信息，该文档对于想要使用项目 API 的开发人员非常有用。

➢ 发布 API 文档：在线发布 API 文档，以便用户轻松访问，这使得开发者更容易了解和使用项目。

3.16.9 持续集成

持续集成(CI)是一种软件开发实践，是自动执行构建、测试代码更改并将代码更改合并到中央存储库的过程。CI 有助于确保代码更改在合并到主分支之前经过测试和验证，从而降低引入错误的风险，并保持代码质量。

1. CI 概述及其好处

CI 为 Rust 项目提供了几个好处。

- 早期检测问题：CI 管道对每个代码更改运行测试和检查，使开发人员能够在问题导致生产中出现问题之前尽早识别和修复问题。
- 提高代码质量：CI 管道可以强制执行编码标准、运行 linter 并执行静态分析，可以帮助开发人员保持较高的代码质量和最佳实践。
- 减少合并冲突：通过持续集成代码更改，CI 减少了合并冲突的可能性，从而更容易合并更改并保持代码库干净。
- 提高开发人员的信心：CI 使开发人员充满信心，他们的代码更改在合并之前经过了测试和验证，从而减少了引入错误的风险，并提高了代码的整体质量。

2. 设置 CI 管道

要为 Rust 项目设置 CI 管道，可以使用各种 CI 工具，例如 GitHub Actions、Travis CI 或 CircleCI。这些工具提供了一个定义和执行 CI 管道的平台，包括构建、测试和部署代码。

以下是设置 CI 管道涉及的一般步骤。

- 选择 CI 工具：选择适合项目需求和偏好的 CI 工具。GitHub Actions 是 GitHub 上托管的开源项目的热门选择，而 Travis CI 和 CircleCI 对于开源和私有项目都很受欢迎。
- 创建 CI 配置文件：每个 CI 工具都有自己的配置文件格式。例如，GitHub Actions 使用名为 github/workflows/< workflow-name >. yml 的基于 YAML 的配置文件，该文件定义了要在管道中执行的步骤和任务。
- 定义管道步骤：在 CI 配置文件中，定义要在管道中执行的步骤。常见步骤如下。
  ➢ 作为 CI 管道的一部分。
  ➢ 构建项目：此步骤编译 Rust 代码并生成可执行文件或库。
  ➢ 运行测试：此步骤执行单元测试、集成测试和其他类型的测试，以验证代码的正确性。
  ➢ 执行静态分析：此步骤运行 linter 和静态分析工具来识别潜在的代码问题并强制执行编码标准。
  ➢ 生成文档：此步骤使用 Rustdoc 等工具生成项目的 API 文档。
  ➢ 部署项目(可选)：此步骤将项目部署到暂存或生产环境。
  ➢ 配置触发器：指定应触发管道的事件。例如，可以将管道配置为在每次推送到主分支或每次拉取请求时运行。
  ➢ 启用管道：CI 配置完成后，在 CI 工具界面中启用管道。每当指定的触发器发生时，都将启动管道执行。

3. 常用的持续集成工具

Rust 项目常用的 CI 工具如下。

- GitHub Actions：GitHub Actions 是 GitHub 提供的 CI/CD 平台，它易于设置和使用，特别是对于 GitHub 上托管的项目。
- Travis CI：Travis CI 是一种流行的 CI 工具，支持各种编程语言，它为开源项目提供了免费层。
- CircleCI：CircleCI 是另一种流行的 CI 工具，提供广泛的功能和集成，并以其可扩展性和灵活性而闻名。
- Jenkins：开源、自定义插件、报告不像 github 那样精美。

3.16.10 试运行

测试是软件开发的重要组成部分，Rust 为编写和运行测试提供了出色的支持。

1. 在本地运行测试

要在本地运行测试，可以使用 cargo test 命令，该命令编译测试代码并执行测试，测试结果显示在控制台中，指示哪些测试通过，哪些测试失败。这是本地运行测试的示例：

```
cargo test
```

2. CI 管道中的自动化测试

CI 管道通常包括运行测试的步骤，确保了每次代码更改时都执行测试，并且代码库保持稳定。要在 CI 管道中自动执行测试，可以在 CI 配置文件中使用 cargo test 命令。确切的语法取决于所使用的 CI 工具。例如，在 GitHub Actions 工作流程文件中，可以添加以下步骤来运行测试：

```
- name: Run tests
  run: cargo test
```

此步骤将作为 CI 管道的一部分运行测试。

3.16.11 覆盖率报告和代码质量指标

CI 管道还可以生成覆盖率报告和代码质量指标。覆盖率报告显示测试覆盖了代码的哪些部分，有助于识别可能需要更多测试的区域。代码质量指标提供了对代码库整体质量的洞察，包括代码复杂性、可维护性和对编码标准的遵守等指标。这些报告和指标可用于提高代码质量，并确保项目经过良好的测试和维护。

为了说明本节讨论的概念，下面展示一些示例性组织的实际 Rust 项目。我们将分析他们的文件和文件夹结构、模块和包结构，以及他们使用的工具和约定。下面是一些常见的框架。

1. Actix 网络框架

Actix Web 是一种流行的 Web 框架，用于使用 Rust 构建高性能、异步 Web 应用程序。它的组织证明了本节讨论的原则。

- 文件和文件夹结构：Actix Web 遵循多 crate 结构，每个 crate 都有特定用途。actix-web crate 包含核心框架功能，而其他 crate（如 actix-rt 和 actix-service）提供附加功能和实用程序。

- 模块和 crate 结构：Actix Web 的模块被组织成逻辑单元，例如路由、请求处理和错误处理。每个模块负责框架功能的特定方面，使其易于理解和维护。
- 工具和约定：Actix Web 利用 Cargo 进行依赖管理，并利用 Rustfmt 实现一致的代码格式；它还遵守编码约定，例如命名约定和错误处理实践，以确保一致且可读的代码库。

2. Diesel ORM

Diesel 是 Rust 的对象关系映射(ORM)框架，可以简化数据库交互，它的组织展示了如何有效地构建库 crate。

- 文件和文件夹结构：Diesel 遵循单 crate 结构，其所有代码都驻留在一个 crate 中，这使得管理和分发库变得更容易。
- 模块和 crate 结构：Diesel 的模块根据功能进行组织，包括用于数据库连接、查询构建器和模式定义的模块，这种结构使得查找和使用必要的功能变得更容易。
- 工具和约定：Diesel 使用 Cargo 进行依赖管理，使用 Rustfmt 进行代码格式化，它还遵循编码约定，例如命名约定和错误处理实践，以确保一致且用户友好的 API。

3. Rocket Web 框架

Rocket 是一个 Web 框架，用于在 Rust 中构建快速且易于使用的 Web 应用程序，它的组织展示了如何有效地构建网络框架。

- 文件和文件夹结构：Rocket 遵循多 crate 结构，其中 rocket crate 包含核心框架功能和其他 crate，例如 rocket_contrib 和 rocket_codegen，提供额外的功能和实用程序。
- 模块和 crate 结构：Rocket 的模块被组织成逻辑单元，例如路由、请求处理和错误处理。这种结构使框架的功能更易于理解和维护。
- 工具和约定：Rocket 使用 Cargo 进行依赖管理，使用 Rustfmt 实现一致的代码格式。它还遵守编码约定，例如命名约定和错误处理实践，以确保一致且可读的代码库。

这些示例说明了如何有效地构建和管理组织良好的 Rust 项目。通过遵循本节讨论的原则和最佳实践，可以创建易于理解、维护和扩展的 Rust 项目。

无论我们使用什么工具，都要关注以下核心概念。

- 模块化组织：Rust 的模块化系统允许将代码逻辑分组为模块和 crate，从而提高清晰度和可维护性。
- crate 和工作区：板条箱用作可重用的库或可执行文件，而工作区则有助于集中管理多个板条箱。
- 组织工具：Cargo、Rustfmt 和文档生成器等工具可简化项目组织、格式设置和文档。
- 约定和最佳实践：已建立的编码、测试和文档约定可确保一致性和可读性。
- 持续改进：定期审查和完善项目组织，以适应不断变化的需求和最佳实践。

3.16.12 持续改进的重要性

Rust 是一种快速发展的语言，组织 Rust 项目的最佳实践也是如此。及时了解最新的开发、工具和技术至关重要，以确保我们的项目保持良好的结构和可维护性。通过不断学习和适应，可以确保我们的 Rust 项目保持组织有序、可维护，并且为团队带来愉快的合作体验。

3.17 复杂例子

大多时候，我们会交替使用包（package，有时也称为项目或者编译单元）和 crate，但其实二者是有区别的：crate 是一个 Rust 模块的层级结构，在根目录下至少有一个 lib.rs 或者 main.rs。而 package 是一系列 crates 和元数据的集合，并且其路径和功能都定义在 Cargo.toml 文件中，它可能包括一个库 crate、多个二进制 crate、一些集成测试 crate，甚至包括一些工作空间的成员。下面给出了一个比较复杂的例子——Parity。Parity 是以太坊的客户端[①]，其项目的目录结构如下：

```
D:\DEV\RUST\SYS\PARITY-MASTER
├─.github
├─chainspec
├─dapps
├─devtools
├─docker
├─docs
├─ethash
├─ethcore
├─ethcrypto
├─ethkey
├─ethstore
├─evmbin
├─evmjit
├─hash-fetch
├─hw
├─ipfs
├─js
├─js-old
├─json
├─local-store
├─logger
├─mac
├─machine
├─nsis
├─panic_hook
├─parity
├─price-info
├─rpc
├─rpc_cli
├─rpc_client
├─scripts
├─secret_store
├─snap
├─stratum
├─sync
├─updater
├─util
├─whisper
└─windows
```

（1）首先来看这个 workspace 的 Cargo.toml（有删节）：

```
[package]
description =" Parity Ethereum client"
```

① https://github.com/openethereum/parity-ethereum

```
name = "parity"
version = "1.9.0"
license = "GPL-3.0"
authors = ["Parity Technologies <admin@parity.io>"]
build = "build.rs"                                          # 预构建脚本,下面(2)说明

[dependencies]
log = "0.3"
env_logger = "0.4"
...
ctrlc = { git = "https://github.com/paritytech/rust-ctrlc.git" } # 依赖包可以指向 GitHub,以及具
                                                                 # 体分支
jsonrpc-core = { git = "https://github.com/paritytech/jsonrpc.git", branch = "parity-1.8" }
...
ethcore-util = { path = "util" }                            # 依赖包可以使用基于本 workspace 的相对路径
ethcore-bytes = { path = "util/bytes" }
...
rlp = { path = "util/rlp" }
rpc-cli = { path = "rpc_cli" }
parity-hash-fetch = { path = "hash-fetch" }
...
parity-dapps = { path = "dapps", optional = true }  // 可选的特征(feature)
...

[build-dependencies]
rustc_version = "0.2"

[dev-dependencies]
pretty_assertions = "0.1"
ipnetwork = "0.12.6"

[target.'cfg(windows)'.dependencies]                # 使用 cfg 属性来指定条件编译需要引入的包
winapi = "0.2"

[target.'cfg(not(windows))'.dependencies]           # 使用 cfg 属性来指定条件编译需要引入的包
daemonize = "0.2"

[features]
default = ["ui-precompiled"]
ui = [
  "ui-enabled",
  "parity-dapps/ui",
]
ui-precompiled = [
  "ui-enabled",
  "parity-dapps/ui-precompiled",
]
ui-enabled = ["dapps"]
...

[[bin]]
path = "parity/main.rs"    # 本 workspace 编译的最终结果是要编译 parity 目录下的 main.rs,生成一个
                           # 可执行文件
name = "parity"

[profile.dev]
panic = "abort"            # panic 的情况下直接 abort 退出,交由操作系统来进行清理。可能的选项还有
                           # unwind。参见 5.6 节

[profile.release]
debug = false              # release 版本的条件下不包含调试代码
lto = false                # release 版本没有连接时优化
panic = "abort"

[workspace]                # 下面的目录都是 workspace 的成员项目
members = [
```

```
"ethstore/cli",
"ethkey/cli",
"evmbin",
"whisper",
"chainspec",
"dapps/js-glue"
]
```

（2）预编译脚本 build.rs（有删节）：

```
extern crate rustc_version;

const MIN_RUSTC_VERSION: &'static str ="1.15.1";

fn main() {
  let is =rustc_version::version().unwrap();
  let required =MIN_RUSTC_VERSION.parse().unwrap();    //获得所需的最低 Rustc 版本号
  assert!(is >=required, format!("              //断言：如果低于最低需要版本，则打印信息，错误返回
It looks like you are compiling Parity with an old rustc compiler {}.
Parity requires version {}. Please update your compiler.
If you use rustup, try this:
        rustup update stable
and try building Parity again.", is, required));
}
```

从上面的内容可以看到，build.rs 主要用来判断 Rust 编译器的版本。每次 cargo build 开始编译，都会首先调用 build.rs。如果版本小于 1.15.1，则编译终止。

（3）Chainspec 是本 workspace 里的一个二进制 crate，也是 workspace 的成员项目（图 3.3）。

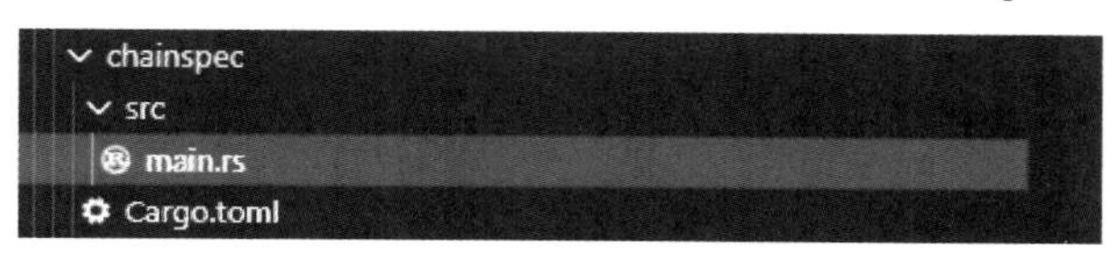

图 3.3　Parity 中 chainspec 目录结构

其 Cargo.toml 内容如下：

```
[package]
name ="chainspec"
version ="0.1.0"
authors =["debris <marek.kotewicz@gmail.com>"]

[dependencies]
ethjson ={ path ="../json" }
serde_json ="1.0"
serde_ignored ="0.0.4"
```

（4）devtools 是本 workspace 里的一个库 crate（图 3.4）。

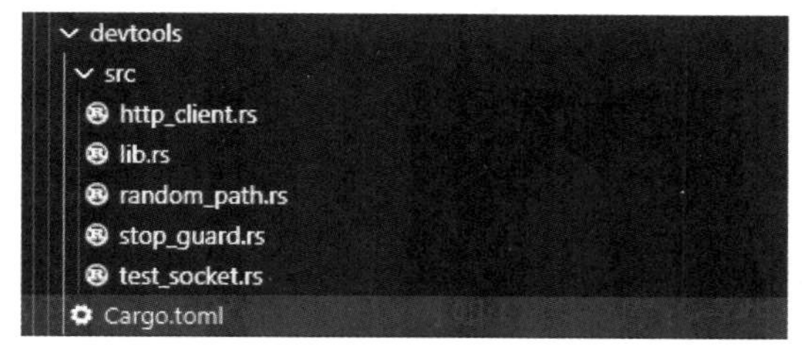

图 3.4　Parity 中 devtools 目录结构

其 Cargo. toml 内容为(有删节):

```
[package]
description ="Ethcore development/test/build tools"
...
[dependencies]
rand ="0.3"

[lib]
path ="src/lib.rs"          # 指定 src 下的 lib.rs 为 crate 的入口文件.文件内容解释参见 13 章
test =true
```

(5) dapps 是本 workspace 里的一个库 crate,dapps 的 js-glue 是本 workspace 的成员(图 3.5)。

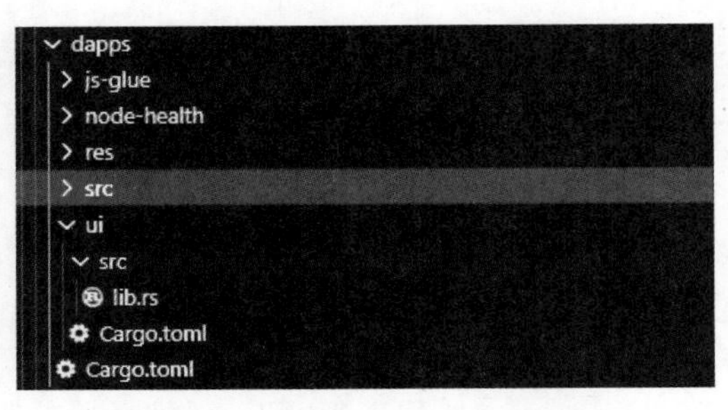

图 3.5 Parity 中 dapps 目录结构

(6) ui 是 dapps 的子模块,其 Cargo. toml 的部分内容如下:

```
[features]        # 指定 no-precompiled-js,代表同时指定 parity-ui-dev 和 parity-ui-old-dev
no-precompiled-js =["parity-ui-dev","parity-ui-old-dev"]                  # 没有预编译的 js
use-precompiled-js =["parity-ui-precompiled","parity-ui-old-precompiled"]  # 使用预编译的 js
```

其 lib. rs 的部分内容如下:

```
#[cfg( feature ="parity-ui-dev" )]            # 编译时如果指定了 parity-ui-dev,就使用其下的内容
mod inner{
  extern crate parity_ui_dev;
  pub use self::parity_ui_dev::*;
}

#[cfg( feature ="parity-ui-precompiled" )]  # 编译时如果指定了 parity-ui-precompiled,就使用其下
                                            # 的内容
mod inner{
  extern crate parity_ui_precompiled;
  pub use self::parity_ui_precompiled::*;
}

#[cfg( feature ="parity-ui-old-dev" )]      # 编译时如果指定了 parity-ui-old-dev,就使用其下的内容
pub mod old{
  extern crate parity_ui_old_dev;
  pub use self::parity_ui_old_dev::*;
}

#编译时如果指定了 parity-ui-old-precompiled,就使用其下的内容
#[cfg( feature ="parity-ui-old-precompiled" )]
pub mod old{
  extern crate parity_ui_old_precompiled;
  pub use self::parity_ui_old_precompiled::*;
}
pub use self::inner::*;
```

可以看到，Rust 编译器会根据不同的特征(feature)对不同的代码进行编译。编译时也可以在命令行设置 feature：

```
cargo build --features "no-precompiled-js"
```

如果不需要默认的 feature，请使用--no-default-features。如果想设定一个和项目相关的 feature，可以在 Cargo. toml 中这么写：

```
[dependencies.myproject]                    # myproject 的包依赖
default-features = false                    # 不使用默认 feature
features = ["use-precompiled-js"]           # 定义 feature 标志
```

基础篇

Chapter 4 第4章 编程基础

本章介绍 Rust 编程的基础知识，包括：

- 基础变量(原生变量，Primitive Variable)；
- 常量(Constant)；
- 复合变量(Compounded Variable)，包括枚举、元组、数组；
- 字符串(String)；
- 变量声明(Variable Declaration)；
- 基本的编程语句(Statement)；
- 函数(Function)。

Rust 类型系统主要分为以下几类：

- 原始类型(Primitive Type)；
- 复合类型(Compounded Type)；
- 所有权、生命周期、引用。

Rust 内置的原生类型有以下几类。

- **布尔类型(bool)**：有两个值，true 和 false。
- **字符类型(char)**：表示单个 Unicode 字符，存储为 4 字节。
- **数值类型(numeric)**：分为有符号整数(i8、i16、i32、i64、i128、isize)、无符号整数(u8、u16、u32、u64、u128、usize)以及浮点数(f32、f64)。
- **字符串类型(String)**：最底层的字符串类型是不定长类型 str，更常用的是字符串切片 &str 和堆分配字符串 String，其中字符串切片是静态分配的，有固定的大小，并且不可变，而堆分配字符串是可变的。
- **数组(array)**：具有固定大小，并且元素都是同种类型，可表示为 [T; N]。
- **切片(slice)**：引用一个数组的部分数据并且不需要复制，可表示为 &[T]。
- **元组(tuple)**：具有固定大小的有序列表，每个元素都有自己的类型，通过解构或者索引来获得每个元素的值。
- **指针(pointer)**：最底层的是裸指针 *const T 和 *mut T，但引用它们是不安全的，必须放到 unsafe 代码块里。
- **函数(function)**：具有函数类型的变量实质上是一个函数指针。
- **单元类型(unit type)**：即()，其唯一的值也是()。

Rust 类型系统可以帮助编译器达到以下目标。

- **安全**：Rust 类型提供了足够的信息，方便编译器检查程序，以保证程序的安全性。
- **效率**：开发程序员可以精心挑选处理器效率更高的类型，并不需要为不相关的通用性和灵活性付出额外的努力。

- **简单**：为了提高安全性和编码效率，Rust并不需要开发程序员编写更多的代码。

4.1 堆和栈

Rust的堆管理由jemalloc内存分配器(提供线性线程扩展性)提供，或者由系统自有的分配器提供(如在Linux上就是glibc的malloc)。在编译二进制文件时，使用jemalloc分配器；而在编译库时则使用系统自有的分配器。这么做的原因是：编译二进制可执行文件时，编译器对程序有完全的控制权，而不用考虑外部的影响，可以使用更有效率的jemalloc。而库有可能在不同的环境(在编译时不可知)中被使用，所以选择系统自有的分配器更安全。两种分配器之间的差别在一般情况下不重要，但是如果不需要这些默认的设定，可以通过设定feature属性来链接特定的crate。在代码模块的顶端，设定如下：

```
#![feature(alloc_system)]
extern crate alloc_system;
```

上面的设定将强制使用系统自有的分配器。如果想强制使用jemalloc分配器，可以设定如下：

```
#![feature(alloc_jemalloc)]
#![crate_type ="dylib"]
extern crate alloc_jemalloc;
```

Rust的内存管理包括以下内容。

1. 栈内存

- 快速的内存访问。
- 当变量离开其作用域时内存自动回收。
- Rust中默认的是栈变量。
- 用来存储在编译时知道大小的变量。所以，**所有的集合类型都不是栈变量(因为其大小会变化)，Rc/Cell/Refcell/Box封装的对象，以及String(可以把其看成u8类型的集合)也不是栈变量，它们都是堆变量**。
- 后进先出(Last Input First Out，LIFO)。

2. 堆内存

- 具有灵活性。
- 内存大小可能变化(如HashMap、Vector、String)。
- 堆内存分配和访问是需要花费较高成本的，运行时效率会降低。
- 内存在变量离开作用域后，可能仍然存在(因为变量可能不是最后一个所有者)。
- 当最后一个所有者离开了作用域，内存会自动回收。
- 用于存储编译时不知道大小的变量。

所有在编译时就知道大小的变量称为栈变量(使用栈内存)，而编译时不知道大小的变量称为堆变量(使用堆内存)。其中一个特殊的情况是切片。切片存储了一个定长的引用(&str)、长度和容量，指向堆上分配的内存。切片被视为一个针对已定义的未知大小的值的定长的视图。所以，**切片类型变量是一个栈变量**。

表4.1列出了栈变量、堆变量和static变量的区别。

表 4.1　栈、堆和 static 变量比较

属性	栈	堆	static
内存分配	默认是自动分配的	由程序员手工设定	程序被导入内存时自动分配
内存释放	自动释放	在变量离开其作用域时，由 Rust 编译器调用析构函数释放	当程序终止时自动释放
大小	每个操作系统对每个进程的栈大小都有一个系统设定	栈可以变大直到操作系统分配的虚拟内存的最大值	固定
速度	非常快	相对比较慢	因为在内存固定的位置，所以比较快
内存碎片化	由操作系统管理内存空间，没有碎片化问题	随着内存块的分配和释放，可能碎片化	没有碎片化问题
变量作用域	只保存本地变量	整个程序都可以全局访问	可以全局访问
变量大小	标量大小必须是固定的，不能保存能动态增长的集合类型	可以动态调整变量的大小	固定

表 4.2 列出了目前流行的内存管理机制。

表 4.2　流行的内存管理机制

内存管理机制	优　　点	缺　　点	编程语言
垃圾回收	不容易发生错误； 写内存快速	对内存没有直接控制； 运行时效率缓慢低下，不可预测； 代码大小暴增	Java
手工内存管理	直接控制内存； 运行时快速； 代码大小紧凑	写内存低效； 容易引致错误	C/C++
所有权模型	直接控制内存； 运行时快速； 代码大小紧凑； 不容易发生错误	写内存低效； 学习曲线陡峭	Rust

Rust 优秀的内存安全基于 3 个支柱。

(1) 不存在空指针：使用 Option<T>安全地处理空指针。

(2) 可选的支持垃圾回收的库。

(3) 所有权系统、借用和生命周期：在编译时对几乎所有内存使用进行检查。

4.2　基本数据类型

Rust 有 4 个基本的标量(Scalar)数据类型：整型、浮点数、布尔变量和字符。与这些基本类型相关的运算符将在 4.14 节具体讨论。

4.2.1　整型

下面是一些整型的声明方式和常用的算术运算：

```
// Chapter4/integer.rs
fn main(){
  let one_thousand =1e3;                    // 显式声明 i32 类型变量并赋初值：1000
```

```
  let one_million =1e6;                          // 类型推定为 i32 类型: 1000_000
  let twentyfive_billions_and_half =25.5e9;      // 类型推定为 i32 类型: 25_500_000_000
  let fiftysix_millionths =56e-6;                // 类型推定为 f32 类型: 0.000056

  print!(" one_thousand={} one_million ={} twentyfive_billions_and_half={} fiftysix_millionths={} ",
one_thousand, one_million, twentyfive_billions_and_half, fiftysix_millionths);

  assert_eq!( 2u16.pow(4) , 16);                 // 指数: u16 类型的值 2 的 4 次方应该等于 16
  assert_eq!((-4i32) .abs() , 4);                // 求绝对值: i32 类型的值-4 的绝对值应该等于 4
}
```

程序清单 4.1 整型字面量

程序运行输出如下:

```
Rust Programming\sourcecode\chapter4>.\literals.exe
one_thousand=1000 one_million =1000000 twentyfive_billions_and_half=25500000000 fiftysix_
millionths=0.000056
```

表 4.3 列出了 Rust 语言中的整型类型以及它们的表示范围。

表 4.3 整型类型及其范围

长度	无符号类型	范　围	有符号类型	范　围
8-bit	u8	$[0,2^8-1]$	i8	$[-2^7,2^7-1]$
16-bit	u16	$[0,2^{16}-1]$	i16	$[-2^{15},2^{15}-1]$
32-bit	u32	$[0,2^{32}-1]$	i32	$[-2^{31},2^{31}-1]$
64-bit	u64	$[0,2^{64}-1]$	i64	$[-2^{63},2^{63}-1]$
128-bit	u128	$[0,2^{128}-1]$	i128	$[-2^{127},2^{127}-1]$
和架构相关	usize	$[0,2^{32}-1]$ 或者 $[0,2^{64}-1]$	isize	$[-2^{31},2^{31}-1]$ 或者 $[-2^{63},2^{63}-1]$

1. 自适应类型(usize 和 isize)

usize 和 isize 类型类似于 C 和 C++中的 size_t 和 ptrdiff_t。usize 是无符号,而 isize 是有符号的。它们的精度依赖于目标机器的地址空间:在 32 位的机器上是 32 位,在 64 位的机器上是 64 位。但是需要注意的是,**不能因为机器是 64 位的,而强行将它等同于 64 位整数,即 isize!=i64,任何情况下都需要强制转换。**

2. 整型的表示范围和溢出问题

整数的最大值定义在 std::i32::MAX。Rust 在整数溢出这个问题上选择的处理方式为:**默认情况下,在 debug 模式下,编译器会自动插入整数溢出检查,一旦发生溢出,则会引发 panic;在 release 模式下,不检查整数溢出,而是采用自动舍弃高位的方式。**

在很多情况下,整数溢出应该处理为截断,即丢弃最高位。为了方便用户,标准库还提供了一个叫作 std::num::Wrapping<T>的类型,它重载了基本的运算符,可以当成普通整数使用。凡是被它包裹起来的整数,在任何时候出现溢出都是截断行为,不会因为溢出而引发 panic。常见的使用示例如下:

```
// Chapter4/arithematic.rs
use std::num::Wrapping;
fn main() {
  let big =Wrapping( std::u32::MAX) ;
  let sum =big +Wrapping(2_u32) ;        // 不会 panic
  println!("{} ", sum.0) ;
```

```
    let big_val =std::i32::MAX;                  // 类型推定为 i32
    // let x =big_val +1;                        // 算术操作溢出,引发 panic
    let x =big_val.wrapping_add(1);              // ok
    println!("{} ", big_val);
}
```

程序清单 4.2　算术运算和溢出

程序的输出为:

```
Rust Programming\sourcecode\chapter4>.\arithematic.exe
1
2147483647                          // 2^31+1=2147483647,超出部分被截断
```

不论用什么编译选项,上述代码都不会引发 panic,任何情况下,执行结果都是一致的。

3. 整数规则

- 在不同的类型间转换一定是显式的。Rust 不会自动将 16 位整型转换为 32 位整型。
- Rust 数字类型是可以有方法调用的。例如:

```
println!("{} ", (-4_i32).abs());        // OK,这里类型后缀是必须的
println!("{} ", i32::abs(-4));          // OK
```

- 整型溢出:**在 debug 版本中,如果一个整型算术计算溢出,则 Rust 会引发 panic。在 release 版本中,则不会引发 panic,而是截取最高位,就好像是数学上的取模运算**。例如,下面的代码会在 debug 版本编译时引发 panic 异常:

```
let mut i =1;
loop{                                   // 无限循环乘以 10,最终会溢出
    i *=10;                             // panic: 尝试乘法溢出
                                        //(仅仅在 debug 编译版本中会引发 panic!)
}
```

整型的以 checked_、wrapping_、saturating_或者 overflowing_为前缀的方法简介如下。

- Checked 方法返回结果的 Option:如果数学计算结果正常,则返回 Some(v),否则返回 None:

```
// 10 和 20 的和可以用 u8 类型表示
assert_eq!(10_u8.checked_add(20), Some(30));
//100 和 200 的和: cannot.assert_eq!(100_u8.checked_add(200), None);
// 求和; 如果溢出则引发 panic
let sum =x.checked_add(y).unwrap();
// 有符号的除法可能溢出
// 一个有符号的 n 位的类型可以表示-2^(n-1), 但是不能表示 2^(n-1)
assert_eq!((-128_i8).checked_div(-1), None);
```

- Wrapping 方法返回**结果对值范围的取模**:

```
assert_eq!(100_u16.wrapping_mul(200), 20000);  // 乘积可以被 u16 类型表示
assert_eq!(500_u16.wrapping_mul(500), 53392);  // 乘积不能被 u16 类型表示, 结果为 250000 对 2^16 取模
// 在有符号类型上的 wrap 操作可能变成负值
assert_eq!(500_i16.wrapping_mul(500), -12144); // 对于有符号类型的操作可能变成负值
// 位移的距离,会对值类型的位数取模。所以对 16 位的类型位移 17 位,实际上就是位移 1 位
assert_eq!(5_i16.wrapping_shl(17), 10);
```

这种方法的优点在于,在所有的编译版本(不管是 debug 还是 release)里,Wrapping 方法

编译的结果是一致的。

- Saturating 方法返回**最接近数学正确值的可表示的值**。也就是说,结果是在该类型的最大值和最小值范围内的值(意味着超出部分被截断):

```
assert_eq!( 32760_i16.saturating_add(10) , 32767) ;
assert_eq!((-32760_i16) .saturating_sub(10) , -32768) ;
```

没有 saturating 类型的除法、余数或者位移方法。

- Overflowing 方法返回一个元组 (result,overflowed),其中 result 是函数返回值的封装版本,而 overflowed 是布尔类型,标识是否发生了溢出:

```
assert_eq!( 255_u8.overflowing_sub(5) , (250, false) ) ;
assert_eq!( 255_u8.overflowing_add(3) , (2, true) ) ;
```

如果位移的距离超过了类型本身的位数,则 overflowing_shl 和 overflowing_shr 返回 true。

- **实际的位移是要求的位移对类型位数的取模**:

```
// 如果对 u16 类型位移 17 位,则实际位移位数为 17 modulo 16 =1
assert_eq!( 5_u16.overflowing_shl(17) , (10, true) ) ;
```

以整型的 checked_、wrapping_、saturating_或者 overflowing_为前缀的方法如表 4.4 所示。

表 4.4 以 checked_、wrapping_、saturating_或者 overflowing_ 为前缀的方法列表

操　作	名称后缀	示　例
加法	add	100_i8. checked_add(27) == Some(127)
减法	sub	10_u8. checked_sub(11) == None
乘法	mul	128_u8. saturating_mul(3) == 255
除法	div	64_u16. wrapping_div(8) == 8
余数	rem	(−32768_i16). wrapping_rem(−1) == 0
取负	neg	(−128_i8). checked_neg() == None
取绝对值	abs	(−32768_i16). wrapping_abs() == −32768
指数	pow	3_u8. checked_pow(4) == Some(81)
左位移	shl	10_u32. wrapping_shl(34) == 40
右位移	shr	40_u64. wrapping_shr(66) == 10

编译时,我们可以关闭数字溢出检测:

```
$ rustc -C overflow-checks=no overflow.rs
```

4.2.2 布尔类型

Rust 中的布尔类型有两个值:true 和 false。

```
let x =true;
let y: bool =false;
```

不同于 C/C++,**Rust 语言不认为布尔类型是数值类型**,下面的语句是错误的:

```
let _b =false +true;
```

但是**布尔类型可以被显式地转换为数字**：

```
print!("{} {} ", true as u8, false as u8);
```

上面的语句会打印出：

```
1 0
```

在内存中，Rust 使用 1 字节来表示一个布尔类型的值。

4.2.3　字符类型

与 C 和 C++不同，Rust 中的字符类型不是数字类型。也就是说，一个字符不是 u8（无符号 8 位字节）类型，也不是 i8（有符号 8 位字节）类型。**Rust 的字符是一个 Unicode 的字符，而这意味着字符是一个 32 位（也就是 4 字节）的值**。Rust 的 char 类型代表一个 Unicode 标量值（Unicode Scalar Value），这意味着它可以比 ASCII 码表示更多的内容：拼音字母（Accented Letters）、中文等象形文字、emoji（颜文字）以及零长度的空白字符等对于 Rust 的 char 类型都是有效的。Unicode 标量值包含从 U＋0000 到 U＋D7FF 和 U＋E000 到 U＋10FFFF 之间的值。

1. Unicode

Unicode 中的每个值或称代码点（code point）都是 32 位的值。头 128 值用来精确匹配 ASCII 码，这意味着只要所有代码点的值都在 0 和 127 之间，就可以将 ASCII 码转换为 Unicode，或将 Unicode 转换为 ASCII 码。各种 Unicode 值被划分为表示 65536 个值范围的平面（Plane），如表 4.5 所示。

表 4.5　Unicdoe 平面列表

平　　面	十六进制值范围	名　　称
0	0000～FFFF	基本多语言平面
1	10000～1FFFF	增补多语言平面
2	20000～2FFFF	增补表意字符平面
3	30000～3FFFF	第三象形文字平面
4～13	40000～DFFFF	未使用
14	E0000～EFFFF	补充专用平面
15～16	F0000～10FFFF	补充专用区域平面

从表中可以看出，不是所有 32 位空间都被使用了，仅仅使用了 21 位。Unicode 的缺点在于所有的字符都占用了大概 4 倍于以前的空间，而不管该字符是不是通用。

2. UTF-8

1992 年，在 UNIX 系统实验室工作的 Dave Prosser 提出了一个新的 Unicode 表示形式的提议：将 31 位映射到 1～5 字节以使低位的 Unicode 值可以被更少的字节所表示。在新的表示形式的数据序列的第一个字节中，用第 7 位后的值为 1 的位数量来表示需要用到多少字节。编码规则如表 4.6 所示。

表 4.6　Dave Prosser 提议的编码规则列表

字节数	值范围	Byte1	Byte2	Byte3	Byte4	Byte5
1	0000000～0000007F	0xxxxxxx				
2	0000080～0000207F	10xxxxxx	1xxxxxxx			
3	0002080～0008207F	110xxxxx	1xxxxxxx	1xxxxxxx		
4	0082080～0208207F	1110xxxx	1xxxxxxx	1xxxxxxx	1xxxxxxx	
5	2082080～7FFFFFFF	11110xxx	1xxxxxxx	1xxxxxxx	1xxxxxxx	1xxxxxxx

Unicode 中平面 0 的字符是世界上最通用的字符,可以被编码为 1～3 字节。所有目前的 Unicode 字符可以最多使用 4 字节编码。

UNIX 和 C 语言的发明人 Ken Thompson 对此提出了改进:增加第 6 个字节,允许程序判断当前字节是一个开头字节还是一个中间字节。Ken Thompson 为下面的字节保留了 10(以 10 打头的都是中间字节),如表 4.7 所示。

表 4.7　UTF-8 编码规则列表

字节数	值范围	Byte1	Byte2	Byte3	Byte4	Byte5	Byte6
1	0000000～0000007F	0xxxxxxx					
2	0000080～000007FF	110xxxxx	10xxxxxx				
3	0000800～0000FFFF	1110xxxx	10xxxxxx	10xxxxxx			
4	0010000～001FFFFF	11110xxx	10xxxxxx	10xxxxxx	10xxxxxx		
5	0200000～03FFFFFF	111110xx	10xxxxxx	10xxxxxx	10xxxxxx	10xxxxxx	
6	4000000～7FFFFFFF	1111110x	10xxxxxx	10xxxxxx	10xxxxxx	10xxxxxx	10xxxxxx

平面 0 的字符仍然可以编码为 1～3 字节,所有目前的 Unicode 字符也可以最多使用 4 字节编码。

Rust 在 String 的结构中使用 UTF-8 标准编码其字符串值,所以字符串中的任何字符都被编码为 1～4 字节。

3. Rust 中的字符

Rust 使用字符类型(Unicode)来标识单个字符。**但是对于字符串(String)和文本流,Rust 使用 UTF-8 编码**。所以,字符串使用 UTF-8 的字节序列来表示其文本,而不是一个字符数组。需要注意的是,**在 Rust 中要用单引号(')来表示一个 char,而不是双引号("),因为双引号用来标识一个单字符的字符串**。

不能把字符类型等同于数字。下面的语句会给出一个错误:

```
let _a ='a' +'b';
```

如果想打印字符类型,可以使用强制类型转换如下:

```
print!("{} {} {} ", 'A' as u32, 'à' as u32, '€ ' as u32) ;  // 使用 as 关键字强制类型转换
```

上面的语句会打印出:

```
65 224 8364
```

表 4.8 给出了一些特殊的字符,以及如何在 Rust 中使用它们。

表 4.8 特殊字符

特殊字符	Rust 中的字面量表示
单引号	'\''
反斜杠	'\\'
换行	'\n'
制表符	'\t'

如果需要,可以直接用十六进制的方式给出 Unicode 的字符。

- 如果字符的编码在 U+0000～U+007F 范围之内(也就是 ASCII 字符),那么可以直接写'\xHH',其中 HH 是两个十六进制的数字,H 的范围是'0'到'f'。
- 任何 Unicode 字符都可以写成'\u{HHHHHH}',其中 HHHHHH 是 1～6 位的十六进制数字,H 的范围是'0'～'f'。

下面是一些字符类型的例子:

```
'\u2A' 代表 '*'
'\u747e\u745c' 代表"瑾瑜"
```

std::char crate 提供了操作字符的一些方法,在线上文档[①]中可以找到。下面是一些例子:

```
// Chapter4/char.rs
fn main(){
    assert_eq!( '*'.is_alphabetic(), false);
    assert_eq!( 'β'.is_alphabetic(), true);
    assert_eq!( '8'.to_digit(10), Some(8));
    assert_eq!( 'ま'.len_utf8(), 3);                         // 长度不是 1
    assert_eq!(std::char::from_digit(2, 10), Some('2'));   // Rust 专门处理字符的库 std::char
}
```

程序清单 4.3 字符类型例子

4.2.4 浮点类型

Rust 有两个浮点类型:f32 和 f64。它们对应 IEEE-754 协议中定义的单精度浮点数和双精度浮点数。默认的浮点类型为 64 位,其精度和范围如表 4.9 所示。

表 4.9 浮点数类型精度范围

类型	位数	精度	范围
f32	32 位	IEEE 单精度浮点数; 等同于 C 语言中的 float 类型	大致 $-3.4\times10^{38}\sim+3.4\times10^{38}$
f64	64 位	IEEE 双精度浮点数; 等同于 C 语言中的 double 类型	大致 $-1.8\times10^{308}\sim+1.8\times10^{308}$

图 4.1 是 Rust 中浮点数的一般表现形式。

123456. 789e−3f64

整数部分 分数部分 指数部分 类型后缀

图 4.1 浮点数格式

① https://doc.rust-lang.org/std/primitive.char.html

下面是一些浮点数的例子：

```
// Chapter4/float.rs
fn main(){
    let a: f64 =5.6;
    let b: f32 =3.91;
    print!("{} {} ", a, b);                          // 会打印" 5.6 3.91"
    assert_eq!( 5f32.sqrt() *5f32.sqrt(), 5.);       // 等同于 5.0, 按照 IEEE 标准
    assert_eq!( -1.01f64.floor(), -1.0);
    assert!((-1. / std::f32::INFINITY).is_sign_negative());
}
```

程序清单 4.4 浮点数类型例子

以上程序的输出如下：

```
Rust Programming\sourcecode\chapter4>./float
5.6 3.91
```

1. 类型推定

利用 Rust 的类型推定功能，程序员没有必要在编码时在每个浮点数之后附上 f32 或者 f64 的后缀(如例 4.4)。如果编译器无法推定浮点数的类型，则会给出错误信息：

```
println!("{} ", (2.0).sqrt());         // 编译器不知道 2.0 的具体类型,所以触发编译错误
```

错误信息为：

```
error: no method named `sqrt` found for type `{float}` in the current scope
```

错误的原因在于编译器不知道对哪种浮点数类型使用 sqrt 方法(是 f32 还是 f64)，解决方法是指明浮点数的具体类型：

```
println!("{} ", (2.0_f64).sqrt());             // 指定类型为 f64
println!("{} ", f64::sqrt(2.0))                // 调用 f64 的 sqrt 方法
```

2. 科学计数法

浮点数还可以用科学记数法来表示，示例如下：

```
let var3 =271.8281e-2f64;       // =2.718281
let twelve_millionths =12e-6;  // =0.000012
```

3. 浮点数规则

- **Rust 不会进行隐式类型转换**，所以如果一个函数的参数是 i32 类型，而调用该函数时传递的是 i16 类型，编译器会给出编译错误。这种情况下必须使用显式类型转换(请参照 4.10.7 节)。
- **浮点数可以有方法**。例如对 24.5 四舍五入到最接近的整型，Rust 使用 24.5_f32.round()。这里的类型后缀是必须的。
- **避免使用浮点数的等于比较**。Rust 中使用浮点数比较是高度危险的。请看下面的例子：

```
// chapter4/floatequal.rs
fn main() {
```

```
    assert!( 0.1 +0.2 ==0.3) ;                        // 相等?不相等?
}
```

程序清单 4.5 浮点数比较异常例子

程序输出为：

```
Rust Programming\sourcecode\chapter4>.\floatequal.exe
thread 'main' panicked at 'assertion failed: 0.1 +0.2 ==0.3', .\floatequal.rs:2:3
note: run with `RUST_BACKTRACE=1` environment variable to display a backtrace
```

- **浮点数比较最好给予一定的范围。** Rust 中，合理的范围定义为 f32::EPSILON 和 f64::EPSILON。请看下例：

```
// chapter4/epsilon.rs
fn main() {
    let result: f32 =0.1 +0.1;
    let desired: f32 =0.2;
    let absolute_difference =(desired -result) .abs() ;         // 计算两个浮点数之间的差别
    assert!( absolute_difference <=f32::EPSILON) ; // 差别在预定义的 EPSILON 范围内,就认为是相等的
}
```

程序清单 4.6 浮点数比较 EPLISON 范围的例子

- **标准库 std::f32 和 std::f64 都提供 IEEE 所需的特殊常量值。** 例如 INFINITY（代表无穷大）、NEG_INFINITY（代表负无穷大）、NaN（代表不是一个数字，Not a Number）、MIN（最小有限值）和 MAX（最大有限值）。必须小心这种浮点数值在数学上未定义的情况（INFINITY、NEG_INFINITY 和 NaN）。

例如，−33.0.sqrt()就是 NaN，因为负数不可能求平方根。**NaN 值可能毒害其他的数字类型。所有有 NaN 参与的操作都会返回 NaN。而且，从本质定义上，NaN 是不等于 NaN 的。** 下面的程序一定会出错：

```
// chapter4/NaN.rs
fn main() {
    let inf =std::f32::INFINITY;
    println!("{} {} {} ", inf *0.0, 1.0 / inf, inf / inf) ;

    let x =( -33.0_f32) .sqrt() ;           // x 为 NaN
    assert_eq!( x, x) ;                      // 此处断言失败
}
```

程序清单 4.7 浮点数 NaN 比较的例子

程序的输出为：

```
Rust Programming\sourcecode\chapter4>.\NaN.exe
NaN 0 NaN
thread 'main' panicked at 'assertion failed: `(left ==right)`
  left: `NaN`,
right: `NaN`', .\NaN.rs:5:3
note: run with `RUST_BACKTRACE=1` environment variable to display a backtrace
```

为了防止出现上面的情况，我们可以使用 **is_nan()方法和 is_finite()方法**。这些方法允许我们直接调试可能引起程序崩溃的部分。示例如下：

```
// chapter4/isfinite.rs
fn main() {
```

```
    let x: f32 =3.0 / 0.0;
    assert!( x.is_finite() ) ;        // 此处触发断言错误
}
```

程序清单 4.8 使用 is_finite()直接判断 NaN 的例子

程序的输出为:

```
Rust Programming\sourcecode\chapter4>.\isfinite.exe
thread 'main' panicked at 'assertion failed: x.is_finite() ', .\isfinite.rs:3:3
note: run with `RUST_BACKTRACE=1` environment variable to display a backtrace
```

std::f32::consts 和 std::f64::consts 模块里提供了一些常用的常数,如自然对数 E、PI、$\sqrt{2}$ 等。

4.3 字面量

本节介绍三种字面量:数字字面量、字符串字面量和字符字面量。

4.3.1 数字字面量

数字可以加上**前缀 0x**、**0o**、**0b** 分别表示**十六进制数**、**八进制数**、**二进制数**。字面量后面可以跟后缀,代表该数字的具体类型,从而省略显式类型标记。如果没有限定,编译器会将整型定为 i32 类型,将浮点数定为 f64 类型。

```
let var6 =123usize;          // var6 变量是 usize 类型
let var7 =0x_ff_u8;          // var7 变量是 u8 类型 ,十六进制表示形式
let var8 =32;                // 不声明类型,则类型推定默认为 i32 类型
```

为了改善数字的可读性,可以在数字类型之间加上下画线"_",如:1_000 等同于 1000,0.000_001 等同于 0.000001。数字字面量的前缀示例如下。

- 十六进制:0x46(十进制值为 70)。
- 八进制:0o106(十进制是 70)。
- 二进制:0b1000110(十进制是 70)。

也可以在数字字面量里使用**指数符号(科学记数法)**,示例如下:

```
// Chapter4/literals.rs
fn main(){
  let one_thousand =1e3;
  let twentyfive_billions_and_half =25.5e9;
  let fiftysix_millionths =56e-6;

  print!(" one_thousand={} twentyfive_billions_and_half={} fiftysix_millionths={} ", one_
thousand, twentyfive_billions_and_half, fiftysix_millionths)
}
```

程序清单 4.9 数字字面量例子

程序的输出如下:

```
one_thousand=1000 twentyfive_billions_and_half=25500000000 fiftysix_millionths=0.000056
```

我们甚至可以不使用变量,直接对数字字面量调用函数。例如在标准库中,整数类型有一个方法是 pow,它的功能是计算 n 次幂:

```
fn main() {
    println!("2 power 3 ={}", 2_i32.pow(3));      // 打印 2 的 3 次方
}
```

4.3.2　字符串字面量

字符串字面量是字符串切片(&'static str 类型)。字符串字面量使用双引号来定义,它使用和字符字面量一样的转义符("\"),例如:

```
let speech = "\"北科信链!\" amazing.\n";
let accent = "th\u{e9}"                         // Unicode 字符串
```

字符串字面量可以跨多行,有以下两种跨行形式。

- 第一种会包含换行符和之前的空格:

```
let s = "this is a                              // s 其实存储了一个换行符
test";
assert_eq!("this is a \ntest", s);              // 变量 s 的值和"this is a \ntest"是等同的
println!("大音希声,
大巧不工");
```

换行符(包括第二行开头的空格)会被包括在字符串中,并会出现在标准输出上。

- 第二种是,如果一行上的字符串的末尾带有反斜杠(\),则会去掉下一行的空格和换行符:

```
let s = "this is a \
test";
assert_eq!("this is a test", s);                 // s 和"this is a test"是等同的
println!("天地玄黄,宇宙洪荒。\
日月盈昃,辰宿列张。\
寒来暑往,秋收冬藏。")
```

在某些情况下,我们可能在字符串中要使用双转义符(\),如在正则表达式和 Windows 操作系统中的路径定义时。在这种情况下,Rust 提供了原始字符串,在字符串字面量前面加一个小写的 **r** 标识就可以被视为**原始字符串**。所有原始字符串中的转义符和空白字符(whitespace characters)都不需要使用转义符。例如:

```
let default_rust_dev_path = r"D:\dev\rust";        // 反斜线不需要转义
```

我们不能在原始字符串里包含双引号和反斜线。**在原始字符串的开始和结束处用"#"标记出来,就可以使用双引号了:**

```
// Chapter4/stringliterals.rs
fn main(){
    println!(r###"
        原始字符串以 'r###"'开始; 直到遇到一个带着 3 个#号('###')的双引号('"'),标识字符串的结束!!!
        "###);
}
```

程序清单 4.10　原始字符串例子

程序的输出为:

```
Rust Programming\sourcecode\chapter4>.\stringliterals.exe

        原始字符串以 'r###"'开始; 直到遇到一个带着 3 个#号('###')的双引号('"'),标识字符串的结束!!!
```

4.3.3 字符字面量

字符类型由 char 表示,它可以描述任何一个符合 Unicode 标准的字符值:

```
let var1 =b'A';          // var1 为 u8 类型, b 表示字节字符
let love = '♥';          // 可以直接嵌入任何 Unicode 字符
```

字符类型字面量也可以使用转义符:

```
let c1 = '\n';           // 换行符
let c2 = '\x3f';         // 8 bit 字符变量
let c3 = '\u{7FFF}';     // Unicode 字符
```

因为 char 类型的设计目的是描述任意一个 Unicode 字符,它占据的**内存空间不是 1 字节,而是 4 字节**。

4.4 元组

元组是一个可以包含任意数量(可以为零)且可以是不同数据类型的组合。元组由括号构成,其通用的表现形式为(T1,T2,…)。**可以在元组的最后一个元素之后加逗号:元组类型(i32,&str)和(i32,&str,)是等同的**。

4.4.1 元组声明

元组是异质的,即元组的成员可以是不同类型。可以通过一个模式解构访问元组中的字段。下面是一个例子:

```
let mut (a, b) =(20,"test");       // 第一个元素 a 的类型是整型,而第二个元素 b 的类型是字符串
println!("{} {}", a, b);           // a 是整型,b 是字符串类型
```

元组声明可以嵌套,即元组也可以充当元组的元素:

```
let tuple_of_tuples =((3u8, 5u16, 12u32), -5i16, (14u64, -6i8));
```

元组也可以通过赋值初始化生成。下例演示了如何解构元组,并将值赋给创建的绑定变量:

```
let tuple =(1.0,"milly", true, 200);        // 初始值赋值给绑定变量 tuple
let (a, b, c, d) =tuple;                    // (a,b,c,d) 这个元组的初始化值来自 tuple
// 上一行的程序执行后,a=1.0, b="milly", c=true, d=200
```

可以把一个元组赋值给另一个元组,前提条件是它们必须包含**相同的成员类型和成员数量**。

4.4.2 元组解构

1. 元组模式解构

为了从元组中获取单个的值,可以使用模式匹配(pattern matching)来解构(destructure)元组:

```
// chapter4\tupledestruct.rs
fn main() {
    let tup =(1, 2.0, 3);
```

```
    let (x, y, z) =tup;
    println!(" The value of y is: {} ", y) ;          // 结果为: x=1, y=2.0, z=3
}
```

程序清单 4.11 元组解构例子

以上程序的输出为：

```
Rust Programming\sourcecode\chapter4>.\tupledestruct.exe
The value of y is: 2
```

上面的程序使用 let 和一个模式将元组分解成了三个不同的变量 x、y 和 z，这叫作解构，因为它将一个元组拆成了三部分。最后，程序打印出了 y 的值，也就是 2.0。

2. 多个成员的元组作为函数返回值

Rust 程序通常使用元组来从一个函数返回多个类型值(就像 Go 语言一样)。例如：split_at 方法的功能是把一个 string 拆分成两半，并返回它们：

```
fn split_at(&self, mid: usize) ->(&str, &str);
```

返回类型(&str，&str)是一个两个字符串切片的引用的元组。可以使用模式匹配把返回元组里的值设定到不同的变量：

```
let text =" I see her eye sparkling";
let (first, second) =text.split_at(6);        // split_at 返回类型(&str, &str)
assert_eq!(first, " I see");
assert_eq!(second, " her eye sparkling");
```

4.4.3 元组索引

除了上述的解构方法外，**另一种元组的访问方式是使用元组索引：元组变量.索引。索引值从 0 开始。不过不像数组索引，元组索引使用点(.)，而不是[]。**

```
// chapter4\bigtuple.rs
fn main() {
    let big_tuple =(10u8, 20u16, 30u32, 40u64, -10i8, -20i16, -30i32, -40i64,0.1f32, 0.2f64,'z', true);
    // 通过元组的索引来访问具体的值
    println!(" big tuple 1st value: {} ", big_tuple.0);          // 0 是元组第一个域
    println!(" big tuple 2nd value: {} ", big_tuple.1);          // 1 是元组第二个域
}
```

程序清单 4.12 大元组例子

程序的输出为：

```
Rust Programming\sourcecode\chapter4>.\bigtuple.exe
big tuple 1st value: 10
big tuple 2nd value: 20
```

4.4.4 元组使用

1. 元组作为函数的输入参数

```
fn write_image(filename: &str, pixels: &[u8], bounds: (usize, usize)) ->Result<(), std::io::
Error>
{...}
```

2. 使用元组从函数返回多个类型的值

配合 Rust 的模式匹配,可以对函数返回值进行灵活处置:

```
// chapter4\tuplemultiele.rs
fn main() {
    let(p2,p3) =pow23(3);
    println!("3的平方是{}.", p2);
    println!("3的3次方是{}.", p3);
}
fn pow23(n: i32) ->(i32, i32) {
    (n*n, n*n*n)
}
```

程序清单 4.13　多个元组成员作为返回值例子

程序的输出为:

```
Rust Programming\sourcecode\chapter4>.\tuplemultiele.exe
3的平方是 9.
3的3次方是 27.
```

3. 元组可以打印

```
println!("tuple of tuples: {:?}", tuple_of_tuples);
```

4.4.5　特殊情况

1. 空元组

在 Rust 中,经常被用到的元组类型是**空元组(Empty Tuple):()**。即元组内部一个元素都没有,这个类型叫作 unit(单元类型)。unit 类型是 Rust 中最简单的类型之一,也是占用空间最小的类型之一(占用 0 内存):

```
let unittuple: () = ();            // 第一个 () 是类型,第二个 () 是值
```

例如一个没有返回值的函数,其返回类型就是()。

```
fn switch<T>(x: &mut T, y: &mut T);
```

上面的函数声明等同于下面的函数声明:

```
fn switch<T>(x: &mut T, y: &mut T) ->();
```

()表示**空元组(也称为零元组,zero-tuple)**,**它既可以是()类型,也可以是()值**:

```
fn get_next_token(&mut self) ->Result<(), ParseError>{ ...} // 此处 () 是类型
```

2. 单个元素的元组

当元组中只有一个值时,需要加逗号,即(0,),这是为了和括号中的其他值进行区分:

```
// 创建单元素元组需要一个额外的逗号,这是为了和括号包含的普通数据做区分
println!("单元素元组:{:?}", (10u32,));       // 单元素元组
println!("只是一个整数:{:?}", (10u32));      // 此处 10u32 被认为是整数
```

4.5　范围类型

Rust 的范围(Range)类型**包括左闭右开(n..m)和全闭(n..=m)两种，分别对应于 Rust 标准库里的 std::ops::Range 和 std::ops: Rangeinclusive 操作符**。对范围类型的访问可以通过循环语句，也可以通过迭代器来遍历访问。示例如下：

```
// chapter4\range.rs
fn main() {
  assert_eq!((10.. 15) , std::ops::Range{ start: 10 , end : 15} ) ;        //左闭右开
  assert_eq!((10..=15) , std::ops:RangeInclusive::new(10, 15) ) ;        //全闭
  assert_eq!( 3+4+5 , ( 3..6) .sum() ) ;                                 //左闭右开
  assert_eq!( 3+4+5+6, ( 3..=6) .sum() ) ;                               //全闭

  for i in (10..15) {
    println!("{} ",i) ;                        //输出为 10 , 11, 12 , 13 , 14
  }
  for i in (10..=15) {
    println!("{} ", i) ;                       //输出为 10 , 11, 12 , 13 , 14 , 15
  }
}
```

程序清单 4.14　范围类型的例子

程序的输出为：

```
Rust Programming\sourcecode\chapter4>.\range.exe
10
11
12
13
14
10
11
12
13
14
15
```

下面列出了一些**错误的**范围声明：

```
let v1 =4u8..10i8;                          // 4u8 和 10i8 是两个不同的类型
let v2: std::ops::Range<u32>=-4..10;       // Range<T>中 T 是 u32 类型，而-4 不是 u32 类型
let v3: std::ops::Range<i32>=4i16..10;     // 4i16 不是 i32 类型
```

下面列出了一些 **Rust 允许但是会给出警告**的情况：

```
let _v1 =4u8..1000;         // 有整数溢出的可能，因为 1000 不在 u8 类型的表示范围之内
let _v2 =4..10_000_000_000; // 有整数溢出的可能，因为 10_000_000_000 不在 Range<i32>类型的表示范围之内
```

下面列出了一些 **Rust 允许且不会给出警告的情况，但是没有意义**(即无法通过 for 循环或者迭代器来遍历其可能的值)：

```
let _v1 =false .. true;
let _v2 ="hello" .."milly";
let _v3 =5.6 .. 8.9;
```

Range < Idx >[①]的声明如下：

```
pub struct Range<Idx>{
    pub start: Idx,        // 范围的开始位置
    pub end: Idx,          // 范围的结束位置
}
```

Range < Idx >中的参数类型 Idx 可以通过 start 和 end 两个参数推导出来：

```
// chapter4\rangetsize.rs
fn main() {
    let range1 =5u8..20u8;     // Idx 类型为 u8,Start=5, end=20,所以类型大小为 2 字节
    let range2 =5u8..20;       // Idx 类型为 u8,Start=5, end=20,所以类型大小为 2 字节
    let range3 =5..20u8;       // Idx 类型为 u8,Start=5, end=20,所以类型大小为 2 字节
    let range4 =5..20;         // Idx 类型为 i32,Start=5, end=20,所以类型大小为 8 字节
    let range5 =-5..20;        // Idx 类型为 i32,Start=-5, end=20,所以类型大小为 8 字节
    let range6 =5..20 as i64;  // Idx 类型为 i64,Start=5, end=20,所以类型大小为 16 字节
    println!( "{} {} {} {} {} {} ",
    std::mem::size_of_val( &range1) ,
    std::mem::size_of_val( &range2) ,
    std::mem::size_of_val( &range3) ,
    std::mem::size_of_val( &range4) ,
    std::mem::size_of_val( &range5) ,
    std::mem::size_of_val( &range6) ) ;
}
```

程序清单 4.15 Range < T >大小的例子

上面的程序会打印输出：

```
chapter4>.\rangetsize.exe
2 2 2 8 8 16
```

- range1 变量的两端都被声明为 u8,所以最大/最小值类型都是 u8,只占用 1 字节,所以整个范围总共占用 2 字节(Idx 类型是单字节类型,start+end 为 2 字节)。
- range2 和 range3 变量一端被声明为 u8 类型,而另一端没有指定类型(所以被强制设置为 u8 类型)。
- range4 和 range5 变量的两端类型都没有被指定,而且没有其他约束,所以参数类型 T 被推导为默认的 i32 类型 (Idx 类型是 4 字节类型,start+end 为 8 字节)。
- range6 变量一端是 i64 类型,并且另一端没有被指定,所以参数类型 T 是 i64 类型(Idx 类型是 8 字节类型,start+end 为 16 字节)。

下面列出使用范围操作符“..”来构建范围类型对象(std::ops::Range 的分支)的一些用法：

```
..          // std::ops::RangeFull
a ..        // std::ops::RangeFrom{ start: a}
.. b        // std::ops::RangeTo{ end: b}
a .. b      // std::ops::Range{ start: a, end: b}
```

使用范围操作符“..”示例如下：

```
// chapter4\rangeop.rs
let arr =[11, 22, 33, 44];
let n =2;
```

① https://doc.rust-lang.org/stable/std/ops/struct.Range.html

```
let sr1 =&arr[..n];     // 等同于 &arr[0..n]
let sr2 =&arr[n..];     // 等同于 &arr[n..arr.len()]
println!("{:?} {:?} ", sr1, sr2);
```

实际上,使用“..”的范围类型是单独的类型:

```
// chapter4\rangeop.rs
let v1: std::ops::RangeFrom<i32>=3..;  // Idx 类型为 i32,Start=3,没有 end,所以类型大小为 4 字节
let v2: std::ops::RangeTo<i32>=..12;   // Idx 类型为 i32,没有 Start,end=12,所以类型大小为 4 字节
println!("{:?} {:?} {} {} ", v1, v2,
    std::mem::size_of_val(&v1),        // sizeof(start) +sizeof(end) =sizeof(start) +0=4 字节
    std::mem::size_of_val(&v2));       // sizeof(start) +sizeof(end) =sizeof(end) +0=4 字节
```

v1 变量是 RangeFrom 类型,它具有下限但是没有上限。v2 变量是 RangeTo 类型,它具有上限而没有下限。这两个类型都占用 4 字节。RangeTo 类型的值可用于开放式切片,RangeFrom 类型的值可以用在循环中:

```
// chapter4\rangeop.rs
for i in 4..{                          // RangeFrom 类型
    if i *10 >100{ break; }            // 条件 break
    print!("{} ", i);
}
```

RangeFull 类型示例如下:

```
// chapter4\rangeop.rs
let range: std::ops::RangeFull = ..;      // RangeFull 类型,占用零内存
let a1 =[11, 22, 33, 44];
let a2 =&a1[range];
print!("{} {:?} {:?} ", std::mem::size_of_val(&range), a1, a2);
```

rangeop.rs 的完整内容如下:

```
// chapter4\rangeop.rs
fn main(){
  let arr =[11, 22, 33, 44];
  let n =2;
  let sr1 =&arr[..n];                          // 等同于 &arr[0..n]
  let sr2 =&arr[n..];                          // 等同于 &arr[n..arr.len()]
  println!("{:?} {:?}", sr1, sr2);

  let v1: std::ops::RangeFrom<i32> = 3..;
  let v2: std::ops::RangeTo<i32> = ..12;
  println!("{:?} {:?} {} {}", v1, v2, std::mem::size_of_val(&v1),std::mem::size_of_val(&v2));
  println!(" RangeFrom:{} Rangeto:{} ",
    std::mem::size_of::<std::ops::RangeFrom<i32> > as u64,
    std::mem::size_of::<std::ops::RangeTo<i32> > as u64);

  for i in 4..{                                // RangeFrom 类型
    if i * 10 > 100{ break; }                  // 条件 break
    println!("{} ", i);
  }

  let range: std::ops::RangeFull = ..;         // RangeFull 类型
  let a1 =[11, 22, 33, 44];
  let a2 =&a1[range];
  print!("{} {:?} {:?}", std::mem::size_of_val(&range), a1, a2);
}
```

上面的程序(rangeop.rs)的输出为:

```
Rust Programming\sourcecode\chapter4>.\rangeop.exe
[11, 22] [33, 44]
3.. ..12 4 4
4
5
6
7
8
9
10
" 0 [11, 22, 33, 44] [11, 22, 33, 44]"          // range 变量的大小为 0
```

任何 RangeFull 类型均不保存信息，因此**它占用 0 字节**，它只用来说明它和它基于的基础类型是一样大的。

4.6 结构

结构是一个用户定义的数据类型，这个数据类型把相关的数据类型打包在一起，生成一个有意义的复合类型(Compounded Type)。结构体的每个成员称为字段(field)。本节介绍 3 类结构：具名结构体、元组结构体和空结构体。它们除了在取名上有这些区别外，没有其他区别；它们有一致的内存对齐策略、一致的占用空间规则，也有类似的语法。

4.6.1 具名结构体

顾名思义，具名结构体(Named-field Struct)就是有名字的结构，声明形式的例子如下：

```
struct A{                                   // 结构体名为 A
    attr1: i32,                             // 第一个字段叫 attr1,其类型为 i32
    atrr2: String,                          // 第二个字段叫 attr2,其类型为 String
}
```

结构内部的每个成员都有自己的名字和类型。

下面介绍一些结构定义和使用的语法糖(Syntax Sugar)。

1. 字段初始化简写语法

如果有变量与字段同名，可以使用**字段初始化简写语法**(field init shorthand)，这可以让创建新的结构体实例的函数更为简练：

```
// chapter4\structinit.rs
struct Color{
    red : i32,
    green : i32,
    blue : i32,
    bright : f32,
}
fn main () {
    // 局部变量名字和结构体成员名字刚好一致
    let red =10;                            // 变量名和 Color 结构中的 red 字段同名
    let green =200;                         // 变量名和 Color 结构中的 green 字段同名

    // 下面是简略写法,等同于 Color{ red: red, green: green, blue : 55, bright: 20.0},同名字相对应
    //red、green 由于名字一样,所以冒号前的字段名可以省略,不用写成 red: red, green:green
    let c =Color{ red , green, blue: 55, bright : 20.0};
    println!(" Color 是{} {} {} ", c.red, c.green, c.blue);
}
```

程序清单 4.16 结构的字段简写方法的例子

程序的输出为：

```
Rust Programming\sourcecode\chapter4>.\structinit.exe
Color 是 10 200 55
```

2. 结构字段中使用范围操作符

一个包含“..”的 struct 可以用来从其他结构体复制一些值或者在解构时忽略一些域：

```
// chapter4\struct.rs
#[derive(Default,Debug)]
struct ColorRGB{
  r: i32,
  g: i32,
  b: i32,
}
fn main() {
  // 可以使用 default() 函数初始化其他元素。
  // ..expr 这样的语法只能放在初始化表达式中所有成员的最后,且最多只能有一个
  let origin =ColorRGB::default();          // 赋予 origin 默认值
  let point =ColorRGB{ g: 5, ..ColorRGB::default()};   // green 值为 5,其他 r 和 b 使用默认值
  let point =ColorRGB{ g: 100, ..origin};   // point 变量的 g 为 100,其他字段的值来自 origin 的相应字段
  let ColorRGB{ r: r0, g: g0, ..} =point; // r0,g0 的值来自 point 的 r 和 g 字段,其他字段内容也来
                                          // 自 point

  println!("origin{:?}", origin);
  println!("point{:?}", point);
  println!("{} {}",r0, g0);
}
```

程序清单 4.17　结构的字段使用范围操作符..的例子

程序的输出为：

```
\Rust Programming\sourcecode\chapter4>.\struct.exe
origin ColorRGB{ r: 0, g: 0, b: 0}
point ColorRGB{ r: 0, g: 100, b: 0}
0 100
```

3. 结构的模式解构

访问结构体内部的字段需要使用“.”加字段名的方式，也可以使用“模式解构”功能：

```
// chapter4\structdestructure.rs
fn main() {
    let init =ColorRGB{ r: 0, g: 0, b:0};
    // r0,g0 和 b0 ,分别绑定到成员 r,g 和成员 b
    let ColorRGB{ r : r0, g : g0, b:b0} =init;
    println!("ColorRGB 是{} {} {}", r0, g0, b0);    // r0, g0, b0 来自 init 相应的字段

    // 同理,在模式匹配的时候,如果新的变量名刚好和成员名字相同,则可以使用简写方式
    let ColorRGB{ r, g, b} =init;                  // 解构 init 结构为 r,g,b
    println!("ColorRGB 是{} {} {}", r, g, b);
}
```

程序清单 4.18　结构的模式解构的例子

程序的输出为：

```
Rust Programming\sourcecode\chapter4>.\structdestructure.exe
ColorRGB 是 0 0 0
ColorRGB 是 0 0 0
```

4.6.2 元组类型结构体

元组类型结构体(Tuple Struct)使用小括号,类似元组(tuple),**它有结构体名称,但没有具体的字段名,只有字段的类型**。元组结构体在希望命名整个元组并使其与其他(同样的)元组为不同类型时很有用:

```
struct B(i32, u16, bool);                    // 没有字段名,只有字段类型,类似元组

struct ColorRGB(i32, i32, i32);
struct Point3D(i32, i32, i32);
let white=ColorRGB(255, 255, 255);           // 实例化元组结构体 Color
let init=Point3D(255, 255, 255);             // 注意:white 和 init 的类型并不相同

// 通过索引号,访问元组结构体的字段
println!("white 包含{:?},{:?} 和{:?}", white.0, white.1, white.2);

// 解构一个元组结构体
let Point3D(x, y, z) =init;                  // 模式解构
println!("init 包含{:?},{:?} 和{:?}", x, y, z);
```

它可以看作一个有名字的元组,具体使用方法和一般的元组基本类似:

- 可以将其模式解构为单独的部分;
- 也可以使用“.”后跟索引来访问单独的值。

只有一个字段的元组结构体称为 **newtype** 类型,它使程序员可以基于一个旧类型创建一个新的类型,而这些类型的内存表现形式是一样的。示例如下:

```
//chapter4\newtype.rs
fn main() {
  struct Kilograms(u32);                      // 公制重量
  struct Pound(u32);                          // 英制重量

  let mut weight =Kilograms(250);             // weight 是一个新的类型 ——250 千克
  let Kilograms(kgm) =weight;                 // 解构 kgm
  println!("weight is{} kilograms", kgm);

  let weightpound =Pound(100);                // weightpound 是一个新的类型 ——100 磅
  println!("weightfemale is{} pound", weightpound.0);

  weight =weightpound;  // 尽管内存表现形式相同,字段数据类型相同,但是 Weight 和 Weightpound 类型不同
  println!("weight is{} kilograms", weight.0);
}
```

程序清单 4.19 Newtype 类型例子

程序的输出如下:

```
Rust Programming\sourcecode\chapter4>rustc newtype.rs
error[E0308]: mismatched types
  -->newtype.rs:12:12
   |
5  |   let mut weight =Kilograms(250);             // weight 是一个新的类型
   |                   ---------------expected due to this value
...
12 |   weight =weightpound;
   |            ^^^^^^^^^^^ expected `Kilograms`, found `Pound`

error: aborting due to previous error

For more information about this error, try `rustc --explain E0308`
```

从上面的错误信息可以看到，虽然 Kilograms 和 Pound 都是基于 u32 类型的元组结构类型，但是 Rust 编译器认为它们不是相同的类型。应用 newtype 类型的好处在于：

- **隐藏实际类型，限制功能**。
  使用 newtype 模式包装的类型并不能被外界访问，除非提供相应方法，特别适合提供 API 的场合。
- **明确语义**。
  例如上例将 u32 类型包装成 Kilograms(u32)和 Pound(u32)，分别代表公制和英制重量单位。这样的明确语义增强可读性的作用是零成本的，没有多余的性能开销。
- **使复制语义的类型具有移动语义**。
  例如，u32 本来是复制语义，而包装为 Kilograms(u32)之后，因为结构体本身不能自动实现 Copy trait，所以 Kilograms(u32)就变成了移动语义。

4.6.3　空结构体

结构体内部也可以没有任何成员：

```
struct D;
```

空结构体(Unit-like Struct)的内存占用为 0。但是我们依然可以针对这样的类型实现它的“成员函数”：

```
struct Electron {}          // 使用空的花括号
struct Proton;              // 或者使用一个分号
// 在创建实例时使用同样的方式
let x =Electron {};
let y =Proton;
let z =Electron;            // 必须和 Electron 的声明方式一样。由于此处是用花括号声明的，所以会触发错误
```

这样的结构体叫作类单元(unit-like)，因为它与一个空元组类似，就像一个元组结构体，它定义了一个新类型。

空结构体可以用来对没有相关数据或者相关状态的实体进行建模。它的应用场景比较少，可以用来代表错误类型。我们看到该结构类型的错误就足够了，而不需要错误的详细描述。另外，空结构体也可以用来在状态机里代表一个状态。

4.6.4　结构可见性

结构体默认是私有的，也就是外部不可见、不可读，只在其声明的模块中可见、可使用。如果结构想让外部可用，需要在相应字段前面加 pub 修饰：

```
pub struct GrayscaleMap {           // 结构对外可见
    pub pixels: Vec<u8>,            // 该字段对外可见
    pub size: (usize, usize)        // 该字段对外可见
}
```

即使一个结构被声明为 pub，但它的字段仍然默认是 private：

```
pub struct GrayscaleMap {           // 结构对外可见
    pixels: Vec<u8>,                // 该字段对外不可见
    size: (usize, usize)            // 该字段对外不可见
}
```

结构体的字段默认是私有的,可以使用 pub 关键字将其设置成公开:

```
struct Struct1{
    pub field1: int,                // 外部可见
    field2: String                  // 外部不可见
}
```

4.6.5 结构/字段的可变性

Rust 在语言级别不支持字段可变性(Mutability),所以不能像下面这么写:

```
struct Point{           // 结构可以具有可变性
    mut x: i32,         // 但是,字段不支持可变性。结构体中的值默认是不可变的,这会触发一个错误
    y: i32,
}
```

如果想修改结构中的字段值,可以这么写:

```
// chapter4\structfieldmut.rs
struct Point{
    x: i32,
    y: i32,
}
fn main() {
    let mut point =Point{ x: 0, y: 0};        // 设定整个结构变量的可变性
    point.x =100;
    println!("点坐标是({},{})", point.x, point.y);
}
```

程序清单 4.20 结构的字段可变性的例子

程序的输出如下:

```
Rust Programming\sourcecode\chapter4>.\structfieldmut.exe
点坐标是(100, 0)
```

不能给结构或者枚举的字段加 mutable 修饰。这些字段的可变性是继承而来,这意味着结构中的字段是可变还是不可变由结构本身是否可变决定。示例如下:

```
// chapter4\structmutability.rs
struct S1{
  field1: i32,
  field2: S2
}
struct S2{
  field: i32
}
fn main() {
  let s =S1{ field1: 45, field2: S2{ field: 23} };

  // s 是不可变的,所以下面的可变赋值会出错
  // s.field1 =46;
  // s.field2.field =24;
  let mut s =S1{ field1: 45, field2: S2{ field: 23} };

  // s 是可变的,所以对其成员字段的赋值是允许的
  s.field1 =46;
  s.field2.field =24;
}
```

程序清单 4.21 结构的字段的深度可变性的例子

1. 结构中使用 &mut 引用

继承可变性对结构中的引用并不适用。这就好像在 C++中可以通过一个 const 的指针修改一个非常量对象的字段。如果需要使结构中的引用字段可变，需要在该字段前面使用 &mut：

```
// chapter4\structrefmut.rs
struct Struct1{
    f: i32
}
struct Struct2<'a>{
    f: &'a mut Struct1                           // 可变的引用字段
}
struct Struct3<'a>{
    f: &'a Struct1                               // 不可变的引用字段
}
fn main() {
    let mut s1 =Struct1{ f:56};
    let s2 =Struct2 { f: &mut s1};
    s2.f.f =100;                                 // 合法,尽管 s2 本身是不可变的
    // s2.f =&mut s1;                            // 不合法,s2 本身是不可变的

    let s1 =Struct1{ f:200};
    let mut s3 =Struct3{ f: &s1};                // s3 本身是可变的
    s3.f =&s1;                                   // 合法,s3 本身是可变的
    // s3.f.f =100;                              // 不合法,s3.f 是不可变的
}
```

程序清单 4.22 结构的字段的引用可变性的例子

2. 结构中字段部分可变性

可变性是绑定的一个属性，而不是结构体自身的。有时，当一个对象是逻辑上不可变的，但是其中部分内容需要可变，如在开发缓冲区管理模块时，指向缓冲区的头指针一般来说是始终不变的，但是其所指向的缓存内容则需要能够被修改。在 Rust 中，如果确实需要字段可变性，就需要使用 Cell<T>和 RefCell<T>：

```
use std::cell::Cell;
struct Point{
    x: i32,
    y: Cell<i32>,
}
```

4.6.6 其他

1. 结构类型中可以使用其他不同的结构类型

```
// 带有两个字段的结构体
struct Point{
    x: f32,
    y: f32,
}
// 结构体可以作为另一个结构体的字段
#[allow(dead_code)]
struct Rectangle{
    p1: Point,     // Rectangle 结构中使用其他结构类型作为字段
    p2: Point,
}
```

2. 结构类型不能递归使用

这意味着在结构中不能循环使用同样的结构名来定义字段类型。例如:

```
struct R{ r: R}                              //结构R不能包含自身R
struct R{ r: Option<R>}                      //结构R不能包含自身R
```

上面的结构定义是非法的,会触发一个编译错误。原因在于:Rust 是一个静态编译器,它需要在编译时知道所有变量的大小。如果在结构中使用自身作为字段,那么整个结构就变为了循环递归。造成的结果就是无法在编译时确定该结构的大小。

如果想使用类似于 C/C++语言链表定义中的指向相同类型对象的向前或者向后的指针,必须使用一个封装后(Wrapper)的结构指针(指针是固定大小的)。示例如下:

```
struct R{
        r: Option<Box<R>>            //用Box封装一下。Box类型是编译时类型大小可知的
}
```

3. 结构的内存布局

与 C/C++语言不一样,**Rust 语言使用#[repr(rust)]作为默认的内存数据方式。但是#[repr(rust)]并不保证结构体的字段在内存中的排序方式:**

```
struct A{
   a: i32,
   b: u64,
}
struct B{
   a: i32,
   b: u64,
}
```

Rust 保证 A 类型的两个实例具有同样的内存布局,但是 Rust 不保证 A 的实例和 B 的实例有同样的字段顺序和同样的对齐方式。这一点在 Rust 和其他编程语言模块交互时特别重要。

如果想要和 C/C++语言一样的布局,可以使用#[repr(C)]属性[①]。

4. 命名方式约定

- 常量使用大写字符,词和词之间用下画线连接。
- 类型名和 enum 的分支名采用首字母大写的驼峰规则。
- 其他名字使用小写字母,词和词之间用下画线连接。

5. 给结构定义方法

Rust 中使用 impl...for 代码块给结构定义方法,具体请参考 4.15 节。

4.7 枚举

枚举(Enum)是一个代表多个可能变量的数据的类型。枚举中的每个分支变量都可以选择是否关联数据。这么做的代价是:必须安全地通过模式匹配的方法访问该类型的值。定义

① https://doc.rust-lang.org/nomicon/other-reprs.html

枚举变量的语法与定义结构体的语法类似：**可以有不带数据的变量，带有命名数据的变量，带有未命名数据的变量**。一个枚举是一个单独的类型；一个枚举的分支变量可以匹配任何一个变量。所以，枚举有时称为"集合类型"，即枚举可能值的集合是每一个变量可能值的集合的总和。

可以通过"::"语法来使用枚举类型中分支变量的名字，它们包含在enum名字自身中。枚举默认也是私有的。如果使用pub使其变为公有的，则它的所有分支也都是默认公有的。

4.7.1 C风格的枚举类型

很多编程语言都有枚举类型。下面是一个C风格的Rust的枚举类型(不带参数数据)的定义：

```
enum Continent {           // 枚举类型名 Continent, 其下列的分支变量都是不带数据的
    Europe,                // 分支变量 1 - 整数值为 0u8
    Asia,                  // 分支变量 2 - 整数值为 1u8
    Africa,                // 分支变量 3 - 整数值为 2u8
    America,               // 分支变量 4 - 整数值为 3u8
    Oceania,               // 分支变量 5 - 整数值为 4u8
}
let contin = Continent::Asia;
match contin {             // 使用 match 语句匹配模式来使用枚举变量的值
    Continent::Europe => print!("Eu"),
    Continent::Asia => print!("As"),
    Continent::Africa => print!("Af"),
    Continent::America => print!("Am"),
    Continent::Oceania => print!("O"),
}
```

在内存中，C风格的枚举值以整数形式存储，也可以在定义枚举类型时指定整数值：

```
enum HttpStatus {
    Ok = 200,              // 指定 OK 的整数值为 200
    NotModified = 304,     // 指定 NotModified 的整数值为 304
    NotFound = 404,        // 指定 NotFound 的整数值为 404
    ...
}
```

如果没有指定，Rust会从0开始设定枚举的数值；也可以使用#[repr]来重新定义内存中枚举类型值的表现形式。

将C风格的枚举类型转换成整数类型是可以的，但是反之不行：

```
assert_eq!(HttpStatus::Ok as i32, 200);        // OK
```

4.7.2 带数据的枚举类型

现在设想一个中国象棋的游戏：象/相可以左右上下地飞，步进距离(Step)是2；士/仕可以左右上下地斜飞，步进距离(Step)是1；马可以左右上下地斜飞，但是需要定义x和y方向的步进距离(Step)；卒/兵可以左右上下地直线移动，但是需要移动的方向：

```
enum ChessGameOp {
    Leftfly { Step: i32 },      // 左上或者左下地斜飞,Step=1 士/仕; Step =2 象/相
    Rightfly { Step: i32 },     // 右上或者右下地斜飞,Step=1 士/仕; Step =2 象/相
```

```
    Move{ x:i32, y:i32},          // 卒/兵
    Jump{ x:i32, y:i32},          // 马
    Checkmate,                    // 将
}
let y: ChessGameOp =ChessGameOp::Jump{ x: 1, y=2};
```

上面的程序定义了一个枚举类型 ChessGameTurn，它包含 Leftfly、Rightfly、Move、Jump、Checkmate 总共 5 个分支变量。其中，除了 Checkmate 不带数据，其他 4 个分支变量都是命名且带有数据的。像 Leftfly 这个分支类型可以匹配的值是从负整数到正整数的集合。如果觉得 i32 类型太宽泛，可以用 type 定义定制化范围类型，如只允许 Leftfly 的 Step 在＋1/－1(士的步数为 1)和＋2/－2(象/相的步数为 2，＋表示往左上飞象/相，而－表示往左下飞象/相)之间取值。

一个枚举的构造器总是可以像函数一样使用。枚举内部的分支类型只是一个名字而已，我们还可以将这个名字作为类型构造器使用。示例如下：

```
let m =ChessGameOp::Leftfly(2);
```

又或者(等价于上面的程序)：

```
fn Play(step: i32) ->ChessGameOp{
    ChessGameOp::Leftfly(step)
}
```

4.7.3 混合类型的枚举类型

Rust 中的枚举类型不仅可以带数据，而且其成员数据类型也并不要求是一致的。枚举变量也可以包含结构分支。对应于 3 种类型的结构类型，枚举类型也可以使用这 3 种结构类型。下面是一个例子：

```
enum RelationshipStatus{
    Single,                                   // 可以看成类空结构体
    InARelationship,
    ItsComplicated(Option<String>),           // 元组结构体
    ItsExtremelyComplicated{                  // 具名结构体
        car: DifferentialEquation,
        cdr: EarlyModernistPoem
    }
}
```

一个 public 的枚举里的所有构造函数和域自动都是 public 的。

一个更复杂的例子如下：

```
use std::collections::HashMap;
enum Json{                                  // 枚举类型为 Json
    Null,                                   // 不带数据的分支
    Boolean(bool),                          // 类似元组结构体的带布尔数据的向量分支
    Number(f64),                            // 类似元组结构体的带浮点数的数据的分支
    String(String),                         // 类似元组结构体的带字符串的数据的分支
    Array(Vec<Json>),                       // 类似元组结构体的带 Json 类型的数据的分支
    Object(Box<HashMap<String, Json>>),     // 类似元组结构体的带字符串到 Json 映射指针数据的分支
}
```

4.7.4　枚举的内存布局

在内存中，带数据的枚举被存储为一个小的、整数类型的、对用户不可见的标识（Tag）＋足够的内存。“足够”的意思是可以存储**最长的枚举分支**的内存大小。Tag 域是 Rust 内部使用的，它告诉 Rust 使用哪个构造器来创建值，以及枚举有哪些域。

图 4.2 是枚举变量的示意图。在实际使用中，enum 的内存布局不一定是图 4.2 的样子：编译器有许多优化，在保证语义正确的同时可以减少内存的使用，并加快执行速度。如果是在 FFI 场景下，要想保证 Rust 里的 enum 的内存布局和 C 语言兼容，可以给这个 enum 添加一个 #[repr(C,Int)]属性标签。

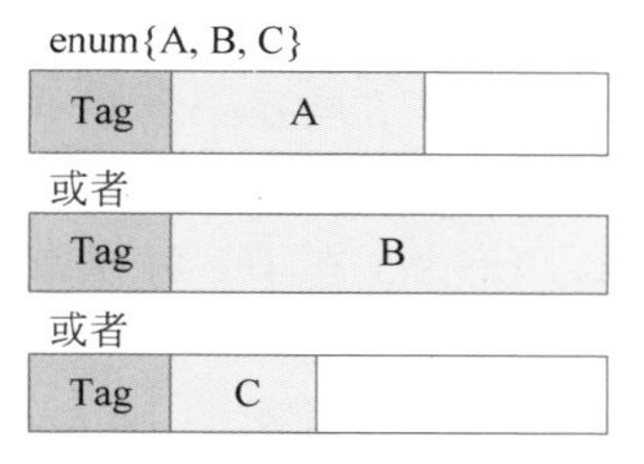

图 4.2　枚举变量的示意图

枚举类型的变量的存储＝**Tag＋对齐＋最长的枚举分支**。可以使用 std::mem::align_of::<T>宏来计算“Tag＋对齐”的大小。可以试着把前面定义的 Json 类型占用的内存空间大小打印出来：

```
// sourcecode\chapter4>.\enum.rs
fn main() {
  println!("Size of Json:{}", std::mem::size_of::<Json>());        // 枚举类型的大小
  println!("Size of bool:{}", std::mem::size_of::<bool>());
  println!("Size of f64:{}", std::mem::size_of::<f64>());
  println!("Size of String:{}", std::mem::size_of::<String>());
  println!("Size of Vector:{}", std::mem::size_of::<Vec<Json>>());
  println!("Size of Box:{}", std::mem::size_of::<Box<HashMap<String, Json>>>());
  println!("Size of Json Tag +alignment:{}", std::mem::align_of::<Json>());
                                                                    // Tag +对齐
}
```

程序清单 4.23　每个枚举分支类型大小的例子

上面的例子程序编译后的输出如下：

```
Rust Programming\sourcecode\chapter4>.\enum.exe
Size of Json: 32
Size of bool: 1
Size of f64: 8
Size of String: 24
Size of Vector: 24
Size of Box: 8
Size of Json Tag +alignment: 8
```

从上面的输出可以看到，Json 枚举类型里存储的最长分支是 String 和 Vector，长度是 24 字节。枚举也称为标记联合（Tagged Union），它存储数据所需要的空间是 24 字节，而它总共占用的内存是 32 字节。多出来的 8 字节就是用于保存类型标记和对齐的。

4.7.5　代数数据类型

从函数式编程的角度看来，结构（struct）和枚举（enum）归类于代数数据类型，这主要是因为这些类型的可能取值范围可以通过代数规则来表示。例如：因为枚举类型的变量的取值是枚举类型所有分支的值的总和，所以**枚举被认为是求和类型**；而结构类型的变量的取值是结构中每个字段可能取值的笛卡儿积，所以**结构被认为是求积类型**。

在 Rust 源代码和最后的可执行代码之间,引入了一个新的概念——代数数据类型(Algebraic Data Types,ADT)。ADT 是 Rust 原语的扩展,它使用了很多额外的类型信息,甚至在最后的可执行代码里都保有额外的类型信息。这样做会在使用动态类型时带来额外的运行时消耗,并有需要静态优化的可能。带来的结果是执行时可能没有效率,但是好处是能够描述更复杂的概念,如延迟计算的场合。当描述不同的值和表达式之间的关系时,一般会将它们固定为程序。但是如果希望把代码和代码执行隔离,可以构建领域专用语言(Domain-Specific Language,DSL)。

假设正在构建一个 JavaScript 的即时解释器(Just-In-Time,JIT),Mozilla 已经有几个 Rust 项目用来改进 JavaScript 引擎(https://blog.mozilla.org/javascript/2017/10/20/holyjit-a-new-hope/)。为了在 JIT 解释器里使用 ADT 类型,需要在解释器里直接对 ADT 表达式求值或者编译它。

假设一个简单的 JavaScript 的表达式求值场景。为了对表达式求值,需要给类型添加更多的信息,这是 ADT 的精华。请看下面的代码:

```
struct JSJIT(u64);
enum JSJITorExpr{
    Jit{ label: Box<JSJIT>},
    Expr{ expr: Box<JSExpr>}
}
enum JSExpr{
    Integer{ value: u64},
    String{ value: String},
    OperatorAdd{ lexpr: Box<JSJITorExpr>, rexpr: Box<JSJITorExpr>},
    OperatorMul{ lexpr: Box<JSJITorExpr>, rexpr: Box<JSJITorExpr>}
}
```

可以看到,所有表达式的中间表达形式都已经附加了足够的信息,可以把 Add 或者 Mul 操作符包装成闭包。

ADT 概念的另一个例子是异质的列表:

```
pub struct HNil;
impl HList for HNil{}
pub struct HCons<H, T>{
    pub head: H,
    pub tail: T,
}
impl<H, T: HList>HList for HCons<H, T>{}
impl<H, T>HCons<H, T>{
    pub fn pop(self) ->(H, T) {
        (self.head, self.tail)
    }
}
```

下面的程序演示了如何使用 trait 模糊类型信息构建异质列表:

```
fn main()
{
   let hl =HCons{
      head: 2,                              //整型
      tail: HCons{
         head:"abcd".to_string(),           //字符串类型
         tail: HNil
      }
```

```
    };
    let(h1,t1) =h1.pop();
    let(h2,t2) =t1.pop();

    //下面的语句会触发错误：HNil没有.pop方法
    //t2.pop();
}
```

可以看到，HCons里包含整型数据和字符串类型。

4.8 数组、切片和向量

Rust中有3种类型可以用来表示内存中的数据序列(Data Sequence)。

(1) [T; N]类型代表长度为N的数组，数组元素类型为T。数组的大小在编译时就被确定，不能调整数组的大小。

(2) Vec<T>类型是T类型值的向量，它是动态分配的，大小可变。向量类型的元素被分配在堆上，所以可以动态调整向量的大小。

(3) &[T]和&mut [T]是T类型的共享切片和可变切片，它指向一个数据元素序列(这个序列可能是其他序列的一部分)。切片的底层实现是一个指向起始元素的指针+切片的元素数目。

对于上面3种类型，假设变量名为data：

- 可以使用data.len()返回data中的元素数目；
- data[i]返回data中的第i个元素，第一个元素是data[0]，最后一个元素是data[data.len()−1]；
- 任何超出data长度范围的元素访问都会引发panic；
- **索引必须是usize类型**，不能使用其他整数类型；
- 可以通过iter()或者into_iter()生成迭代器来迭代访问数据序列。

4.8.1 数组

Rust数组[T; N]中的每个元素的类型必须相同，并存储在连续的内存区域中。与一些其他语言中的数组不同，Rust中的数组是固定长度的，一旦声明，它们的长度就不能增长或缩小。Rust数组索引从0开始。与C/C++不同的是，Rust会检查数组索引是否越界，这也是Rust成为一种安全的编程语言的原因。数组的类型是[T; N]。其中，N是一个编译时常量，代表数组的长度，T表示泛型类型，即任意类型。

1. Rust数组声明

Rust数组声明有以下两种形式。

(1) 方括号中用逗号分隔值序列：

```
let array1 =[10, 20, 30];                       //声明并赋初始值
let array2: [u32; 6] =[1, 2, 4, 7, 11, 16];    //显式声明T和N
```

(2) 重复表达式(Repeated Expression)——[V; N](V为初始值，N为数组长度)：

```
let array3 =[0; 20];          //array3: [i32; 20] 数组是20个元素，初始化值均为0
let mut sieve =[false; 100];  //100个布尔元素，初始值都是false
let bufferblock =[0u8;1024];  //1KB的缓冲块，初始值为0
```

可以用 array4. len()来获取数组 array4 的元素数量：

```
let array4 =[10, 20, 30];
println!(" array4 has{} elements", array4.len() );
```

2. 通过索引访问数组元素

可以用下标(Subscript Notation)来访问特定的元素：

```
let taxonomy =[" Animalia"," Arthropoda"," Insecta"]; // taxonomy : [&str; 3]
println! (" The second taxonomy is: {} ", taxonomy[1]);
```

如果通过 array4[4]来访问上面的 array4 数组元素,会产生一个运行时异常(panic)。Rust 编译器无法在编译时判断出这样的错误。如果足够自信,仍然可以通过 get_unchecked 方法绕过检查直接访问数组元素。绕过检查的数组访问必须是在一个 unsafe 的块中。

3. 数组的可变性

Rust 中不能使用未初始化的数组。在编译时,Rust 必须知道数组的类型和大小。所以对于[T; N],N 不能是变量。不能对数组动态增加/删除元素,因为数组的长度在编译时必须已知。如果想使用一个在运行时长度会变化的数组,可以使用向量(Vector)。

数组的长度不能变化,但是数组的值可以是可变的,仍然可以对其使用赋值语句。示例如下：

```
let mut x =["a","b","c"];                    // 数组 x 是可变变量
print! ("{}{}{} .", x[0], x[1], x[2]);
x =["X","Y","Z"];                            // 通过赋值,赋予新的值
print! ("{}{}{} .", x[0], x[1], x[2]);
let y =["1","2","3"];
x =y;                                        // 通过把 y 赋值给 x
print! ("{}{}{} .", x[0], x[1], x[2]);
```

4. 数组类型的等同

在 Rust 中,对于两个数组类型,**只有元素类型和元素个数都完全相同,这两个数组才是同类型的**。Rust 数组中的 N(大小)也是类型的一部分,即[u8; 3] != [u8; 4]。请看下面的程序：

```
// chapter4\arraytype.rs
fn show(arr: [u8;3]) {
    for i in &arr{
            print! ("{} ", i);
    }
}
fn main () {
    let a: [u8; 3] =[1, 2, 3];
    show(a);
    let b: [u8; 4] =[1, 2, 3, 4];
    show(b);
}
```

程序清单 4.24　数组的大小也是类型的一部分的例子

上面的程序在运行时会触发一个编译错误：

```
\Rust Programming\sourcecode\chapter4>rustc .\arraytype.rs
error[E0308]: mismatched types    // 类型不匹配
```

```
  -->.\arraytype.rs:10:8
   |
10 |   show(b);
   |   ----^ expected an array with a fixed size of 3 elements, found one with 4 elements
   |   |
   |   arguments to this function are incorrect
   |
note: function defined here
  -->.\arraytype.rs:1:4
   |
1  | fn show(arr: [u8;3]) {
   |    ^^^^-----------

error: aborting due to previous error

For more information about this error, try `rustc --explain E0308`
```

5. 其他

Rust 数组和 C++的数组的一个重要区别是 Rust 数组可以实现 trait,因此数组可以有自己的方法。如为了得到数组的长度,我们可以实现 array. len()这个方法。

很多基于数组的方法,如元素遍历、搜索、排序、过滤等都是基于切片的。在目前的标准库中,数组本身没有实现 IntoIterator trait,但是数组切片是已经实现了的。Rust 会隐式地将数组引用变换成切片,所以可以对数组直接使用切片的相关方法。

把数组作为参数传给一个函数就是传值,也就是这个数组并不会退化成一个指针,而是会将这个数组完整地复制进这个函数。函数体内对数组的改动不会影响外面的数组。

6. 多维数组

也可以定义多维数组[[T; M]; N]类型。示例如下:

```
// chapter4\arraymultidim.rs
fn main() {
    let v : [[i32; 2]; 3] =[[10, 20], [100, 200], [1000, 2000]];
     for i in &v{
        println!("{:?} ", i);
    }
}
```

程序清单 4.25 多维数组例子

程序的输出如下:

```
Rust Programming\sourcecode\chapter4>.\arraymultidim.exe
[10, 20]
[100, 200]
[1000, 2000]
```

4.8.2 向量

向量类似数组,不同之处在于编译时不需要知道向量的内容和长度,而且其内容和长度是可以动态变化的。向量是在堆上分配的。可以用下面的方法创建向量变量:

1. 使用 vec! 宏

```
let mut v =vec![];
v.push(2);                    // 类型推定 v 为 Vec<i32>
```

2. 调用 vec::new 生成向量

```
fn main() {
    let v1: Vec<u8>=Vec::new();          // 指定类型
    let mut v2 =Vec::new();              // 或者调用 new() 方法
    v2.push(2);                          // v2 被类型推定为 Vec<i32>
    let v3 =Vec::<u8>::new();            // 又或者使用 turbofish
}
```

3. 从其他类型生成向量

```
// 因为 Vec 实现了 FromIterator 这个 trait,因此,借助 collect,我们能将任意一个迭代器转换为 Vec
let v: Vec<i32>=(0..5).collect();     // 从范围生成 Vector
```

访问向量(所有切片类型的方法都可用于数组和向量)的方法如表 4.10 所示。

表 4.10 Vector 切片方法列表

序号	方法	示例	描述
1	[index]	let first_line = &lines[0]	通过索引直接访问
2	slice.first()	let Some(item) = v.first()	返回向量的第一个元素
3	slice.last()		返回向量的最后一个元素
4	slice.get(index)	slice.get(2)	返回向量指定索引位置上的元素
5	slice.first_mut(), slice.last_mut(), slice.get_mut(index)	let last = slice.last_mut().unwrap();	上面 2、3、4 的可变版本
6	slice.to_vec()	v.to_vec()	复制整个向量
7	Iterator		可以通过迭代器来访问向量

其他常用的向量方法如表 4.11 所示。

表 4.11 Vector 常用方法

序号	方法	方法签名	描述
1	new()	pub fn new() ->Vec	创建一个空的向量。该向量等到元素被推入时才会真正地分配内存
2	push()	pub fn push(&mut self,value: T)	在数据序列的尾部追加元素
3	remove()	pub fn remove (&mut self, index: usize)->T	删除指定索引位置上的元素,并将之返回。向量会把该位置后边的元素都向左移
4	contains()	pub fn contains(&self,x: &T)	如果向量包含指定值的元素,则返回 true
5	len()	pub fn len(&self)->usize	返回向量中的元素个数

Vector 类型的变量由指针、容量和长度组成,其内存结构如图 4.3 所示。

4.8.3 切片

Rust 中切片是动态大小[①](Dynamically Sized Type,DST)的类型,这意味着切片的大小在编译时未知。所以,Rust 中的切片([T]和 &[T])是在编译时长度未知的一个数组视图。切片就是一个没有长度的固定长度的数组。例如[i32]就是一个 32 位整数的切片(其长度未知)。

① https://doc.rust-lang.org/book/ch19-04-advanced-types.html#dynamically-sized-types-and-the-sized-trait

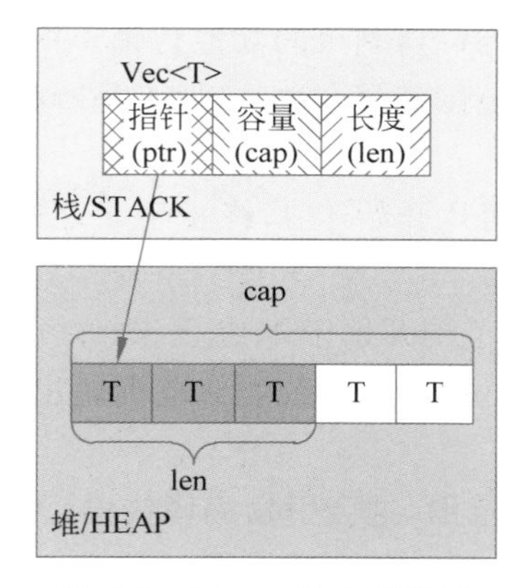

图 4.3　Vector 的内存布局

1. 通过引用来使用切片类型

因为 Rust 编译器必须知道所有对象的大小，而 Rust 编译器在编译时是不知道切片大小的，所以**不能直接使用切片类型的值**，而必须通过引用来使用切片类型：

```
fn foo(x: [i32])            // 不能直接使用切片类型,因为编译时长度未知
```

上面的代码会给出一个编译错误，因为编译器不知道 x 参数的大小，所以在这种情况下必须使用引用，示例如下：

```
fn foo(x: &[i32])            // 切片的借用
```

或者

```
fn foo(x: *mut [i32])       // 指向切片的一个可变的原始指针
```

2. 从数组生成切片

基于切片很容易实现各种 trait 和常用的方法（如查找、排序等），而从数组生成切片也很容易。切片可以被视为一个数据序列的视图，从而可以迅速、只读性地访问数据：

```
// chapter4\arrayslice.rs
let a =[10, 20, 30, 40,50,60];             // 数组类型
let complete =&a[..];                      // 包含数组 a 的所有元素的切片
```

下面是一些演示如何从数组生成切片的示例：

```
// chapter4\arrayslice.rs
// 包含数组 a 索引位置 1~4(不包含 4)的元素的切片,a[1],a[2],a[3],不包含 a[4], var1 内容为[20,30,40]
let var1 =&a[1..4];
let var2 =&a[0..=2];  // 包含 a 数组的头 3 个元素 a[0],a[1],a[2],var2 内容为[10,20,30]
let var3 =&a[2..];    // 包含第 2 个元素 a[2]之后(包含 2)所有的元素,var3 内容为[30,40,50,60]
```

3. 超出范围的切片

```
1.  let arr =[55, 22, 33, 44, 66];                  // 数组类型
2.  let _r1 =4..4; let _a1 =&arr[_r1];               // OK
3.  let _r2 =4..3; //let _a2 =&arr[_r2];             // 编译 OK,运行时引发 panic
4.  let _r3 =-3i32..2; //let _a3 =&arr[_r3];         // 错误:索引是 usize 类型,不能是负数
5.  let _r4 =3..8; //let _a4 =&arr[_r4];             // 错误:8 已经超出了 arr 的大小
```

上面的程序中,第一行是一个数组,剩余的其他行都声明了一个范围类型,并使用它来生成第一行数组元素切片。所有的范围都是合法的,但不是所有的切片操作都是合法的,所以有些语句被注释掉了:

- 第 2 行是合法的,生成的切片开始于 4,终止于 4 之前,所以生成的是空切片,这是允许的。
- 第 3 行使用了一个反向的范围开始于 4,终止于 3 之前,这个在编译时是允许的。但是运行时会引发 panic。给出的错误大致类似范围超出数组访问的错误,即切片索引开始于 4,终止于 3。
- 第 4 行使用了 i32 类型的范围,这会引发编译错误,因为切片操作需要 usize 类型作为序列索引。
- 第 5 行的范围超出了数据序列的大小,8 已经超出了 arr 的大小(arr 的长度为 5),会引发 panic。

上述规则同样适用于 vector 切片和切片的切片。

4. 可变的切片

切片是另一个数据序列的视图,所以改变了切片内容就会改变其所参照的数据序列。

```
1.  // chapter4\slicemut.rs
2.  fn main() {
3.      let mut arr = [11, 22, 33, 44];        // 切片参照的数据序列必须也是可变的
4.      {
5.          let sl_ref = &mut arr[1..3];   // sl_ref 变量本身是不可变的。切片本身是可变的
6.          print!("{:?}", sl_ref);
7.          sl_ref[1] = 0;                 // 修改切片元素
8.          print!(" {:?} ", sl_ref);
9.      }
10.     print!(" {:?} ", arr);
11. }
```

程序清单 4.26　修改切片参照的数据序列例子

程序的输出如下:

```
\Rust Programming\sourcecode\chapter4>.\slicemut.exe
[22, 33] [22, 0] [11, 22, 0, 44]
```

sl_ref 变量是对可变切片的不可变引用。因此,sl_ref 引用本身不能被改变。但是切片是可以被改变的。所以第 7 行语句将切片的第 2 个元素(也就是参照数据序列 arr 的第 3 个元素)改成了 0。**如果想要获得一个可变的切片引用,其参照的数据序列本身必须是可变的**。这就是为什么第 3 行的 arr 必须有 mut 修饰。这里需要注意的是,**如果 mut 修饰的是变量名,那么它代表这个变量可以被重新绑定;如果 mut 修饰的是"借用指针 &",那么它代表被指向的对象可以被修改**。

5. 切片的方法

切片提供了两个 const fn 方法——len 和 is_empty,分别用来得到切片的长度和判断切片是否为空。

6. &[T]的内存结构

切片的引用是一个胖指针(2 个字):第一个字是一个指向数据的指针,第二个字是切片

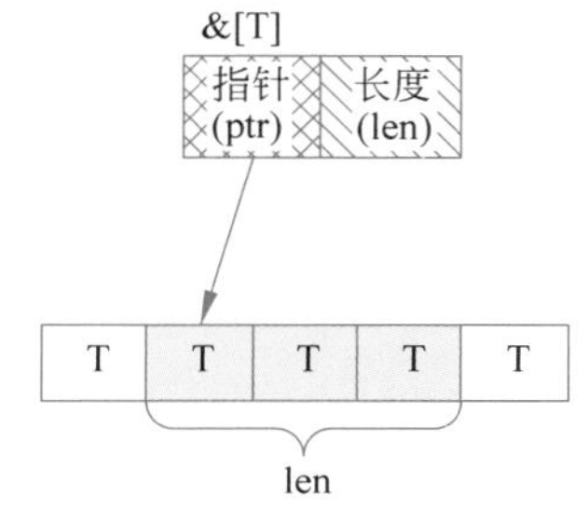

图 4.4　&[T]类型的内存结构

的长度。slice 的类型标记为[T]和 &[T](后者称为对切片的引用,由于切片的使用一般都通过引用,所以也称为切片类型)。&[T]类型的内存结构如图 4.4 所示。

Rust 中局部变量和函数参数的类型不能是 DST 类型,因为局部变量和函数参数必须在编译阶段就知道它的大小;枚举类型中不能包含 DST 类型;**struct 中只有最后一个元素可以是 DST,** 其他地方不行。如果结构包含有 DST 类型,那么这个结构体也就成了 DST 类型。示例如下:

```
struct DSTStruct{
    tag: u8,
    data: [u8],         // 结构的最后一个字段可以是 DST 类型,DSTStruct 也变成 DST 类型
}
```

胖指针的设计避免了因数组类型作为参数传递时自动退化为裸指针类型而丢失了长度信息的问题,保证了类型安全;数组切片不只提供了"数组到指针"的安全转换,配合范围(Range)功能,它还能提供数组的局部切片功能。

4.9　字符串

相对于 C 语言里的字符串类型 char *,Rust 里的字符串类型有 **&str、String、&[u8]、&[u8; N]、Vec<u8>、&u8、OsString、OsStr、CStr、CString、Path、PathBuf、&'static str** 等。

Rust 主要有三种类型的字符串:**字符串切片(str)、String 和字节字符串(Byte String)**,它们在运行时会被验证为合法的 Unicode 字符串。内部则编码为 UTF-8。另外,字符串并不以 null 结尾(不像 C/C++)且可以包含 null 字节。之所以设计字符串切片(str)和 String 这两种类型的字符串,主要是由于 Rust 的设计哲学——零运行成本。在程序里传入字符串切片几乎是没有成本的:字符串切片几乎没有内存分配成本,也没有内存复制成本。但是实际上,程序员需要更加注意它的用法。

在给函数传递字符串参数时,通常使用 &str 类型。当从函数返回字符串时,通常使用 String 类型。原始的字节字符串是 8 位的无符号整数(u8)的数组或者向量。String 是在堆上分配且可以动态地增长。这种特性在提供灵活性的同时也增加了成本。

4.9.1　字符串切片

str 其实是[u8]类型的切片形式 &[u8]。str 类型是定长的,而且其内容是不可变的。str 的典型用法是 &str,通常可用于下面 3 个场合:

- 指向一个静态分配的字符串 (&'static str);
- 作为函数的参数;
- 作为其他数据结构中字符串的一个视图(view)。

字符串切片的内存布局如图 4.5 所示。

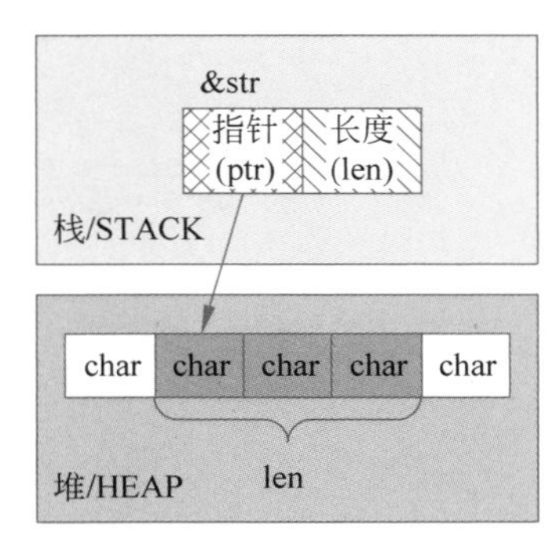

图 4.5　字符串切片的内存布局

下面的程序中有两个静态分配的类型变量:一个是全局的,另一个是在函数中声明的。

```
// chapter4\stringslice.rs
const CONSTANT_STRING: &'static str ="This is a constant string";
fn main() {
    let another_string ="This string is local to the main function";
    println!("Constant string says:{}", CONSTANT_STRING);
    println!("Another string says:{}", another_string);
}
```

程序清单 4.27　切片类型声明例子

程序的输出如下：

```
Rust Programming\sourcecode\chapter4>.\stringslice.exe
Constant string says: This is a constant string
Another string says: This string is local to the main function
```

Rust 有本地类型推定：可以在函数体内省略类型声明，而交由 Rust 编译器推定。在 &'static str 中：

(1) & 表示是一个引用；

(2) 'static 表示引用的生命周期是 static(意味着它将在整个程序的生命周期里存活)；static 表明这个变量位于进程的 data 段,因此可以存活于程序的整个生命周期；

(3) str 表示是一个字符串切片。

请看下面有关 str 的错误用法：

```
let mut s ="hello";
s[0] ='c';          // 错误,`str`类型不能用整型索引
s.push('\n');       // 错误,类型`&str`没有 push 方法
```

4.9.2　字符串

String 类型的底层是 Vec<u8>,并附上仅适用于 String 的额外方法,它是拥有所有权的类型(Owned Type),也就是说,一个变量如果保有一个 String 类型的值,那么这个变量就是值的所有者。和字符串切片不同,String 是分配在堆上的 UTF-8 文本的可变的缓冲区。程序员可以在运行时创建 String,而且 String 变量里保存了其数据值。唯一的缺点是,String 类型不是零成本的,它是分配在堆上的,而且随着其数据的增长,可能要在堆上重新分配。

1. &str 转换为 String

String 通常通过一个字符串切片调用 to_string 或者 to_owned()方法转换而来：

```
// chapter4\strings.rs
fn main() {
    let a: String ="Hello".to_string();                      // to_string 方法
    let b =String::from("Hello");                            // From Trait
    let c ="Milly".to_owned();                               // to_owned 方法
    let d =c.clone();                                        // clone
    let e =format!("{}°{:02}'{:02}"N", 24, 5, 23);           // format!宏生成 String
    let bits =vec!["veni","vidi","vici"];
    assert_eq!(bits.concat(),"venividivici");                // concat 函数：字符串连接
    assert_eq!(bits.join(","),"veni, vidi, vici");           // join 函数：字符串与字符连接

    println!("{} {} {} {} {}", a,b,c,d,e);
}
```

程序清单 4.28　&str 转换为 String 的方法例子

程序的输出如下：

```
Rust Programming\sourcecode\chapter4>.\strings.exe
Hello Hello Milly Milly 24°05′23″N
```

表 4.12 总结了 String 类型的常用方法。

表 4.12　String 类型的常用方法

方　　法	说　　明
String::new()	分配一个空的 String 类型
String::from(s: &str)	分配一个新的 String，并赋初值（传入字符串切片）
String::with_capacity(capacity: usize)	以指定的大小分配一个空的 String 类型
String::from_utf8(vec: Vec<u8>)	通过字节字符串生成一个新的 String 类型。参数必须是合法的 UTF-8 编码，否则会失败。返回 Result 类型
len()	返回 String 类型的长度。是 Unicode 字符计数，而不是字节计数
push(ch: char) push_str(string: &str)	给字符串增加一个字符 给字符串增加一个字符串切片

可以在 https://doc.rust-lang.org/std/string/struct.String.html 找到 String 的方法的完整清单。

2. String 转换为 &str

String 也可以通过一个 & 强制转换为 &str：

```
fn takes_slice(slice: &str) {
    println!("Got:{}", slice);
}
fn main() {
    let s ="Hello".to_string();      // 转换为 String 类型
    takes_slice(&s);                 // 通过 &，自动转换为 &str
}
```

程序清单 4.29　String 转换为 &str 的例子

这种强制转换发生在接收 &str 的 trait 而不是 &str 本身作为参数的函数上。例如，TcpStream::connect 有一个 ToSocketAddrs 类型的参数，&str 可以不用转换，不过 String 必须使用 &* 显式转换。

```
use std::net::TcpStream;

pub fn connect<A: ToSocketAddrs>(addr: A) -> Result<TcpStream>
pub trait ToSocketAddrs{
    type Iter: Iterator<Item = SocketAddr>;

    // Required method
    fn to_socket_addrs(&self) -> Result<Self::Iter>;
}
```

ToSocketAddrs 的官方文档显示它是一个可以被转换或者解析为一个或者多个 SocketAddr 值的 trait，它被用来构建网络对象时的通用地址解析。默认情况下，Rust 为下列类型实现了 ToSocketAddrs trait：

- SocketAddr:to_socket_addrs 是一个标准单元函数；

- SocketAddrV4，SocketAddrV6，(IpAddr，u16)，(Ipv4Addr，u16)，(Ipv6Addr，u16)：to_socket_addrs 构建一个了 SocketAddr 对象；
- (&str，u16)：&str 要么是 IpAddr 地址的字符串表现形式(是 FromStr trait 期望的格式)，要么是一个宿主名，u16 是端口号；
- &str：要么是 SocketAddr 地址的字符串表现形式(是 FromStr trait 期望的格式)，要么是类似< host_name >:< port >对的字符串，其中< port >是一个 u16 值。

connect 函数的参数是 ToSocketAddrs 类型，而由上述第 4 个条目可知，Rust 为 &str 实现了 ToSocketAddrs trait，所以 connect 函数可以接收类似< host_name >:< port >对的字符串。示例如下：

```
TcpStream::connect("192.168.0.1:6000");                 // 参数是 &str 类型
let addr_string = "192.168.0.1:6000".to_string();   // String 类型
TcpStream::connect(&* addr_string);                   // 将 `addr_string` 转换成 &str
```

&String 会自动被强制转换为 &str，这是因为 String 类型实现了 Deref trait，把 &String 类型强制转换为 &str。

把 String 转换为 &str 的代价很小，不过从 &str 转换为 String 涉及分配内存。除非必要，没有理由这样做！ 如果要转换 str 变量成为 String 类型，就需要显式声明一个新的创建自字符串切片(str)的 String 变量。下面是一个示例：

```
let string: String =string_slice.into();
```

3. 字符偏移和字节偏移

可以使用切片语法来获取一个字符串的切片：

```
let dog ="taoism";
let taois=&dog[0..5]; // 因为 Dog 的值都是 ASCII 码( UTF-8 编码是单字节) ,所以 dog[0..5]是合法的 UTF-8 字符串
```

注意**这里是字节偏移，而不是字符偏移**，所以如下代码在运行时会失败：

```
let dog ="大智若愚";
let hachi =&dog[0..2];     // dog[0..2]不是合法的 UTF-8 字符串
```

注意：**String 或者 &str 的 len()方法返回字符串的字节长度，而不是字符长度。**

```
assert_eq!("瑾瑜".len(), 6);                       // OK: 断言判断字符串的字节长度为 6
assert_eq!("怀瑾握瑜".chars().count(), 4);   // OK:   断言判断字符长度为 4
```

4. 索引访问

Rust 的字符串实际上是不支持通过索引下标访问的，但是可以通过将其转变成数组的方式访问。字符串中每个 UTF-8 编码的字符可以是多字节，所以必须遍历字符串来找到字符串的第 N 个字符。这个操作的代价相当高。更进一步讲，Unicode 实际上并没有定义什么“字符”，可以把字符串看作一个串独立的字节或者代码点(code points)：

```
// chapter4\stringoffset.rs
fn main(){
  let taoism="大智若愚";
  for b in taoism.as_bytes() {         // 字节数组,按字节的偏移
    print!("{},", b);
```

```
    }
    println!("");
    for c in taoism.chars() {                    // 按字符的偏移
        print!("{},", c);
    }
    println!("");
}
```

程序清单 4.30　String 中字节偏移和字符偏移的例子

上面的程序会打印出：

```
Rust Programming\sourcecode\chapter4>.\stringoffset.exe
229, 164, 167, 230, 153, 186, 232, 139, 165, 230, 132, 154,
大, 智, 若, 愚,
```

如上所见，字符串有比按字符计数更多的字节。如果需要和索引相似的功能，可以这样写：

```
# let taoism="大智若愚";
let dog =taoism.chars().nth(1);      //类似`taoism[1]`.
```

5. 字符串连接

如果有一个 String，可以在它后面接上一个 &str：

```
let hello ="Hello".to_string();          // String 类型
let milly="Milly!";                      // &str 类型
let hello_world =hello +milly;           // 字符串连接=String+&str
```

如果有两个 String，则需要一个 &：

```
let hello ="Hello".to_string();          // String 类型
let world ="world!".to_string();         // String 类型
let hello_world =hello +&world;          // 字符串连接=String+&String
```

这是因为 &String 可以自动转换为一个 &str，这个功能称为 Deref 转换。

字符串 String/Vec<T>的内存布局如图 4.6 所示。

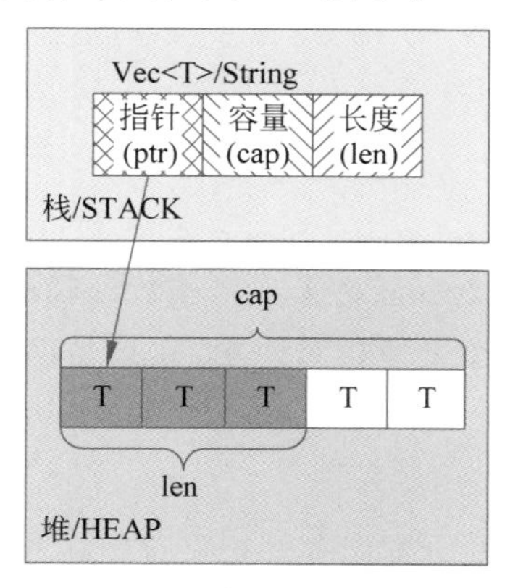

图 4.6　字符串的内存布局

4.9.3　字节字符串

第三种类型的字符串实际上并不是一个字符串，而是一个字节流。在 Rust 语言里，字节字符串(Byte Strings)是指被封装在向量或者数组里的无符号 8 位字节，如 Vec<u8>或者[u8]。就像字符串切片通常是通过引用的方式来使用，数组字节字符串也通常通过引用的方式来使用，如 &[u8]。以 b 为前缀的字符串字面量是字节字符串。这样的字符串是 u8 类型的值的切片，也就是字节，而不是 Unicode 编码的文本：

```
let method = b"SET";                    // 字节字符串
assert_eq!(method, &[b'S', b'E', b'T'])
```

字节字符串不能包含任何 Unicode 字符，只能使用 ASCII 码或者\xHH 类型的转义序列，也不能使用和 String 相关的方法。

4.9.4 其他字符串类型

Rust 还提供其他字符串类型，选择规则大致如下：

- 用 String 和 &str 来处理 Unicode 文本；
- 处理文件名和路径名时，使用 std::path::PathBuf 和 &Path；
- 处理二进制数据时，使用 Vec<u8>和 &[u8]；
- 处理由操作系统提供的环境变量和命令行参数时，使用 OsString 和 &OsStr；
- 在和 C 语言(使用 null 做终止符的字符串)的库进行交互时，使用 std::ffi::CString 和 &CStr。

4.9.5 各种字符串类型之间转换

1. 字符串类型转换成切片类型

把特定的字符串类型转换成它的切片类型，只需要简单地在其前面加上 &：

```
let s = String::from("Hello");
let os_s = OsString::from("Foo");
let path_s = PathBuf::from("/home/matt/.bashrc");
let c_s = CString::from("C sucks!");

let ref_s: &str = &s;                 // 因为 String 类型实现了 Deref trait,所以可以直接使用 &
let ref_os_s: &OsStr = &os_s;         // OsString 类似 String,使用 & 转换成 &OsStr
let ref_path_s: &Path = &path_s;      // PathBuf 类似 String,使用 & 转换成 &Path
let ref_c_s: &CStr = &c_s;            // CString 类似 String,使用 & 转换成 &CStr
```

这样做之所以可行，是因为 Deref trait。String 实现了 Deref<Target=str>，因此继承了所有 str 的方法。这也意味着可以将 String 传入一个函数(函数参数为 &str 或者 &mut str)。把特定的字符串类型转换成它的切片类型相对简单，它只是创建一个胖指针：指向文本的指针和长度，而没有分配新的内存。

2. 切片转换为字符串类型

把切片转换成字符串类型需要分配内存并把字符串切片里的字符复制过来。这是因为字符串切片有其所有者，而 Rust 不允许同一个字符串文本有两个所有者。有很多方法可以实现这种转换，一种方法是使用 From trait 中的 from 方法，所有的字符串类型都为其相应的切片类型实现了 From trait；另一种方法是使用切片的方法。不幸的是，不同的字符串类型的方法名不一样。表 4.13 列出了转换方法的总结。

表 4.13 转换切片到字符串的方法列表

字符串类型	从字符串切片变换的方法名
String	&str. to_owned()
String	&str. to_string()
OsString	&OsStr. to_os_string()
PathBuf	&Path. to_path_buf()
CString	无

下面两张图对字符串/切片之间的转换做了一个总结：图 4.7 总结了使用类型的方法在不同类型之间转换的方法。方法名后的“?”表示该方法可能失败，因此可能返回一个 Option 或者 Result，所以程序员需要对其进行错误处理。图 4.7 中的实心节点表示该类型是拥有所有权的类型。

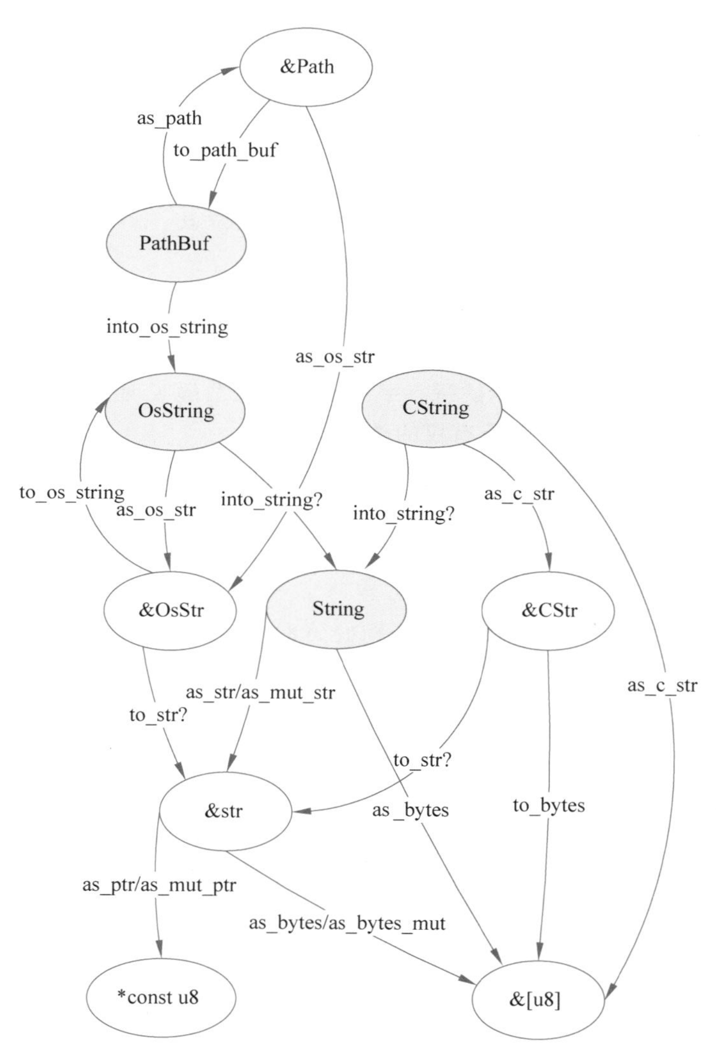

图 4.7 字符串类型和转换方法

图 4.8 总结了使用 From trait 进行类型转换的方法。在图 4.8 中，从类型 T 到类型 U 的箭头表示可以使用 From < T > trait 来创建 U 类型。图 4.8 中的实心节点表示该类型是拥有所有权的类型。

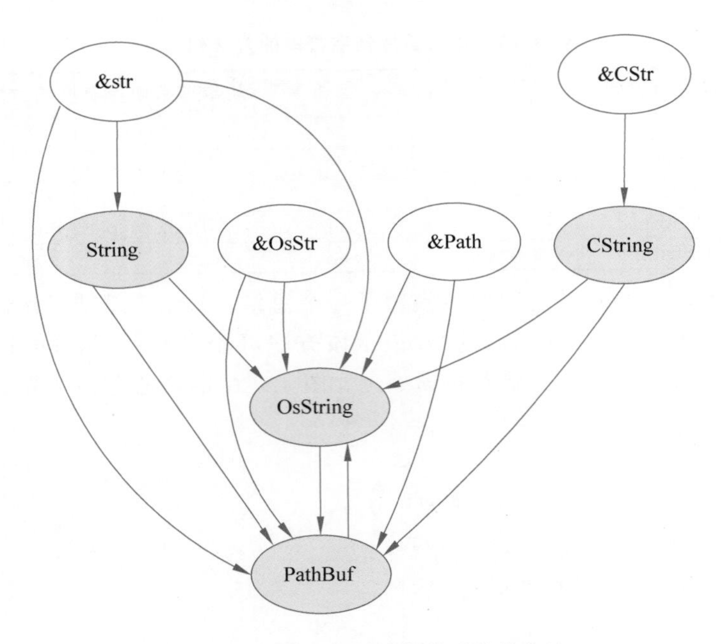

图 4.8　from trait 进行类型转换方法

4.9.6　写时复制

在 Rust 中,还有一个字符串类型:std::borrow::Cow<T>。其中,T 是一个切片类型,并实现了 ToOwned trait。上面提到的所有字符串切片类型都实现了 ToOwned trait。COW 是**一个不变的字符串切片或者拥有所有权的类型**:

- 如果是从一个字符串切片(如字符串字面量或者 &str)而来,则 Cow 类型变量就拥有该字符串切片的一个不可变引用;
- 如果是从一个拥有所有权的字符串类型而来,则 Cow 类型变量将获取该变量的所有权。

Cow 类型变量通常用来作为函数的参数和返回类型,通过其实现的 From trait 实现字符串转换:

```
let s =String::from("Hello");
let c1 =Cow::from(s);   // c1 =Owned("Hello")              # 拥有所有权,来自拥有所有权的字符串类型
let c2 =Cow::from("Milly"); // c2 =Borrowed("Milly")  # 不可变引用,来自字符串切片
```

当函数中返回一个静态字符串或者一个生成的字符串时,Cow 可用于该函数的返回类型:

```
fn main() {
   let g1 =greet(Some("Milly"));                     // g1 =拥有("Hello Milly") 所有权
   let g2 =greet(None);                              // g2 =借用("Hello human!")
}
fn greet( name: Option<&str> ) ->Cow<'static, str>{
    match name{
         Some(name) =>Cow::from(format!("Hello{}", name)),// 拥有所有权,来自拥有所有权的
                                                          // 字符串类型
         None =>Cow::from("Hello human!"),                // 不可变引用,来自字符串切片
    }
}
```

程序清单 4.31　Cow 使用的例子

从上面的代码片段可以看到，Cow 类型声明包含**一个生命周期参数**和**字符串切片类型**：

- 如果要借用一个字符串切片，声明中的字符串切片类型是必需的，拥有所有权的字符串类型派生自切片类型的 ToOwned trait；
- 如果是借用引用，声明中的生命周期参数是必需的；如果 Cow 拥有数据的所有权，声明中的生命周期参数就不是必需的。

在上面的代码清单中：

(1) 因为传入了参数 Milly，所以 greet 函数中的 match 语句会被匹配到 Some 分支。而该分支的 format!宏生成拥有所有权的 String 类型，所以 Cow::from 生成并返回的是拥有所有权的变量。所以，g1 变量拥有数据所有权。

(2) 因为传入了参数 None，所以 greet 函数中的 match 语句会被匹配到 None 分支。而该分支的"Hello human!"是一个静态字符串字面量，是 &str 类型。因此，Cow::from 生成并返回的是静态字符串字面量的不可变引用。所以，g2 没有数据所有权，它只是一个静态字符串字面量的不可变引用。

Cow 类型可以很容易地被复制。如果它拥有所有权，复制会返回它借用的 Cow。可以调用 to_mut 方法来获得其内容的可变引用，而这样做在必要时会复制其内容。

4.9.7 字符串相关操作

1. 比较

String 支持==、!=、<、<=、>和>=操作符。如果两个 String 相等，则它们必须以同样的顺序包含同样的字符。在使用比较操作符时，必须考虑到 String 是基于 Unicode 一个一个字符比较的，有些时候，比较的结果可能和直观判断不一样。

String 支持==和!=操作符。注意，操作符比较的是**值相等，而不是指针相等**。

```
assert!("ONE".to_lowercase() =="one");     //值比较
```

String 除了支持比较算符 <、<=、>和>=，还有很多有用的方法，例如查找、替代、去除空白字符、字符串转换为其他类型、其他类型转换成字符串类型等，详细信息在 Rust 的在线文档[①]里可以找到。下面是一些例子：

```
// chapter4\stringops.rs
fn main() {
  assert!("peanut".contains("nut"));                         //查找方法
  assert_eq!("哈_哈".replace("哈","呵"),"呵_呵");             //替代方法
  assert_eq!(" clean\n".trim(),"clean");                     //截断尾部
  for word in"veni, vidi, vici".split(",") {
    assert!(word.starts_with("v"));
  }
}
```

程序清单 4.32 String 类型使用 find 和 replace 的例子

2. 字符串大小写

slice.to_uppercase()和 slice.to_lowercase()返回一个新分配的 String 变量，其内容来自 slice 的文本被转换成大写或者小写。

① https://doc.rust-lang.org/std/str/index.html

3. 从 String 解析生成其他类型

如果一个类型实现了 std::str::FromStr trait,那么它就可以提供从 String 解析出值的标准方法:

```
pub trait FromStr: Sized{
type Err;
    fn from_str(s: &str) ->Result<Self, Self::Err>;
}
```

所有常见的类型都实现了 FromStr:

```
use std::str::FromStr;
assert_eq!(usize::from_str("3628800"), Ok(3628800));
assert_eq!(f64::from_str("128.5625"), Ok(128.5625));
assert_eq!(bool::from_str("true"), Ok(true));
assert!(f64::from_str("not a float at all").is_err());
assert!(bool::from_str("TRUE").is_err());
```

char 类型也实现了 FromStr:

```
assert_eq!(char::from_str("é"), Ok('é'));
assert!(char::from_str("abcdefg").is_err());
```

std::net::IpAddr 类型是一个保有 IPv4 或者 IPv6 互联网地址的枚举类型,它也实现了 FromStr:

```
use std::net::IpAddr;
let address =IpAddr::from_str("fe80::0000:3ea9:f4ff:fe34:7a50")?;
assert_eq!(address, IpAddr::from([0xfe80, 0, 0, 0, 0x3ea9, 0xf4ff, 0xfe34, 0x7a50]));
```

字符串切片有一个 parse 方法,能够把字符串切片解析为所需要的类型,前提是该类型实现了 FromStr:

```
let address ="fe80::0000:3ea9:f4ff:fe34:7a50".parse::<IpAddr>()?;
```

下面是一个关于 FromStr 的小例子:

```
use std::str::FromStr;
/// 解析字符串类型的`s`比如:`"400x600"`或者`"1.0,0.5"`
///
/// `s`的格式:<left><sep><right>
/// `separator`参数指定<sep>的字符。<left>和<right>都是实现了`T::from_str`约束的,可以被解析
/// 的 String
///
/// 如果`s`的格式正确,那么返回`Some<(x, y)>`。如果解析不正确,则返回`None`
fn parse_pair<T: FromStr>(s: &str, separator: char) ->Option<(T, T)>{
    match s.find(separator) {    // 分隔符,比如"400x600",分隔符为 x
        None =>None,
        Some(index) =>{
            match(T::from_str(&s[..index]), T::from_str(&s[index +1..])) {
                (Ok(l), Ok(r)) =>Some((l, r)),
                _ =>None
            }
        }
    }
}
```

4. 其他类型转换为 String

(1) 实现了 std::fmt::Display trait 的类型，可以使用 format!宏里的{}实现转换：

```
assert_eq!(format!("{}, wow","doge"),"doge, wow");
assert_eq!(format!("{}", true),"true");
assert_eq!(format!("({:.3},{:,3})", 0.5, f64::sqrt(3.0)/2.0),"(0.500, 0.866)");

let address ="fe80::0000:3ea9:f4ff:fe34:7a50".parse::<IpAddr>()?;
let formatted_addr: String =format!("{}", address);
assert_eq!(formatted_addr,"fe80::3ea9:f4ff:fe34:7a50");
```

Rust 中所有的数字类型都实现了 Display trait，包括 Box < T >、Rc < T >和 Arc < T >。如果 T 实现了 Display trait，则其指针类型也实现了 Display trait。Vec 和 HashMap 没有实现 Display trait。

(2) 如果一个类型实现了 Display trait，那么标准库就会自动为该类型实现 std::str::ToString trait，这个 trait 只有一个方法 to_string：

```
assert_eq!(address.to_string(),"fe80::3ea9:f4ff:fe34:7a50");
```

(3) Rust 标准库中的每个公开类型都实现了 std::fmt::Debug trait，可以通过 format!宏的{:?}格式指定符来生成字符串：

```
let addresses =vec![address, IpAddr::from_str("192.168.0.1")?];
assert_eq!(format!("{:?}", addresses),"[fe80::3ea9:f4ff:fe34:7a50, 192.168.0.1]");
```

如果其泛型 T 实现了 Debug trait，则所有 Rust 的集合类型也就实现了 Debug trait。

5. 借用文本类型

可以通过下面的方法借用切片的内容：

- 字符串切片和字符串实现了 AsRef < str >、AsRef <[u8]>、AsRef < Path >和 AsRef < OsStr >。很多标准库函数都使用这些 trait 来约束输入参数，所以切片和字符串可以直接传入标准库函数；
- 字符串切片和字符串也实现了 std::borrow::Borrow < str > trait，HashMap 和 BTreeMap 通过使用借用让 String 可以作为表的键。

4.10 变量和可变性

4.10.1 变量绑定

标识符模式(Identifier Pattern)是绑定变量名和值的模式。变量名是标识符，而绑定就是指把目标资源(存放值的内存)绑定到这个标识符。

- let variable = value
- if let variable = pattern，while let variable = pattern
- fn(variable: Type) {}
- match value { Pattern(variable) => {}}
- for variable in value {}

上面的 let 关键字并不只是声明变量的意思,它还声明了一个绑定。let 关键字可以把一个标识符和一段内存区域“绑定”。绑定后,这段内存就被这个标识符拥有,这个标识符也成为这段内存的唯一所有者。

4.10.2 变量

和许多现有的编程语言一样,Rust 里的合法标识符(包括变量名、函数名、trait 名等)必须由数字、字母、下画线组成,且不能以数字开头。Rust 使用 let 关键字来创建变量。let 声明的变量称为绑定(binding),它表明在标识符(Identifier)和值(Value)之间建立关联关系。Rust 通过静态类型确保类型安全。变量绑定可以在声明变量时标注类型。不过,在多数情况下,编译器能够从字面内容推导出变量的类型,大大减少了标注类型的负担。

左值　　右值

let my_number: i32 = 12;

位置表达式　　值表达式

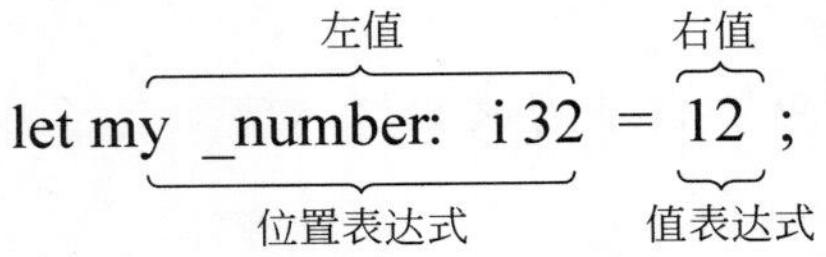

图 4.9 变量绑定表达式的示例

Rust 中的表达式分为位置表达式和值表达式,也称为左值和右值。变量绑定表达式的示例如图 4.9 所示。

Rust 语言可以先声明变量绑定,然后才将它们初始化,但是这种情况用得很少。Rust 中,每个变量都必须在合理初始化之后才能使用,使用未初始化变量这样的错误在 Rust 中是不可能出现的。

```
let number;
println!("{} ", number);                    // 变量没有初始化,触发编译错误
```

上面的代码会给出一个编译错误,提示变量没有初始化。

4.10.3 可变性

在 Rust 语言中,本地变量默认是不可变的(immutable),可变变量必须显式地使用 mut 声明。

```
let number;            // 默认是不可变的,分号是必须的
number =1;             // 此处因为是初始化值(第一次赋值),所以正确
println!("{} ", number);
number =100 ;          // 此处会触发编译错误:因为 number 是不可变的,而此处是第二次赋值了,所以不允许
```

编译错误信息如下:

```
error[E0384]: cannot assign twice to immutable variable `number`
-->.\mutability.rs:5:3
  |
2 |   let number;                      // 默认是不可变的
  |       ------help: consider making this binding mutable: `mut number`
3 |   number =12;                      // 此处因为是初始化值,所以正确
  |   -----------first assignment to `number`
4 |   println!("{} ", number);
5 |   number =100 ;                    // 此处会触发编译错误
  |   ^^^^^^^^^^^ cannot assign twice to immutable variable
```

一说到“不可变”,可能会第一时间想到 const 常量,但不可变绑定与 const 常量是完全不同的两种概念。首先,“不可变”应该准确地称为“不可变绑定”,是用来约束绑定行为的。“不可变绑定”后,就不能通过原“所有者”更改资源内容。可变性的目的是严格区分绑定的可变性,以便编译器可以更好地优化,也提高了内存安全性。而 const 常量并不占用内存资源。

Rust 编译器会在每次出现 const 常量的地方用相应的常量值替换。

Rust 中的可变绑定示例如下：

```
let mut _n =10;                    // 可变绑定
_n =20;                            // 因为_n 是可变的，所以可以赋值给它
let _n =3.14;                      // 变量重声明，相当于遮蔽了上面的可变绑定
_n =5.6;                           // 触发编译错误，因为_n 不可变
```

因为结构和枚举里的成员域的可变性是继承而来的，所以在定义时不用声明其可变性，这意味着结构中字段的可变性取决于结构对象自身的可变与否。具体代码请参考程序清单 4.21。

在 Rust 中，继承的可变性终止于引用，这和 C++是非常相似的。我们可以通过一个 const 对象的指针去修改一个非 const 的对象。Rust 中，如果我们需要一个可变的引用，则必须在定义结构的成员域时使用 &mut 进行修饰。

在函数式编程语言中(Rust 是函数式编程语言)，变量是不可变的，这意味着变量一旦被创建并赋值，其值就不可再改变。这样做的好处如下：

- 使程序员能够很容易地推理代码逻辑，不用操心变量值会在赋值后改变；
- 使程序员可以使用类似缓存暂存等技术来缓存函数结果等，从而优化程序性能；
- 简化了并发编程，因为不可变的变量可以不带有锁机制、安全地在线程间共享。

Rust 在其所有权和借用规则中鼓励并支持不可变性。Rust 中的所有变量都默认是不可变的(immutable)。

4.10.4 变量的作用域和遮蔽

变量绑定有一个作用域，并且限定在一个代码块(block)中存活(live)。代码块是一个被"{}"包围的语句集合。

```
    // chapter4\shadow.rs
 1. fn main() {
 2.     // 此绑定存在于 main 函数中
 3.     let long_lived_binding =1;
 4.     // 这是一个代码块，比 main 函数拥有一个更小的作用域
 5.     {
 6.         // 此绑定只存在于本代码块
 7.         let short_lived_binding =2;
 8.         println!("inner short: {} ", short_lived_binding);
 9.         // 此绑定*隐藏*了外面的绑定
10.         let long_lived_binding =5_f32;
11.         println!("inner long: {} ", long_lived_binding);
12.     }
13.     // 代码块结束
14.     // 报错！`short_lived_binding` 在此作用域上不存在
15.     println!("outer short: {} ", short_lived_binding);        // 改正，注释掉这行
16.     println!("outer long: {} ", long_lived_binding);
17.     // 此绑定同样*隐藏*了前面的绑定
18.     let long_lived_binding ='a';
19.     println!("outer long: {} ", long_lived_binding);
20. }
```

程序清单 4.33 变量的作用域与遮蔽的例子

上面的程序会触发编译错误：

```
Rust Programming\sourcecode\chapter4>rustc .\shadow.rs
error[E0425]: cannot find value `short_lived_binding` in this scope
```

```
  -->.\shadow.rs:15:30
   |
15 |     println!(" outer short: {} ", short_lived_binding) ;
   |                              ^^^^^^^^^^^^^^^^^^^ help: a local variable with a similar name
exists: `long_lived_binding`

error: aborting due to previous error

For more information about this error, try `rustc --explain E0425`.
```

可以看到以上程序的第 15 行触发了编译错误：因为变量 short_lived_binding 的作用域已经结束了。如果注释第 15 行语句，再编译运行就成功了。输出如下所示：

```
Rust Programming\sourcecode\chapter4>.\shadow.exe
inner short: 2
inner long: 5
outer long: 1
outer long: a
```

变量可以被遮蔽(shadowing)，这意味着一个后声明且位于同一作用域的相同名字的变量绑定将会覆盖前一个变量绑定。下面来看一个变量作用域和遮蔽的例子：

```
// chapter4/scope.rs
fn main() {
  let outer =42;
  { // 代码块的开始
      let inner =3.14;
      println!(" block 变量: {} ", inner) ;
      let outer =99;     // 遮蔽了外部的 outer 变量
      println!(" block 变量 outer: {} ", outer) ;
  } // 代码块的结束
  println!(" outer 变量: {} ", outer) ;
}
```

程序清单 4.34 变量的作用域的例子

上面的程序有如下输出：

```
Rust Programming\sourcecode\chapter4>.\scope.exe
block 变量: 3.14
block 变量 outer: 99
outer 变量: 42
```

4.10.5 常量和静态全局变量

在编程中，经常需要定义全局变量或者常量；定义在一个代码文件中，程序的其他地方都可以看到并使用。类似于 C/C++，Rust 也可以使用 static 关键字定义全局变量。例如：

```
static MAX_LENGTH: i32 =10;
static COMPANY_NAME: &'static str =" 北科信链" ;
```

但是，由于不当使用全局变量可能导致很大的问题，因此 Rust 语言在全局变量的使用上施加了一些安全机制：**全局常量和静态变量**(**包含不可变全局变量和可变全局变量**)。

全局常量通常有一个描述性的、有意义的名字。在整个程序的生命周期里，其值不会改变。Rust 对本地变量有类型推定，但是对于全局变量并没有，这意味着在定义全局常量时需要写明其类型。

```
const THE_ANSWER: u32 =56;
```

上面的程序定义了 THE_ANSWER 的常量,其值为 56。在编译时,Rust 编译器只是简单地用值替代常量,所以**常量并不是一个对象实体**。传统上,常量一般都是大写的。如果常量不是全大写的,则 Rust 编译器会给出警告。

静态(static)变量存在于程序运行时,并可能是可变的。例如:

```
// chapter4\staticvar.rs
static mut meep: u32 =4;              // 可变全局变量
static FUUP: u8 =9;                   // 不可变全局变量
fn main () {
    unsafe{                           // 可变全局变量相关代码必须包含在 unsafe 的代码块里
        println!(" Meep is{} ", meep);
        meep =42;
        println!(" Meep is now{} ", meep);
    }
    println!(" Fuup is{} ", FUUP);
}
```

程序清单 4.35 变量的作用域的例子

以上程序的输出如下:

```
Rust Programming\sourcecode\chapter4>.\staticvar.exe
Meep is 4
Meep is now 42
Fuup is 9
```

不可变全局变量可以到处使用,但是由于可变全局变量的使用潜藏了很多问题,因此可变全局变量的相关代码必须包含在 unsafe 的代码块里。

一般而言,静态变量的初始化只能在运行前设置(在编译时确定其值)。如果需要用运行时的值来设定(如设置运行时才能获得的空闲内存大小或者硬盘空间等信息),就需要使用 lazy_static crate。

Rust 是一个静态编译语言,如果不使用 lazy_static 将给出错误:

```
// chapter4\staticglobal.rs
fn main () {
   println!(" Number ={} ", MY_STATIC);
}
static MY_STATIC: u32 =foo ();
fn foo () ->u32{   // 该函数在编译时并不运行
   42              // 运行时获取的值,比如当前内存、磁盘大小等
}
```

程序清单 4.36 变量的作用域的例子

以上程序编译错误信息如下:

```
Rust Programming\sourcecode\chapter4>rustc .\staticglobal.rs
error[E0015]: cannot call non-const fn `foo` in statics
-->.\staticglobal.rs:4:25
  |
4 | static MY_STATIC: u32 =foo ();
  |                        ^^^^^
  |
```

```
  |
  = note: calls in statics are limited to constant functions, tuple structs and tuple variants
  = note: consider wrapping this expression in `Lazy::new( || ...)` from the `once_cell` crate:
https://crates.io/crates/once_cell

error: aborting due to previous error

For more information about this error, try `rustc --explain E0015`.
```

在这种情况下,必须使用 lazy_static:

```
// chapter4\lazystatic\main.rs
use lazy_static::lazy_static;
fn main() {
println!("Number ={} ", *MY_STATIC);  // 使用 Deref trait
}
lazy_static! {
    static ref MY_STATIC: u32 = foo();  // 是引用类型
}
fn foo() ->u32{
        42
}
```

程序清单 4.37 使用 Lazy_static 进行全局静态变量初始化的例子

以上程序的输出如下:

```
Rust Programming\sourcecode\chapter4\lazystatic>cargo r
warning: use of deprecated constant `std::sync::ONCE_INIT`: the `new` function is now preferred
-->src\main.rs:7:1
  |
7 | / lazy_static!{
8 | |    static ref MY_STATIC: u32 = foo();          // 是引用类型
9 | | }
  | |_^
  |
  = note: `#[warn(deprecated)]` on by default
  = note: this warning originates in the macro `lazy_static` (in Nightly builds, run with -Z
macro-backtrace for more info)

warning: use of deprecated constant `std::sync::ONCE_INIT`: the `new` function is now preferred
-->src\main.rs:7:1
  |
7 | / lazy_static!{
8 | |    static ref MY_STATIC: u32 = foo();          // 是引用类型
9 | | }
  | |_^
  |
  = note: this warning originates in the macro `lazy_static` (in Nightly builds, run with -Z
macro-backtrace for more info)

warning: `lazystatic`(bin"lazystatic") generated 2 warnings
    Finished dev [unoptimized + debuginfo] target(s) in 0.01s
     Running `target\debug\lazystatic.exe`
Number = 42
```

上面的程序主要有以下 3 处改变:

(1) 静态变量声明在 lazy_static! 宏里;

(2) 静态变量声明里加了 ref 关键字,表示此静态变量返回的是全局静态变量的引用,使用该静态变量并不会带来所有权的转移;

(3) 可以对静态变量使用 Deref trait，也就是在对上例中的 u32 使用 Display trait 功能时必须去引用(dereference)；在 Rust 里，使用 trait 时不会自动调用 Deref，所以必须手动调用。

程序员经常需要简单定义一个线程并发安全(独占写)的全局变量，即要求多路读、独占写。常用的定义方法如下：

```
lazy_static!{
   pub static ref CC_TRANS_LIST : Arc<Mutex<Vec<H256>>>=Arc::new(Mutex::new(Vec::new()));
}
```

这里只需要记住，使用 Arc 是为了线程之间的传输安全，而 Mutex 则是为了独占式访问。

我们也可以在结构、枚举和 trait 里定义常量，这样定义的常量称为关联常量，主要作用是让常量和类型相关，而不是和类型的实例相关；关联变量可以在使用这些类型的程序之间共享。

例如，不同的圆形形状类型可能都需要实现 Circle trait，它们都需要用到 PI。我们可以给 Circle trait 增加一个 PI 常量定义，不同的形状类型共享一个 PI 常量来计算面积：

```
// chapter4\traitassociateconst.rs
trait Circular{
  const PI: f64 =3.14;                              // 在 trait 里定义常量
  fn calarea(&self) ->f64;
}
struct Circle{
  radius: f64
}
impl Circular for Circle{
  fn calarea(&self) ->f64{
    Circle::PI *self.radius *self.radius            // 使用 Circle::PI 使用该常量
  }
}
fn main() {
  let c1 =Circle{ radius: 5.6};
  let c2 =Circle{ radius: 68.5};
  println!("Area of circle one:{}", c1.calarea());
  println!("Area of circle two:{}", c2.calarea());
}
```

程序清单 4.38　trait 中定义关联常量的例子

上面程序的输出如下：

```
Rust Programming\sourcecode\chapter4>.\traitassociateconst.exe
Area of circle one: 98.4704
Area of circle two: 14733.665
```

在结构和枚举里定义关联常量的方法如下：

```
// chapter4\associiatestructenum.rs
enum Dimension{
    OneD,
    TwoD,
    ThreeD
  }
  pub struct Coord{
    x: f32,
    y: f32,
  }
  impl Dimension{
```

```
    const DEFAULT_DIMENSION : u32 =1 ;            // 在枚举中关联常量
  }
  impl Coord{
    const ZERO: Coord=Coord{ x: 0.0, y: 0.0} ;  // 在结构中关联常量
    const UNIT: Coord=Coord{ x: 1.0, y: 0.0} ;  // 在结构中关联常量
  }
  fn main () {
  }
```

程序清单 4.39 枚举和结构中定义关联常量的例子

4.10.6 别名

类似于 C/C++中的 typedef 关键字,Rust 里的 type 关键字可以给一个已定义的类型赋予一个新的、更容易理解和简洁的名字。下面的例子给系统预定义类型 u16 赋予了一个 Threshold_Entry 的别名:

```
// chapter4\typealias.rs
type Threshold_Entry =u16;        // u16 的类型别名为 Threshold_Entry
fn main () {
  let level: Threshold_Entry=12345;
}
```

程序清单 4.40 类型别名的例子

type 别名的命名规范是:首字母大写;如果由多个单词构成,则每个单词的首字母也必须大写。如果把上面例子中的 12345 换成 123456,就会因为 123456 超出了 Threshold_Entry (u16 类型)的表示范围而得到一个警告:

```
Rust Programming\sourcecode\chapter4>rustc .\typealias.rs
...
 error: literal out of range for `u16`
 -->.\typealias.rs:3:30
  |
3 |     let level: Threshold_Entry=123456;
  |                                ^^^^^^
  |
  =note: the literal `123456` does not fit into the type `u16` whose range is `0..=65535`
  =note: `#[deny( overflowing_literals) ]` on by default
```

4.10.7 类型转换

Rust 在基本类型之间没有提供隐式类型转换(Implicit Type Conversion)。不过可以使用 as 关键字进行显式类型转换(Explicit Type Conversion)。一般来说,除了那些在 C 语言中未定义行为的情况以外,Rust 的整型类型的转换规则仍遵循 C 语言的惯例。在 Rust 中,所有的整型类型的转换行为都得到了很好的定义:

```
    // chapter4\typecast.rs
 1.  // 消除会溢出的类型转换的所有警告。
 2.  #![allow(overflowing_literals)]

 3.  fn main () {
 4.     let decimal =65.4321_f32; // decimal 是 f32 类型
 5.     // 报错!不能隐式转换类型
 6.     let integer: u8 =decimal; // 注释掉此行,继续进行编译
```

```
7.
8.     // 显式转换类型
9.     let integer =decimal as u8;
10.    let character =integer as char;
11.    println!("Casting:{} ->{} ->{} ", decimal, integer, character);
12.    // 当将任意整数值转换成无符号类型(unsigned 类型) T 时,
13.    // 将会加上或减去 std::T::MAX +1,直到值符合新的类型
14.    // 1000 原本就符合 u16 类型
15.    println!("1000 as a u16 is:{} ", 1000 as u16);
16.    // 1000 -256 -256 -256 =232
17.    // 在计算机底层会截取数字的低 8 位(the least significant bit,LSB),
18.    // 而高位(the most significant bit,MSB)数字会被抛掉
19.    //(此操作是按二进制存储的数字位进行)
20.    println!("1000 as a u8 is :{} ", 1000 as u8);
21.    // -1 +256 =255
22.    println!(" -1 as a u8 is :{} ",(-1i8) as u8);
23.    // 对正数来说,上面的类型转换操作和取模效果一样
24.    println!("1000 mod 256 is :{} ", 1000 % 256);
25.    // 当将整数值转成有符号类型(signed 类型)时,同样要先将(二进制)数值
26.    // 转成相应的无符号类型(如 i32 和 u32 对应,i16 和 u16 对应)
27.    // 然后求此值的补码(two's complement)。如果数值的最高位是 1,则数值是负数
28.    // 除非值本来就已经符合所要转换的类型
29.    println!(" 128 as a i16 is:{} ", 128 as i16);
30.    // 128 as u8 ->128,再求数字 128 的 8 位二进制补码得到:
31.    println!(" 128 as a i8 is :{} ", 128 as i8);
32.    // 重复上面的例子
33.    // 1000 as u8 ->232
34.    println!("1000 as a i8 is :{} ", 1000 as i8);
35.    // 232 的补码是 -24
36.    println!(" 232 as a i8 is :{} ", 232 as i8);
37. }
```

程序清单 4.41　类型转换的例子

注释掉第 6 行语句,程序输出如下:

```
Rust Programming\sourcecode\chapter4>.\typecast.exe
Casting: 65.4321 ->65 ->A
1000 as a u16 is: 1000
1000 as a u8 is : 232
 -1 as a u8 is : 255
1000 mod 256 is : 232
 128 as a i16 is: 128
 128 as a i8 is : -128
1000 as a i8 is : -24
 232 as a i8 is : -24
```

Rust 中,以下类型转换是允许的。

- Rust 内置的数字类型是可以彼此之间转换的。将一个较大的类型转换为一个较小的类型会导致结果的截断。一个有符号的整型类型转换为更大的类型称为符号扩展。浮点数到整型的转换总会向下舍入(i32 类型的−1.99 是−1,而不是四舍五入)。如果整型数太大,那么类型转换会生成最接近的值,例如 1000 转换成 u8 类型,值会变为 232。
- **bool 或者 char,又或者类 C 语言的 enum 类型的值可以转换为任何整数类型。反过来,整型转换为 bool、char 或者 enum 是不允许的**。例如,将一个 u16 类型的值转换为 char 类型是禁止的,因为 u16 的值可能是 Unicode 的代码点,而不是一个合法的字符类型值。必须使用 std::char::from_u32()执行运行时检查来判断 u32 的值是否是合法的字符值。

- 有些关于不安全的指针类型的转换是允许的。

大多时候,类型转换必须显式进行,但是有些很明显的场合就不需要,例如转换一个 mut 的引用为一个非 mut 的引用。下面列出了一些自动转换的场合:

- &String 类型的值自动转换为 &str 类型;
- &Vec < i32 >类型的值自动转换为 &[i32]类型;
- &Box < someStruct >类型的值自动转换为 &someStruct。

这些转换称为 deref 强制类型转换,适用于那些实现了 Deref trait 的类型。deref 强制类型转化的主要目的是让我们能像操作指针所参照的值的方式那样来操作智能指针类型,例如 Box 使用 Box < someStruct >,就像直接操作 someStruct 一样。

4.10.8 零长度类型

Rust 支持零长度类型,例如没有成员的结构、空的元组类型或者零长度的数组。类型大小为零对于优化代码和移除死树分支代码非常有用。Rust 的 API 经常返回 Result <(),a_mod::ErrorKind >类型,这个类型告诉我们:如果函数错误,则返回错误类型;如果成功,则返回单元类型()。这种类型在使用时可能不安全。很多分配系统在分配 0 字节时会返回 null;而这和系统因内存耗尽、无法找到空闲内存而返回 null 无法区分。同时,基于 ZST 类型的指针偏移只有零偏移。

std::marker::PhantomData < T >类型也是特殊的零长度类型,它只是一个占位类型,在运行时并不存在。

4.11 控制语句

Rust 是一个基于表达式的语言,只有两种语句:“**声明语句**”和“**表达式语句**”,其他的一切都是表达式。表达式返回一个值,而语句不是。这就是我们经常碰到“不是所有控制路径都返回一个值”的错误的原因。“x+1;”这样的语句不返回一个值,而是返回一个空元组()。

先来看一下**声明语句**:在 Rust 中,使用 let 引入一个绑定并不是一个表达式。下面的代码会产生一个编译时错误:

```
let x =( let y =5) ;   // 期待标识符,但是碰到的是 let 关键字
```

编译器告诉我们这里它期望看到表达式的开头,而 let 只能开始一个语句,而不是一个表达式。注意:赋值一个已经绑定过的变量(如 y=5)仍是一个表达式,尽管它的(返回)值并不是特别有用。不同于其他语言中赋值语句返回语句赋的值(前面例子中的 5),在 Rust 中,赋值的值是一个空的元组():

```
let mut y =5;
let x =( y =6) ; // `x` 的值为 `()`, 而不是 `6`
```

Rust 中第二种语句是**表达式语句**,它的目的是把任何表达式变为语句。在实践环境中,Rust 语法期望语句后跟其他语句,这意味着我们要用分号来分隔各个表达式,这使得 Rust 看起来很像其他使用分号作为语句结尾的语言,并且我们会看到分号出现在 Rust 代码的**几乎每一行**。

那么,我们说"几乎"的例外是什么呢？例如：

```
fn add_one(x: i32) ->i32{
  x +1
}
```

上面的函数(没有带分号)声称它返回一个 i32,但是带上了一个分号,它就会返回一个()。由于表达式语句的存在,一个 if 表达式可以用来初始化一个变量值：

```
let status =
    if returnofresponse ==true{
        HttpStatus::Ok
    } else{
        HttpStatus::ServerError
    };
```

一个 Match 表达式可以传给函数或者宏作为参数：

```
println!("Inside the vat, you see{}.",
    match vat.contents{
        Some(brain) =>brain.desc(),
        None =>"nothing of interest"
    });
```

4.11.1　分支语句 match

分支语句也称为模式匹配,它为复杂的类型系统提供了简单轻松的解构能力。例如从 enum 等数据结构中取出数据等,但是在书写上相对比较复杂。**match 语句的所有分支必须返回相同的类型**。下面是一个例子：

```
let no =28;
match no{
        0 =>println!(" Zero") ,
        1.. 3 =>println!(" All") ,
        | 5 | 7 | 13 =>println!(" Bad Luck"),
        n@28 =>println!("Answer is{} ", n),     // 此处 n 的值为 28
        _ =>println!("default"),
}
```

上述代码中使用的模式分别是单个值、范围、多个值和通配符。值得注意的是,在加粗代码行中,使用**操作符@**可以将模式中的值绑定给一个变量 n,供分支右侧的代码使用,这类匹配称为绑定模式(Binding Mode)。

match 语句非常像 C++里的 switch/case 语句,不过需要注意以下几点。

- match 所罗列的匹配**必须穷举出其所有可能**。当然,也可以用"_"这个符号来代表其余的所有可能性情况,类似于 switch 中的 default 语句。也可以使用 Catch-all 模式。
- **match 的每一个分支都必须是一个表达式**,并且,除非一个分支一定会引发 panic,否则**这些分支的所有表达式的最终返回值类型必须相同**。

表 4.14 给出了 match 语句分支中的模式匹配方式。

表 4.14 match 语句的分支匹配模式

类型	例子	说明
字面量	数字,字符串	模式精确匹配一个允许的常量值
范围	0...100 'a'...'d' 'm'..='p'	模式匹配一个全闭的范围(包含范围右边的值)
通配符	_	使用"_"这个符号来代表其余的所有可能情况
变量	var1 mut var2	移动或者复制值到本地变量
引用变量	ref var3 ref mut var4	借用匹配到的值,而不是移动或者复制
模式绑定	var @ 0 ...100 ref when @ Season::winter	匹配@右边的模式,在本地使用@左边的变量
枚举绑定	Some(value) None Season::summer	
元组	(key,value) (length,width,height)	
元组结构	Color(r,g,b) Cubicle(height,width,length)	
引用	&var5 &(k,v)	只匹配引用值
多模式	1|2|4|6|8	
条件模式	x if x <10	

在 match 语句匹配元组和结构时,可以使用".."告诉 Rust 编译器不需要关心其他的成员域:

```
Some(Account{ name, language, ..}) =>language.show_custom_greeting(name)
```

".."和"..."的使用可能让人迷惑,这里给出一个总结表,如表 4.15 所示。

表 4.15 ..和...

	可以使用	不能使用
for in	..(不包括,也就是左闭右开区间)	...
match	...(包括,也就是全闭)	..

Match 语句的范围模式的定义在 https://doc.rust-lang.org/reference/patterns.html#range-patterns,其内容如下:

```
Syntax
RangePattern :
     RangeInclusivePattern
   | RangeFromPattern
   | RangeToInclusivePattern
   | ObsoleteRangePattern
RangeExclusivePattern :
    RangePatternBound .. RangePatternBound
RangeInclusivePattern :
    RangePatternBound ..= RangePatternBound
RangeFromPattern :
```

```
    RangePatternBound ..
RangeToInclusivePattern :
    ..= RangePatternBound
ObsoleteRangePattern :                // 过时
    RangePatternBound ... RangePatternBound
RangePatternBound :
    CHAR_LITERAL
    | BYTE_LITERAL
    | -? INTEGER_LITERAL
    | -? FLOAT_LITERAL
    | PathExpression
```

范围模式在其边界定义的范围内匹配标量值，它们由一个符号(..、..=或…中的一个)和一侧或两侧的边界组成。符号左侧的界限是下限，右边的界限是上限。

- 具有下限和上限的范围模式将匹配其两个边界之间(包括这两个边界)的所有值。如果使用“..”，则不包括上限。如果使用“..=”，则包括上限。范围模式的上限和下限的类型必须统一。

例如：模式'm'..='p'将仅匹配值'm'、'n'、'o'和'p'。同样地，'m'..'p'只匹配'm'、'n'和'o'，不包括'p'，下限不能大于上限。也就是说，在 a..=b 的情况下，必须满足 a≤b 的条件。例如，范围模式 10..=0 是错误的。

- 只有下限的范围模式将匹配大于或等于下限的任何值，它被写作下限，后面跟着“..”，并且具有与其下限相同的类型。例如：1..将匹配 1、9 或 8001，8007100254740991(如果大小合适)，但不匹配 0，也不匹配带符号负整数。
- 只有上限的范围模式会匹配小于或等于上限的任何值，它被写作“..=”，紧随其后的是其上限，并且其类型与其上限相同。例如：..=10 将匹配 10、2、0，以及有符号负整数。

1. 可辩驳性(Refutability)：模式是否会匹配失效

匹配模式有两种形式：refutable(可辩驳)和 irrefutable(不可辩驳)。如果对模式的匹配只有一种可能，则称为是 irrefutable(不可辩驳)的，而对某些可能的值进行匹配会失效的模式称为是 refutable(可辩驳)的。下面是一个 irrefutable 模式：

```
let tuple ={ 10,20 } ;
let ( x,y) =tuple;  // 完美匹配，x 被赋值 10，y 被赋值为 20,没有其他可能——irrefutable( 不可辩驳)
println!("{} {} ",x,y) ;
```

let 语句、函数参数和 for 循环被约束为只接受 irrefutable 模式。因为如果模式匹配失效，程序就不会正确运行。if let 和 while let 表达式被约束为只接受 refutable 模式，因为它们需要处理可能存在的匹配失效的情况。如果模式匹配永不失效，那么它们的条件判断就派不上用场了。

2. 多种可能的模式匹配：主要使用“|”和“...”

```
match next_char{
    '0' ... '9' =>self.read_number() ,                  // 从 0 到 9
    'a' ... 'z' | 'A' ... 'Z' =>self.read_word() ,      // 从'a'到'z' 或者从'A'到'Z'
    ' ' | '\t' | '\n' =>self.skip_whitespace() ,
    _ =>self.handle_punctuation()
}
```

3. 模式条件：给模式分支增加 if 关键字

```
match robot.last_known_location() {
    Some(point) if self.distance_to(point) <10 =>short_distance_strategy(point),
    Some(point) =>long_distance_strategy(point),
    None =>searching_strategy()
}
```

上面的代码能编译通过，point 必须是可复制的。**如果一个模式移动了任何值，就不能使用模式条件**。

4. x@模式

x@模式用给定的模式精确匹配。如果匹配成功，则创建一个变量 x，并把整个值移动或者复制到变量 x。示例如下：

```
1. match self.get_selection() {
2.     Shape::Rect(top_left, bottom_right) =>
3.                     optimized_paint(&Shape::Rect(top_left, bottom_right)),
4.     other_shape =>paint_outline(other_shape.get_outline()),
5. }
```

上面第 2 行语句可以用@模式改写为：

```
rect @Shape::Rect(..) =>optimized_paint(&rect)
```

@模式也可用于范围：

```
match chars.next() {
    Some(digit @'0' ...'9') =>read_number(digit, chars),
    ...
}
```

5. 引用模式

Rust 模式支持引用的两种工作方式：

- ref 模式借用了匹配到的值；
- & 模式匹配到引用。

匹配一个不可复制的值会移动该值：

```
match account{
    Account{ name, language, ..} =>{
        ui.greet(&name, &language);
        ui.show_settings(&account);           // 错误：使用移动后的值 `account`
    }
}
```

上面的 name、language 如果是可以复制的值，那么编译成功；否则会触发错误。改写如下(假设 name 和 language 都是 String 类型)：

```
match account{
    Account{ ref name, ref language, ..} =>{
        ui.greet(name, language);
        ui.show_settings(&account); // ok
    }
}
```

与 ref 关键字配套的是 ref mut，它表示在匹配的分支里匹配到的是一个可变引用，&pattern 则匹配一个引用。示例如下：

```
match chars.peek() {
    Some(&pattern) =>println!("coming up:{:?}", pattern),   // pattern 被匹配为引用
    None =>println!("end of chars")
}
```

6. 元组和结构匹配：使用模式解构

```
match get_account(id) {
    ...
    Some(Account{
            name, language, // <---我们只需要 name 和 langugage，其他都省略
            id: _, status: _, address: _, birthday: _, eye_color: _,
            pet: _, security_question: _, hashed_innermost_secret: _,
            is_adamantium_preferred_customer: _}) =>language.show_custom_greeting(name)
}
```

上面的模式匹配也可以称为模式解构：匹配出我们要使用的变量 name 和 language，其他的用“_”表示省略。

7. 字面量、变量和通配符

```
let calendar =
match settings.get_string("calendar") {
    "gregorian" =>Calendar::Gregorian,
    "chinese" =>Calendar::Chinese,
    "ethiopian" =>Calendar::Ethiopian,
    other =>return parse_error("calendar", other)  // 这是一个 catch-all 模式
};
```

如果需要一个 catch-all 模式，但是又不关心匹配到的值，可以使用单下画线作为通配符：

```
let caption =
    match photo.tagged_pet() {
        Pet::Tyrannosaur =>"RAH",
        Pet::Samoyed =>"*dogs*",
        _ =>"大象无形" // generic caption, works for any pet
    };
```

下面是字面量和变量的使用示例：

```
match meadow.count_rabbits() {
    0 =>{} // nothing to say
    1 =>println!("A rabbit is nosing around in the clover."),                // 字面量
    n =>println!("There are {} rabbits hopping about in the meadow", n)      // 变量
}
```

8. 数组和切片

```
fn hsl_to_rgb(hsl: [u8; 3]) ->[u8; 3] {
    match hsl {     // 数组模式匹配
        [_, _, 0] =>[0, 0, 0], [_, _, 255] =>[255, 255, 255],
        ...
    }
}
```

切片类型的模式匹配和数组类似。但是由于切片具有可变的长度,所以切片模式匹配时不仅匹配值,而且匹配长度。切片中使用“..”匹配任意个数的元素:

```
fn greet_people(names: &[&str]) {
    match names {       // 切片的模式匹配: 值 +长度
        [] =>{ println!("Hello, nobody.") },
        [a] =>{ println!("Hello, {}.", a) },
        [a, b] =>{ println!("Hello, {} and{}.", a, b) },
        [a, .., b] =>{ println!("Hello, everyone from{} to{}.", a, b) }
    }
}
```

使用简单的 match 语句会带来更加烦琐的代码,尤其是在判断函数的返回值时。这种情况下,可以使用 Option 的 map 和 map_err 方法进行简化。Option 的 map 方法是对 Result 进行了实现的许多组合算子之一。enum. Result[①] 包含一个完整的列表。示例如下:

```
// chapter4\doublenumber.rs
use std::num::ParseIntError;
// 返回类型重写之后,我们使用模式匹配,而不使用 `unwrap()`
fn double_number(number_str: &str) ->Result<i32, ParseIntError>{
    match number_str.parse::<i32>() {
      Ok(n) =>Ok(2 *n),
      Err(e) =>Err(e),
    }
}
// 就像 `Option`,我们可以使用组合算子,如 `map()`
// 此函数在其他方面和上述示例一样,并表示:
// 若值有效则修改 n,否则传递错误
fn double_number_map(number_str: &str) ->Result<i32, ParseIntError>{
  number_str.parse::<i32>().map(|n| 2 *n)
}
fn print(result: Result<i32, ParseIntError>) {
    match result{
      Ok(n) =>println!("n is{}", n),
      Err(e) =>println!("Error:{}", e),
    }
}
fn main() {
    // 这里仍然给出一个合法的返回
    let twenty =double_number("10");
    print(twenty);
    // 下面提供了更加有用的错误消息
    let tt =double_number_map("t");
    print(tt);
}
```

程序清单 4.42 类型转换的例子

程序的输出如下:

```
Rust Programming\sourcecode\chapter4>.\doublenumber.exe
n is 20                                   // 合法返回 Ok(n)
Error: invalid digit found in string     // 更加有用的错误消息
```

4.11.2 条件语句 if

Rust 中的 if 表达式有以下几种表示方式:

---

① https://doc.rust-lang.org/std/result/enum.Result.html

```
// 单纯 if 语句
if 表达式 1{
  // 代码
}
// if-else 方式
if 表达式 1{
  // 代码
} else{
  // 代码
}
// 多重 if-else 方式
if 表达式 1{
  // 代码
} else if 表达式 2{
  // 代码
  //可有多重的 else- if
} else{
  // 代码
}
```

相对于 C 语言，Rust 的 if 语句的特点如下。

- **判断条件部分并未强制要求用小括号括起来**。如果加了小括号，Rust 编译器会给出警告。
- **if 条件后的代码块必须用"{}"包起来，哪怕代码只有一行**。
- 它是表达式，而不是语句。所以可以使用 let 语句将表达式的值绑定到一个变量上，所以可以写出如下代码：

```
let x =10;
let y =if x ==10{
    100        // 注意，没有；号
} else{
    200        // 注意，没有；号
};
```

或者压缩成一行：

```
let x =10;
let y =if x ==10{ 100} else{ 200};    // 这等同一个 match 语句
```

- **条件是严格的布尔类型**，而没有 C 语言里的类布尔类型（如 0 或者 1），所以"if 1 {...}"语句会触发编译错误。

最后介绍一下 if let，这实际上是一个 match 语句的简化用法。下面举例来说明：

```
let var1 =Some(100);
if let Some(var2) =var1{
    println!("{} ", var2); // 这里输出为 100
}
```

其等价语句是：

```
let var1 =Some(100);
match var1{
    Some(var2) =>println!("{} ", var2),
    None =>()
}
```

在 if-else 语句中,规定 if 和 else 后面必须有大括号,不能省略,以便明确指出该 if-else 语句块的作用范围。这个规定是为了避免“悬空 else”导致的 bug。例如下面这段 C 代码:

```
if ( condition1)              // 悬空 else 的场景
    if ( condition2) {
    } else {
    }
```

上面的程序会造成歧义:这个 else 分支是与第一个 if 还是第二个 if 相匹配?

如果使用 if-else 作为表达式,那么一定要注意 **if 分支和 else 分支的返回类型必须一致**,否则就不能构成一个合法的表达式,会出现编译错误。如果 else 分支省略了,那么编译器会认为 else 分支的类型默认为空元组。

```
fn return_integer ( condition: bool) ->i32{
    if condition {
        100
    }
}
```

编译器给出的错误提示信息是:

```
1=note: expected type `()`
found type `i32`
```

这个错误实际上是因漏写了 else 分支造成的。执行时,万一执行了 else 分支,会返回空元组,而不是 i32,所以返回的类型不匹配会引发编译错误。请再看一些例子:

```
let suggested_pet =if with_wings { "Buzzard" } else { "Hyena" };        // ok
let favorite_number =if user.is_hobbit() { "eleventy-one" } else{ 9};   // 两个分支返回的类型不一致
let best_sports_team =if is_hockey_season() { "Predators" }; // 错误,else 分支返回的是空元组 ()
```

上面的例子说明了 **if 分支和 else 分支的返回类型必须一致的原则**。

对于 C 语言的三元操作符"?:",例如 a>b?a:b,相应的 Rust 实现是:

```
let result =if a >b{ a} else{ b}
```

4.11.3 循环语句

Rust 中与循环相关的语句如下。

- 计数循环:for
- 条件循环:while
- 无条件循环:loop
- 提早返回:break 与 continue
- 循环标签:label

1. 条件循环

当不确定应该循环多少次时,可以选择 while 循环。只要条件(称为 predicate)满足,while 循环就可以一直执行循环体。例如:

```
// chapter4\whileloop.rs
fn main() {
```

```
    let mut n =1;              // 计数器变量

    // 当 n 小于 20 时进入循环操作
    while n <20 {
        if n % 10 ==0 {
            break;             // 如果 n 是 10 的整数倍,则退出 while 循环
        }
        // 计数器值加 1
        n +=1;
    }
}
```

程序清单 **4.43**　**while** 循环的例子

在程序 4.43 中,满足退出条件,程序使用 break 语句退出循环。还可以使用 return 语句直接跳出循环返回。**但是不变的原则是不同路径返回的类型必须一致**。请看下面的程序:

```
// chapter4\whiletripleloop.rs
fn whiletripleloop( x: i32) ->i32 {
  while true {            // 无条件循环
  return x *3             // 条件为 true,返回 i32
  }
  }                       // 条件为 false,返回 ()
fn main() {
   println!(" whiletripleloop return{} ", whiletripleloop( 56) ) ;
}
```

程序清单 **4.44**　**whiletripleloop** 循环的例子

程序的输出如下:

```
Rust Programming\sourcecode\chapter4>rustc .\whiletripleloop.rs
...
error[E0308]: mismatched types
-->.\whiletripleloop.rs:2:3
  |
1 |  fn whiletripleloop( x: i32) ->i32 {
  |                          ---expected `i32` because of return type
2 | /  while true {
3 | |  return x *3
4 | |  }
  | |__^ expected `i32`, found `()`
  |
...
```

上面的程序定义了函数 whiletripleloop,其中 while 循环条件使用了 true,实现了无限循环,这会引起 Rust 编译器报错。错误提示称 while true 循环块返回的是单元值,而函数 whiletripleloop 期待的返回值是 i32,所以不匹配。

这是因为 Rust 编译器在对 while 循环做流分析(Flow Sensitive)时不会检查循环条件。编译器会认为 while 循环条件可真可假,所以循环体里的表达式也会被忽略:如果 while 的条件为 true,则返回 i32;但是如果 while 的条件为 false,则返回单元值,而这与函数声明返回 i32 类型不符,所以错误。这一切都是因为**编译时函数执行(Compile Time Function Execution,CTFE)功能的限制**。

2. 无条件循环

loop 是 while true 的语法糖(Syntactic Sugar)。loop 加上循环中的一个条件 break 可以

实现其他编程语言中的 do while 语句。Rust 的 loop 语句如下：

```
loop{
    println!("Loop forever!");
}
```

如果需要一个无限循环,除了 loop 语句,还可以使用：

```
while true{ ...}
```

但是推荐使用 loop,而不要用 while true。loop 语句是无条件的无限循环,而 while 语句每次循环都需要进行条件判断,会造成性能损失。

3. 计数循环

for 语句用于遍历一个迭代器。Rust 中的 for 循环与 C 语言的风格截然不同,其抽象结构如下：

```
for item in collection{        // collection 为一个集合类型
  // 代码...
  // println!("{} ", item);
}
```

比较难以理解的是：如果使用上面的抽象结构循环访问集合类型,那么在循环结束后,collection 虽然还在作用域内,但是访问 collection 会触发错误(因为此处适用移动语义,collection 中元素的所有权已经被移动)。所以,**如果想在作用域内多次循环访问同一个 collection,可以使用引用来访问**。示例如下：

```
for item in &collection{
    // ...
}
```

Rust 迭代器返回一系列的元素。循环中的每一次重复返回一个新元素,然后它的值与 item 绑定,而且该绑定在循环体中有效。每当循环体执行后,从迭代器中取出下一个值,然后再重复一遍。当迭代器中不再有值时,for 循环结束。示例如下：

```
for x in 0..5{                    // 此处 0..5 是一个范围(Range),注意不包括 5
   println!("{} ", x);            // x: i32
}
```

使用"for-in"这样的循环的好处在于：**简化边界条件的确定,减少出错；减少运行时的边界检查,提高性能**。

上述迭代器在循环过程中缺少索引信息。当需要记录已经循环了多少次时,可以使用 .enumerate()函数。例如：

```
for(index, value) in(5..10).enumerate(){
   println!("index ={} and value ={} ", index, value);   // index 是索引号,而 value 是值
}
```

这里的 index 是当前集合元素的索引号,而 value 是当前集合元素的值。

当然,也可以使用下面的代码遍历,但是不推荐使用。例如：

```
let collection =[10, 20, 30, 40, 50];
for i in 0..collection.len() {
  let item =collection[i];
  // ...
}
```

上面的代码是合法的,但是它隐含两个问题。

- **效率**。通过 collection[index]语法来访问值会有因边界检查而导致的成本。也就是说,每次 Rust 编译器都要确认 index 没有超越边界(collection[index]是合法数据)。而这些迭代遍历 collection 时做的运行时检查是没有必要的。这些工作可以在编译时完成。使用 for-in 循环可以保证非法访问是不可能的。
- **安全**。间断性地访问 collection 可能要面对循环访问时 collection 内容被修改的可能性。使用 for 循环直接访问 collection,Rust 编译器能够保证 collection 的内容不会被程序的其他部分修改。

如果想修改每次循环中的 item 值,需要使用 collection 的可变引用。

```
for item in &mut collection{
   // ...
}
```

Rust 的 for 循环被 Rust 编译器扩展为一个方法调用。如表 4.16 所示,3 种类型的 for 循环每个都被映射为一个不同的方法。

表 4.16　for 循环方法

语　　句	等　价　于	访问方式
for item in collection	for item in IntoIterator::into_iter(collection)	所有权
for item in &collection	for item in collection.iter()	只读
for item in &mut collection	for item in collection.iter_mut()	可读可写

当一个本地的变量在其作用域内不再使用时,我们可以使用下画线(被称为匿名循环)。我们使用 for_in(n..m)或者 for_in(n..=m)语句的目的就是固定循环的次数。示例如下:

```
for _ in 0..10{
    // ...
}
```

4. 循环的终止和继续

和其他的编程语言一样,Rust 语言提供提早返回语句:

- break 用来跳出当前的循环语句;
- continue 用来略过当前迭代,直接执行下一次迭代。

```
let mut i =0;
while i <50{
    i +=1;
    if i % 3 ==0{ continue; } // 如果满足条件,则停止执行这一次的迭代,返回 while 语句,继续执行下一次迭代
    if i *i >400{ break; }    // 如果满足条件,则跳出当前的 while 循环语句
    print!("{} ", i *i);
}
```

Rust 语言不支持臭名昭著的 goto 语句!

5. 循环标签

当存在嵌套循环时,程序员希望指定哪一个 break 或者 continue 应该起作用。就像大多数语言一样,Rust 默认 break 或 continue 将会作用于最内层的循环。当想让一个 break 或 continue 作用于一个外层循环时,我们可以使用标签来指定 break 或 continue 语句作用的循环。每个循环前面都可以加一个标签(label,语法格式为 'label:),从而允许程序跳到下一次循环或者外部循环。示例如下:

```
// chapter4\looplable.rs
fn main() {
  'outer: loop{
    println!("进入外部循环");
    'inner: loop{
        println!("进入内部循环");
        // break;          // 这里的 break 语句会跳出内部循环 inner
        break 'outer;      // 这里的 break 语句会跳出外部循环 outer
    }
    println!("此处永远不可能被执行!!!");
  }
  println!("退出外部循环!");
}
```

程序清单 4.45 循环标签的例子

上面代码的输出如下:

```
Rust Programming\sourcecode\chapter4>.\looplable.exe
进入外部循环
进入内部循环
退出外部循环!
```

循环标签其实就是生命周期标识符。

4.11.4 if/let while

Rust 是一个基于表达式的语言,所有的表达式都会返回值。本节介绍的条件语句和循环语句都是表达式语句,所以可以使用 let 将这些表达式语句的返回值绑定到一个外部变量上。例如:

```
// chapter4\iflet.rs
fn main() {
    let x = loop{                                   // loop 语句的返回值绑定到 x 变量
        break 100;                                  // loop 语句的返回值为 100
    };
    println!("{}", x);

    let n = 12;
    let is_even = |x: u64| ->bool{ x % 2 ==0};      // 闭包函数判断奇数还是偶数
    let description = if is_even(n) {              // if 语句的返回值绑定到 description 变量
        "even number"
    } else{
        "odd number"
    };
    println!("{} is{}", n, description);

    let mut optional = Some(0);
    // 分析: 当 `let` 将 `optional` 解构成 `Some(i)` 时,就
```

```
        // 执行语句块( `{}`). 否则中断退出( `break`)
        while let Some(i) =optional{    // 当 optional 为 None 时退出
            if i >9{
                println!("Greater than 9, quit!");
                optional =None;
            } else{
                println!("`i` is `{:?}`. Try again.", i);
                optional =Some(i +1);
            }
        }
}
```

程序清单 4.46　iflet 例子

以上程序的输出如下：

```
Rust Programming\sourcecode\chapter4>.\iflet.exe
100
12 is even number
`i` is `0`. Try again.
`i` is `1`. Try again.
`i` is `2`. Try again.
`i` is `3`. Try again.
`i` is `4`. Try again.
`i` is `5`. Try again.
`i` is `6`. Try again.
`i` is `7`. Try again.
`i` is `8`. Try again.
`i` is `9`. Try again.
Greater than 9, quit!
```

表达式①是需要返回值的，而其他语句不需要返回值。Rust 大致有以下 3 种类型的语句。

(1) 由分号分隔的表达式。

- 字面表达式(literal expression)，例如："hello"；()；
- 元组表达式(tuple expression)，例如：("a",4usize,true)；(0,)
- 结构体表达式(structure expression)，例如：Point {x: 10.0,y: 20.0}；
- 块表达式(block expression)，例如：let x:i32={println!("Hello."); 5}；
- 范围表达式(range expression)，例如：1..2；
- if 表达式(if expression)，例如：let b=if a%2==0 {"even"} else {"odd"}；
- 还有：
  - ◇ 路径表达式(path expression)
  - ◇ 方法调用(method-call expression)
  - ◇ 字段表达式(field expression)
  - ◇ 数组表达式(array expression)
  - ◇ 索引表达式(index expression)
  - ◇ 一元操作符表达式(unary operator expression)
  - ◇ 二元操作符表达式(binary operator expression)
  - ◇ 返回表达式(return expression)
  - ◇ 分支表达式(match expression)
  - ◇ lambda 表达式(lambda expression)

① https://doc.rust-lang.org/stable/reference/introduction.html

(2) 使用赋值操作符(=)将一个变量和值绑定。

(3) 类型声明包括函数(fn)、类型别名(type)、静态变量(static)、特质(trait)、实现(implementation)或模块(module)、由 struct 和 enum 关键字创建的数据类型等。

上面的(1)称为表达式语句;而(2)、(3)则称为声明语句。Rust 中,如果没有返回值,则用空元组代表单元类型。

4.12 函数

在调用函数和声明函数时,需要用逗号分隔多个参数。与 let 不同,必须为函数参数声明类型。例如:

```
fn main() {
    print_sum(5, 6);
}
fn print_sum(x: i32, y: i32) ->i32{     // 函数参数的类型必须被声明
    println!("sum is:{} ", x +y);
    x +y                                // 注意这里没有分号
}
```

Rust 函数定义的语法如图 4.10 所示。

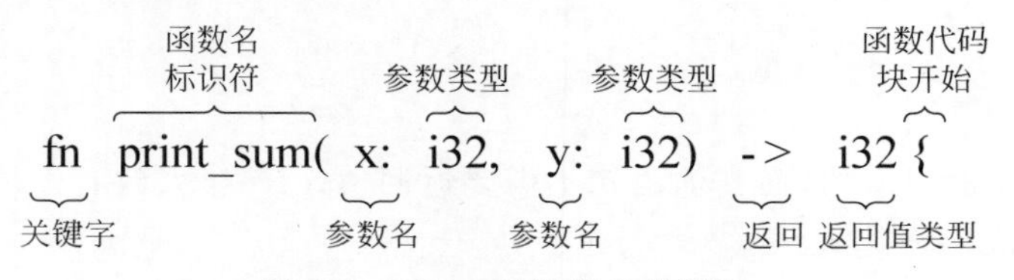

图 4.10 Rust 函数定义的语法

Rust 函数只能返回一个值。如果要像 Go 语言那样返回多个值,就需要使用元组。在函数原型后跟上一个“箭头”(->),声明返回值类型。注意,在函数返回时没有分号。如果加上分号,例如:

```
fn add_one(x: i32) ->i32{
    x +1;     // 如果加上了一个分号,就会返回一个空元组,和函数声明的返回类型不一致
}
```

编译上面的程序将会得到一个错误:

```
error: not all control paths return a value      // 不是所有控制路径都返回一个值
fn add_one(x: i32) ->i32{
    x +1;
}
help: consider removing this semicolon:          // Rust 编译器会给出一个推荐的解决方案
x +1;
^
```

这是因为 add_one 期待返回一个 i32 类型,但是由于加了分号,返回值的类型变成了空元组,所以报错。

4.12.1 提早返回

Rust 中的 return 关键字用于提早返回。例如:

```
fn foo(x: i32) ->i32{
    return x;
    x +1        // 这行代码不会被运行
}
```

return 可以作为函数的最后一行，不过这样写被认为是一个糟糕的风格。例如：

```
fn foo(x: i32) ->i32{
    return x +1;
}
```

就像 if 分支和 else 分支必须返回一致类型一样，函数的所有路径返回也必须类型一致。 请看下面的例子：

```
fn wait_for_process(process: &mut Process) ->i32{
    while true{
        if process.wait() {
            return process.exit_code();
        }
    }
} // error: mismatched types: expected i32, found ()
```

从程序员的角度看，因为 while true 是无限循环，该函数的唯一返回方式就是 return 语句，所以程序应该是可靠安全的。但是出于安全考虑，Rust 编译器仍然会给出错误，错误信息如下：

```
error[E0308]: mismatched types
-->.\addfloat.rs:2:3
  |
1 |   fn wait_for_process(process: &mut Process) ->i32{
  |                                              ---expected `i32` because of return type
2 | /   while true{
3 | |       if process.wait() {
4 | |           return process.exit_code();
5 | |       }
6 | |   }
  | |___^ expected `i32`, found `()`
```

函数返回的是 i32 类型。Rust 编译器仍然担心程序可能在执行 while true 语句后并没有直接返回，而是继续执行 while true 语句之后直到函数结束之间的语句（尽管从程序员角度看这种情况不可能发生），而这些语句的返回是空元组。这会导致 Rust 编译器判断返回类型不匹配。

使用“?”操作符可以实现错误情况下的提早返回，具体使用方法请参见 5.8 节。

4.12.2　发散函数

Rust 中的发散函数是永远不返回的特殊函数且其返回类型为“!”。示例如下：

```
fn diverges() ->!{
    panic!("This function never returns!");
}
```

它可以被用作任意类型，就像上面的程序所示，可以用来隔离异常处理。可能的应用场景为：在服务器端启动一个 socket 的监听程序，我们希望它一直监听，不要返回。如下例：

```
fn serve_forever(socket: ServerSocket, handler: ServerHandler) ->!{
    socket.listen();
    loop{
        let s =socket.accept();
        handler.handle(s);
    }
}
```

如果函数正常返回,Rust 会认为这是一个错误。Rust 中,以下情况永远不会返回,它们的类型就是“!”:

- panic! 以及基于它实现的各种函数/宏,如 unimplemented!、unreachable!。
- 死循环 loop{}。
- 进程退出函数 std::process::exit。

4.12.3 递归函数

递归函数是指函数在函数体内调用该函数自身。例如下面的求斐波那契数列的程序:

```
fn main() {
    let ans =fib(10);
    println!("{} ", ans);
}
fn fib(x: i64) ->i64{
    if x ==0 || x ==1{ return x;}
    fib(x -1) +fib(x -2)       //用不同的参数调用 fib() 函数自身
}
```

4.12.4 函数指针和函数作为参数

请看下面的例子:

```
fn foo(x: i32) ->i32{ x+1}                          //foo 为函数指针
let x: fn(i32) ->i32 =foo;                          //没有类型推定
let f =foo;                                         //使用类型推定

//函数指针调用
let eleven =f(10)
fn again(f: F, s: i32) ->i32{ f(f(s))}  //编译错误,需要指定 F 的类型
```

但是,Rust 编译器没有足够的信息来解析上面的函数 again(),它会要求注明 F 的类型。可以做如下修改,在变量表前面加入<F: Fn(i32) -> i32>:

```
fn again<F: Fn(i32) ->i32>(f: F, s: i32) ->i32{
    f( f( s) )
}
```

尖括号(< >)里的表达式注明了 F 是一个函数 Fn,这个函数的输入是一个 i32 的参数,返回 i32 类型。again 函数称为高阶(Higher-Order)函数,即输入参数是函数的函数。

4.12.5 函数嵌套

代码中可以包含 fn 函数:

```
use std::io;
use std::cmp::Ordering;

fn show_files() ->io::Result<()>{
    let mut v =vec![];
    ...
    fn cmp_by_timestamp_then_name(a: &FileInfo, b: &FileInfo) ->Ordering{
        a.timestamp.cmp(&b.timestamp)           // 首先比较时间戳
                .reverse()                      // 最新的文件优先
                .then(a.path.cmp(&b.path))      // 比较路径名,然后返回
    }
    v.sort_by(cmp_by_timestamp_then_name);
    ...
}
```

在一个块中声明一个 fn,它的作用域就是包含它的整个外部块。但是一个嵌套的 fn 是不能访问外部块里的本地变量或者参数的。例如,函数 cmp_by_timestamp_then_name 就不能直接使用定义在外部的变量 v。

4.12.6 方法

impl 块(参见 4.15 节)中定义的函数称为方法,主要有两种形式:关联方法和实例方法。我们可以通过方法链的形式调用方法,并通过返回 self 来支持方法链。例如:

```
// chapter4\methoddecl.rs
struct Circle{
    x: f64,
    y: f64,
    radius: f64,
}
impl Circle{
    fn area(&self) ->f64{                                // 实例方法
        std::f64::consts::PI *(self.radius *self.radius)
    }
    fn grow(&self, increment: f64) ->Circle{             // 实例方法
        Circle{ x: self.x, y: self.y, radius: self.radius +increment}
    }
}
fn main() {
    let c =Circle{ x: 0.0, y: 0.0, radius: 2.0};
    println!("{} ", c.area());
    let d =c.grow(2.0).area();                           // 方法的链式调用
    println!("{} ", d);
}
```

程序清单 4.47　方法声明例子

以上程序的输出如下:

```
Rust Programming\sourcecode\chapter4>.\methoddecl.exe
12.566370614359172
50.26548245743669
```

4.12.7 函数作为返回值

函数可以是一个类型,例如下面的函数类型声明:

```
Fn(i32) ->i32
```

可以作为返回值,其声明与普通函数的返回值类型声明一样。请看下面的例子:

```
// chapter4\retfunc.rs
fn main() {
    let a =[11,22,33,44,55,66,77];
    let mut v =Vec::<i32>::new();
    for i in &a{
        v.push(get_func(*i)(*i));
    }
    println!("{:?}", v);
}
type timesType =fn(i32) ->i32;             //函数类型

fn get_func(n: i32) ->fn(i32) ->i32{       // 返回函数
    fn double(n: i32) ->i32{               // 在函数中定义函数
        n *2
    }
    fn triple(n: i32) ->i32{               // 在函数中定义函数
        n *3
    }
    if n % 2 ==0{
        double
    } else{
        triple
    }
}
```

程序清单 4.48 函数作为返回值例子

以上程序的输出如下:

```
Rust Programming\sourcecode\chapter4>.\retfunc.exe
[33, 44, 99, 88, 165, 132, 231]
```

Rust 支持在函数内定义函数。不过,在函数中定义的函数时不能包含函数中的环境变量,若必须包含,则应该使用闭包。

4.12.8 常量函数

函数可以用 const 关键字修饰,这样的函数可以在编译阶段被编译器执行,返回值也被视为编译时常量。示例如下:

```
#![feature(const_fn)]
const fn square(num: usize) ->usize{
    num *num
}
```

const fn 函数是在编译阶段执行的,因此相比普通函数有许多限制,并非所有的表达式和语句都可以在其中使用。

我们可以定义在编译时就对函数参数求值的常量函数(constant functions)。这意味着一个 const 的值声明可以从调用 const 函数的返回中取值。const 函数必须是纯函数,而且必须是可重复多次执行的。也就是说,const 函数不能接收任何可变的函数的参数,也不能包括任何的动态性,如堆内存分配。它们可能在非 const 的上下文环境里就像一般函数那样被调用。但是,如果它们在 const 的上下文中被调用,它们就在编译时求值。下面是一个简单的示例:

```
// chapter4\constfn.rs
const fn salt(a: u32) ->u32{
    0xDEADBEEF ^ a
}
const CHECKSUM: u32 =salt(56);     // CHECKSUM 的 const 取值在编译时，salt 的执行在编译时
fn main() {
    println!("{} ", CHECKSUM);
}
```

程序清单 4.49　const fn 函数例子

以上程序的输出如下：

```
Rust Programming\sourcecode\chapter4>.\constfn.exe
3735928535
```

在上面的代码中，我们定义了一个 const 函数 salt，它接收一个 u32 类型的值作为函数参数，并且在函数体中执行和十六进制值 0xDEADBEEF 的异或。const 函数在需要在编译时执行某些操作时非常有用。

4.12.9　函数和闭包参数做模式解构

一个函数接收一个结构体参数，可以直接在参数中做模式解构。示例如下：

```
// chapter4\destructpara.rs
struct S{
    field1: char,
    field2: bool,
}
fn someFunc( S{ field1: arg1, field2: arg2} : S) {    // 结构作为函数参数
    println!("{} {} ", arg1, arg2);
}
fn main()
{
    let x =S{
        field1: 'Z',
        field2: true,
    };
    someFunc(x);                                  // arg1,arg2 自动绑定到 x 的 field1 和 field2
}
```

程序清单 4.50　函数参数里直接模式解构的例子

以上程序的输出如下：

```
Rust Programming\sourcecode\chapter4>.\destructpara.exe
Z true
```

4.12.10　其他

其他与函数相关的事项如下。

- 函数可以定义在使用函数之后，也就是使用函数在先，定义函数在后。只要函数定义在当前范围或者包含的范围中即可。
- 函数的遮蔽(Shadow)。

并列地定义两个一模一样的函数会给出编译错误：

```
fn f() {}
fn f() {}
```

错误信息是 f 被定义多次,但是同名函数定义在不同的代码块是允许的:

```
{                        // 代码块 1
    fn f() { print!("a"); }
    f();
}
{                        // 代码块 2
    fn f() { print!("b"); }
    f();
}
```

一个函数是可以遮蔽定义在外部的同名函数中的。示例如下:

```
// chapter4\funcshadow.rs
fn f() { print!("1"); }                     // 外部函数
fn main() {
    f();                                     // Prints 2 调用外部函数
    {
        f();                                 // Prints 3 调用内部函数
        fn f() { print!("3"); }              // 遮蔽外部 f 函数
    }
    f();                                     // Prints 2 调用 main 块中的 f 函数
    fn f() { print!("2"); }
}
```

程序清单 4.51 遮蔽外部同名函数例子

以上程序的输出如下:

```
Rust Programming\sourcecode\chapter4>.\funcshadow.exe
232
```

注意:

- 函数的参数可以采用传值方式或者传地址方式引用;
- 闭包(closure)是一类特殊类型的函数。
- 高级函数的定义可以使用泛型和生命周期。

4.13 注释

和 Java、Go 等流行的编程语言类似,Rust 通常使用以下 3 种注释:

- 行注释(Line Comment)
- 块注释或者多行注释
- 文档注释(Document Comment)
- 模块注释(Module Comment)

1. 行注释

代码中“//”后直到行尾的内容都属于注释,不会影响程序的行为。

```
// 创建一个绑定
let x =5;
let y =6; // 创建另一个绑定
```

2. 块注释或者多行注释（/ ** /）

代码中所有“/ * ”和“ * /”之间的代码都不会被编译。

3. 文档注释

文档注释使用“///”，一般用于函数或结构体（字段）的说明，置于要说明的对象上方。文档注释内部可使用 markdown 格式[①]的标记语法，便于 rustdoc 工具自动提取文档。例如：

```
/// Adds one to the number given
///
/// # Examples
///
/// ```
/// let five =5;
///
/// assert_eq!( 6, add_one ( 5) ) ;
/// # fn add_one ( x: i32) ->i32{
/// # x +1
/// #}
/// ```
fn add_one ( x: i32) ->i32{
  x +1
}
```

4. 模块注释

模块注释使用“//!”，用于说明本模块的功能。一般置于模块文件的头部。例如：

```
//! # The Rust Standard Library
//!
//! The Rust Standard Library provides the essential runtime
//! functionality for building portable Rust software
```

Rust 中自带 Rustdoc 工具来帮助程序员为 Rust 项目自动生成文档。cargo 中集成了 Rustdoc，所以可以使用 Rustdoc 或者 cargo doc 命令来自动生成文档。Rustdoc 命令生成的文档的格式可以参照 http://docs.rs。

自动生成的文档来源有两种：

- 来自代码文件的注释；
- 来自单独的 markdown 文件，例如：

```
rustdoc doc/simdtest.md   // 程序员自己准备一个 simdtest.md 的文档,会在同一目录下生成一个同名的 html
文件
```

4.14　运算符

Rust 中的 std::ops 提供了一系列的运算符号，它们的优先级和类 C 语言的类似（类 C 语言包括 C/C++、Java、Python 等语言），如表 4.17 所示。

① https://www.markdownguide.org/basic-syntax/

表 4.17 运算符列表

类别	Trait	操作符
一元操作符	std::ops::Neg std::ops::Not	-x !x
算术操作符	std::ops::Add std::ops::Sub std::ops::Mul std::ops::Div std::ops::Rem	x+y x-y x*y x/y x%y
位操作符	std::ops::BitAnd std::ops::BitOr std::ops::BitXor std::ops::Shl std::ops::Shr	x&y x|y x^y x<<y x>>y
复合算术赋值运算符	std::ops::AddAssign std::ops::SubAssign std::ops::MulAssign std::ops::DivAssign std::ops::RemAssign	x+=y x-=y x*=y x/=y x%=y
复合位操作赋值	std::ops::BitAndAssign std::ops::BitOrAssign std::ops::BitXorAssign std::ops::ShlAssign std::ops::ShrAssign	x&=y x|=y x^=y x<<=y x>>=y
比较	std::cmp::PartialEq std::cmp::PartialOrd	x==y,x!=y x<y,x<=y,x>y,x>=y
索引	std::ops:Index std::ops::IndexMut	x[y],&x[y] x[y]=z,&mut x[y]

4.14.1 一元操作符

顾名思义,一元操作符是专门对一个 Rust 元素进行操作的操作符,如表 4.18 所示。

表 4.18 一元运算符

操作符	操作符名	说明
-	取负	专门用于数值类型
*	解引用	和 Deref(DerefMu)这个 trait 关联密切,类似于 C 语言里的指针取值
!	取反	当这个操作符对数字类型使用时,会将其每一位都置反,也就是说,对一个1u8 进行"!"将会得到一个 254u8
&	借用	向一个 owner 租借其使用权,租借一个只读使用权
&mut	借用	向一个 owner 租借其使用权,租借一个读写使用权

4.14.2 二元操作符

1. 算术操作符

算术运算符都有对应的 trait,它们都定义在 std::ops 下,如表 4.19 所示。

表 4.19　二元算术运算符

操　作　符	操 作 符 名	说　　明
+	加法	实现了 std::ops::Add
−	减法	实现了 std::ops::Sub
*	乘法	实现了 std::ops::Mul
/	除法	实现了 std::ops::Div
%	取余	实现了 std::ops::Rem

2. 位运算符

和算术运算符差不多的是，位运算也有对应的 trait，如表 4.20 所示。

表 4.20　二元位运算符

操　作　符	操 作 符 名	说　　明
&	与操作	实现了 std::ops::BitAnd
|	或操作	实现了 std::ops::BitOr
^	异或	实现了 std::ops::BitXor
<<	左移运算符	实现了 std::ops::Shl
>>	右移运算符	实现了 std::ops::Shr

3. 惰性 boolean 运算符

逻辑运算符有 3 个，分别是 &&、||、!。其中，前两个称为惰性布尔运算符。之所以称为惰性(例如 a && b，如果 a 为 false，Rust 编译器就不会再检查 b 的值了，而是直接返回 false；对 a||b，如果 a 为 true，Rust 编译器就不会再检查 b 的值了，而是直接返回 true)，是因为在 Rust 里也会出现其他类 C 语言的逻辑短路问题，其作用和 C 语言里的是一样的。不同的是，Rust 里的这个运算符只能用在布尔类型变量上。Rust 不支持 C 语言中的数字类型的布尔条件表达式，例如：

```
if 1{    // Rust 里不支持
    printf("true");
}
```

4. 比较运算符

比较运算符其实也是某些 trait 的语法糖，不同的是，比较运算符所实现的 trait 只有两个，即 std::cmp::PartialEq 和 std::cmp::PartialOrd，如表 4.21 所示。

表 4.21　二元比较运算符

操　作　符	操 作 符 名	说　　明
==	等于	实现了 std::cmp::PartialEq
!=	不等于	实现了 std::cmp::PartialEq
<	小于	实现了 std::cmp::PartialOrd
<=	小于或等于	实现了 std::cmp::PartialOrd
>	大于	实现了 std::cmp::PartialOrd
>=	大于或等于	实现了 std::cmp::PartialOrd

std::cmp 这个模块下还有两个 trait：Ord 和 Eq。之所以不使用完全排序 Ord 和完全相等 Eq，是因为它们不能处理以下特殊情况：浮点数有一个特殊的值叫作 NaN，这个值表示未

定义的一个浮点数。在 Rust 中,可以用 0.0f32/0.0f32 来求得其值。但问题是,这个数是一个确定的值,但是它表示的是一个不确定的数,NaN!=NaN 的结果是 true。而这在 Eq 看来是完全相等的。所以,为了适应普适情况,Rust 的编译器选择了 PartialOrd 和 PartialEq 来作为其默认的比较符号的 trait。

Rust 的类型安全要求不能在不同类型之间进行比较。例如下例编译不会通过:

```
fn main() {
    let a: i32 =10;
    let b: u16 =100;
    if a <b {         // a 和 b 类型不同,所以无法比较,触发编译错误
        println!(" Ten is less than one hundred." );
    }
}
```

一个解决办法是使用 as 操作符对其中的一个操作数进行类型转换。下面是类型转换的版本:

```
fn main() {
    let a: i32 =10;
    let b: u16 =100;
    if a <(b as i32) {          // 类型转换
        println!(" Ten is less than one hundred." );
    }
}
```

程序清单 4.52　数字比较例子

上面方案中,万一操作数类型的类型转换失败了,怎么办?

```
    // chapter4\convert.rs
1.  use std::convert::TryInto;

2.  fn main() {
3.      let a: i32 =10;
4.      let b: u16 =100;

5.      let b_ =b.try_into().unwrap();

6.      if a <b_{
7.          println!(" Ten is less than one hundred." );
8.      }
9.  }
```

程序清单 4.53　convert 出错例子

上面的程序引入了两个概念:traits 和错误处理。第 1 行使用 use 关键字将 std::convert::TryInto trait 导入当前作用域。这样我们就可以对 b 变量使用 try_into()方法。我们这里暂且不介绍 trait。对于有面向对象编程背景的读者,可以把它想象成抽象类或者接口。对于有函数式编程背景的,可以把 trait 想象成类型类(type classes)。第 5 行引入了 Rust 的错误处理。b.try_into()返回被 Result 类型封装的 i32 类型的值。Result 类型可能包含一个错误或者一个转换成功状态下的值。unwrap()方法能够处理转换成功状态下的值,并返回 i32 类型的值。如果 u16 到 i32 的转换失败,则调用会终止程序并退出。

5. 类型转换运算符

Rust 里的类型转换符 as 关键字可以用来做 C 语言中的显式类型转换。示例如下:

```
fn avg(vals: &[f64]) ->f64{
    let sum: f64 =sum(vals);
    let num: f64 =len(vals) as f64;
    sum / num
}
```

4.14.3 优先级

表 4.22 将 Rust 的操作符按优先级从高到低的顺序列出。

表 4.22 运算符优先级

操 作 符	相 关 性
字段表达式	从左至右
函数调用,数组索引	
?	
一元操作符(-、*、!、&、&mut)	
as	
二元计算(*、/、%)	从左至右
二元计算(+、-)	从左至右
位移计算(<<,>>)	从左至右
AND 位操作(&)	从左至右
XOR 位操作(^)	从左至右
OR 位操作(|)	从左至右
比较操作(==、!=、<、>、<=、>=)	需要括号
逻辑与操作(&&)	从左至右
逻辑或操作(||)	从左至右
范围(..、..=)	需要括号
赋值操作(=、+=、-=、*=、/=、%=、|=、^=、<<=、>>=)	从右至左
return,break 闭包	

4.15 impl 代码块

Rust 中,类型定义和行为定义是分开的。行为定义使用 impl 代码块,通过"impl ... for trait 名"的方式为相应的方法赋予类型,而这也是 Rust 中对象构成的概念。例如我们定义了 dog 这个类型,那么我们可以使用 impl 关键字为 dog 实现 bark()方法,就实现了狗吠的语义:

```
impl Bark for dog{
    fn bark(){ ...}          // 狗吠
}
```

将类型的定义和类型的行为方法分开有以下好处:

- 很容易找到类型的定义和数据成员;
- 将行为方法定义在 impl 块,同样的行为方法可以同时适用于命名结构、元组结构和单元结构;实际上,同样的行为方法甚至可以适用于枚举类型和原始类型(如 i32);
- 同样的语法也适用于 impl trait。

4.15.1 使用 impl 给结构定义方法

我们可以定义基于任何结构类型的方法。这些方法不是定义在结构定义的内部,而是定义在一个独立的 impl 代码块里:在这个 impl 代码库里,一般包含一系列的 fn 函数,而这些函数称为结构的方法。每个结构体都允许拥有多个 impl 块。例如:

```
use std::ops::Mul;
struct Point
{
    x: i32,
    y: i32
}
impl Point{
    fn new(name: &str) ->Point{                   // 构造函数,关联方法
        Point{
            x: 0,
            y: 0,
        }
    }
}
impl Mul for Point                                // Mul trait 来自 std::ops
{
    type Output =Point;                           // 关联类型
    fn mul( self, other: Point) ->Point           // 实现乘法,实例方法
    {
        Point
        {
            x: self.x *other.x,
            y: self.y *other.y
        }
    }
}
```

结构的方法主要有以下两种。

(1) **关联方法**:结构的方法中第一个参数不是 self 类型的方法,它类似面向对象编程中的静态方法。使用关联方法不需要使用结构的实例来调用,可以使用“结构名::方法名”的方式来调用。示例如下:

```
Player::with_name("Dave");
```

(2) **实例方法**:结构的方法中第一个参数是 self 类型的方法。调用实例方法需要一个结构的实例,使用“实例名.方法名”的方式来调用。示例如下:

```
Jordan.with_name("Dave");   //假设 Jordan 是 Player 类型的一个实例
```

4.15.2 使用 impl 给枚举定义方法

我们也可以使用 impl 给枚举类型定义方法。例如:

```
// Chapter 4/method_enum.rs
enum Day{
    Monday,
    Tuesday,
    Wednesday,
    Thursday,
```

```
    Friday,
    Saturday,
    Sunday,
}
impl Day{
    fn mood(&self) {    //方法
        println!("{} ", match *self{
            Day::Monday =>"走向深渊!",
            Day::Tuesday =>"路漫漫!",
            Day::Wednesday =>"夜茫茫!",
            Day::Thursday =>"曙光在前方!",
            Day::Friday =>"胜利大逃亡!",
            _ =>"周末...",
        })
    }
}
fn main() {
    let today =Day::Tuesday;
    today.mood();
}
```

程序清单 4.54 enum 方法例子

以上程序的输出如下：

```
Rust Programming\sourcecode\chapter4>.\method_enum.exe
路漫漫!
```

4.16 程序的内存表现

当一个程序运行时，内存被分为不同的块。块的正式名称为段(segments)。一些段是固定大小的，如程序代码段或者程序的全局数据段。但是堆和栈这两个段的大小是不断变化的，所以堆和栈被安排在程序虚拟内存的两头：堆可以向下生长，而栈则向上生长。如果堆和栈相遇，则意味着程序内存耗尽并且会导致程序崩溃。

栈用来保存当前执行函数的状态，特别是函数的参数、函数的本地变量和临时值，它们被保存在一个栈帧(stack frame)中。当一个函数 f()被调用时，一个新的栈帧就被加入栈段。在函数 f()执行结束前，CPU 会更新栈指针寄存器，该寄存器在函数执行过程中指向前面调用函数时被分配的新栈帧。但函数 f()执行结束返回后，栈指针寄存器会重置为调用之前的值，也就是调用函数 f()的栈帧。所以在 f()函数的执行过程中，调用它的函数的栈帧不会被修改(如图 4.11 所示)。

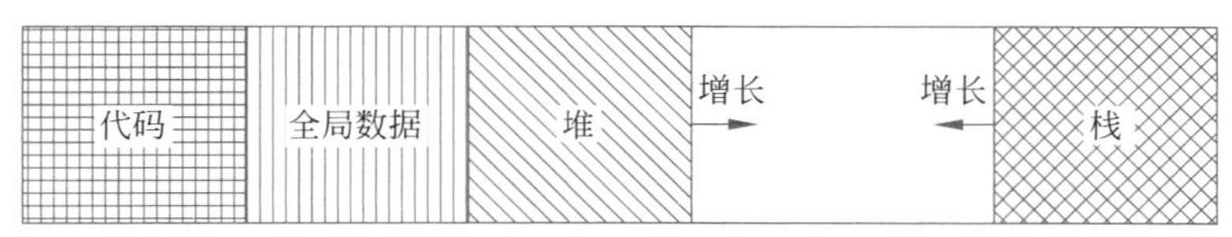

图 4.11 程序的内存表现形式

操作系统以进程的方式运行 Rust 程序。被分配给进程的虚拟内存分为内核空间(kernel space)和用户空间(user space)。内核空间是一块导入内核的内存空间，用来帮助程序和硬件通信，这块内存包括内核代码、内核独有的内存空间和保留空间。作为 Rust 程序员，我们只关心程序实际使用的用户空间，而 Rust 程序并不能访问内核空间的虚拟内存。

Rust 程序的内存布局如图 4.12 所示。

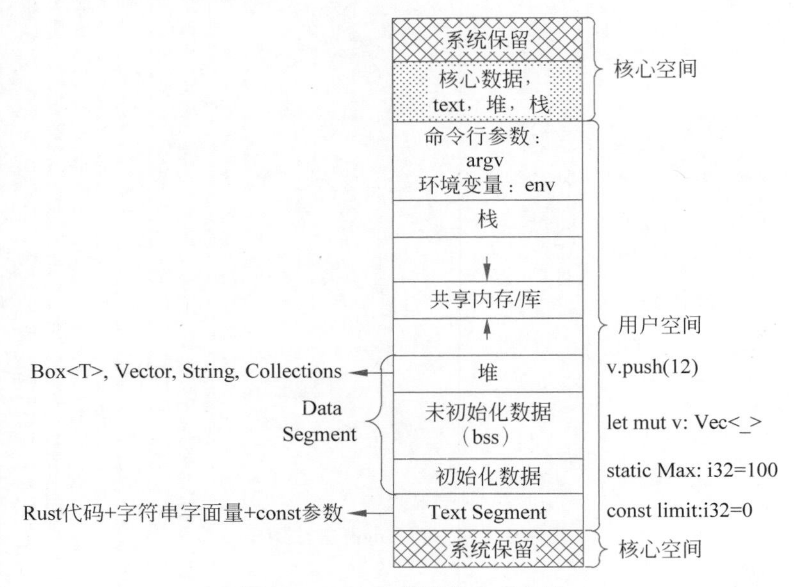

图 4.12 Rust 程序的内存布局

下面详细解释图 4.12 的细节。

- **Rust 进程**。当一个 Rust 二进制可执行程序被操作系统核心读入系统内存并执行时,它就变成了一个进程。操作系统给每一个进程设置了其独有的用户空间,所以不同的 Rust 进程在运行时不会互相打扰。
- **Text segment**。Rust 程序的可执行指令放置在 Text 段。Text 段在栈和堆的底部,可以防止任何溢出错误引发的代码被覆盖的问题。这个段是只读的,所以其内容不会因为疏忽而被覆盖。但是,多进程可能共享 text 段。以编辑器为例:在已经启动了一个编辑器进程(假设成为 process1)的情况下,如果再启动第二个编辑器进程(成为 process2),操作系统会为 process2 分配私有的内存空间,但是不会导入相同的编辑器程序代码到内存。操作系统会创建一个 process1 中 text 段的指令的一个引用,但是并不在进程之间共享其他内存(the data、stack 等)。
- **Data segment**。data 段会被分为初始化的变量(如 static 变量)、未初始化变量(也称为 bss 或者 block started by symbol)和堆。在执行过程中,如果程序请求更多的内存,那么内存就将分配在堆上。所以堆和动态内存分配有关。
- **Stack segment**。栈是用来保存临时变量、函数参数和返回指令地址(在函数调用结束后会跳到该地址,执行该地址开始的代码)的进程内存。Rust 中所有默认的内存分配都发生在栈上。当函数被调用时,其变量就被分配在栈上。栈上的内存分配是连续的。

Rust 程序运行时的虚拟空间分配总结如下:

- Rust 程序的代码指令会被导入 text segment;
- 基础数据类型的数据被分配在栈上;
- static 变量被导入 data segment;
- 堆分配的值(那些在编译时不知道大小的值,如 vectors 和 strings)被分配在位于 data

segment 的堆上；

- 未初始化变量会被导入 BSS segment。

程序员无法控制 text segment 和 BSS segments，并且主要只和 stack、heap 以及 static 内存区域打交道。

4.17　文件操作

本节主要介绍如何用 Rust 编程语言来操作：

- 文本文件
- 二进制文件
- 系统目录和路径
- 文件扩展名
- 压缩文件

4.17.1　文本文件

1. 读取文件内容为一个字符串

请看下面读取文本文件内容的例子：

```
// chapter4\readtxtfile.rs
use std::fs::File;
use std::io::Read;

fn main() {
    let filename = "foo.txt";
    match File::open(filename) {                          // 以只读模式打开文件句柄
        Ok(mut file) =>{                                  // 如果打开文件句柄成功
            let mut content = String::new();              // 生成缓冲区
            file.read_to_string(&mut content).unwrap();   // 把所有的文件内容读入一个变量(默认该
                                                          // 操作成功)
            println!("{}", content);
            // 文件句柄自动关闭
        },
        Err(error) =>{                                    // 错误处理
            println!("Error opening file {}: {}", filename, error);
        },
    }
}
```

程序清单 4.55　读取文件内容为一个字符串的例子

以上程序的输出如下：

```
Rust Programming\sourcecode\chapter4>.\readtxtfile.exe
New content
Some more content
Last line in the file, goodbye
```

2. 按行读取文件内容

上节是一次性读入文件内容到缓冲区的示例。本节展示如何按行来读取文本文件。例如：

```
// chapter4\readtxtline.rs
use std::fs::File;
use std::io::{ BufRead, BufReader} ;
fn main () {
    let filename =" foo.txt" ;
    // 打开文件句柄( 默认打开成功)
    let file =File::open ( filename) .unwrap () ;          // 打开文件句柄成功。忽略错误
    let reader =BufReader::new ( file) ;                   // 生成缓存句柄 BufReader
    // 使用 std::io::BufRead 中的 lines () 的迭代器按行读取文件内容
    for ( index, line)  in reader.lines () .enumerate () { // 迭代访问
        let line =line.unwrap () ;                         // 忽略错误
        // 打印行内容和行编号
        println!("{} . {} ", index +1, line) ;
    }
}
```

程序清单 4.56 按行读取文件内容的例子

以上程序的输出如下：

```
Rust Programming\sourcecode\chapter4>.\readtxtline.exe
1. New content
2. Some more content
3. Last line in the file, goodbye
```

3. 写文本文件

本节演示如何写入文本文件。例如：

```
// chapter4\writetxtfile.rs
use std::env;
use std::fs::File;
use std::io::Write;
fn main () {
    // 创建临时文件
    let temp_directory =env::temp_dir () ;
    let temp_file =temp_directory.join (" file" ) ;
    // 以只写模式打开一个文件。如果文件不存在,则自动创建文件
    let mut file =File::create ( temp_file) .unwrap () ;
    // 以 &str 类型写入文件( 忽略错误)
    writeln!( &mut file, " Hello Milly!" ) .unwrap () ;
    // 写入" Byte" 字符串
    file.write ( b" Bytes\n" ) .unwrap () ;
}
```

程序清单 4.57 写文本文件

4. 将文件读入 Vec 类型

本节演示如何对齐文件内容到向量。例如：

```
use std::fs::File;
use std::io::Read;
fn read_a_file () ->std::io::Result<Vec<u8>>{
    let mut file =try!( File::open (" example.data" ) ) ;      // 打开文件 example.data
    let mut data =Vec::new () ;
    try!( file.read_to_end( &mut data) ) ;                     // 读入文件内容到向量
    return Ok ( data) ;
}
```

std::io::Result < T >是 Result < T,std::io::Error >的别名,在 try!()宏错误的情况下

返回。read_to_end()是 std::io::Read trait 中定义的方法。read_to_end()不返回读取的数据,它把数据读入容器参数中。

很多系统的配置文件或者过程文件都是文本文件,但是格式不同,如 Json、toml、yaml、env 等。关于不同格式的文本文件读取问题,请参照 7.2 节和 7.3 节。

4.17.2 二进制文件

对于二进制文件而言,基本的处理单位是字节。在不同的平台,字节顺序(endianness)[①]也不一样。

- **小端字序(little endian)**:低位字节在低地址。
- **大端字序(big endian)**:高位字节在低地址。

例如:对于十六进制值 0x90CD,0x90-> 0xCD 是大端字序,0xCD-> 0x90 则是小端字序。

Cargo.toml:

```
[dependencies]
byteorder ="1.1.0"
```

主程序如下:

```
// chapter4\RustSLCBChapter03\src\bin\binary_files.rs
extern crate byteorder;
use byteorder::{ ByteOrder, ReadBytesExt, WriteBytesExt, BE, LE} ;
use std::fs::File;
use std::io::{ self, BufReader, BufWriter, Read} ;
use std::io::prelude::*;

fn main () {
    let path =" ./foo.bin" ;
    write_dummy_protocol( path) .expect (" Failed write file" ) ;
    let payload =read_protocol ( path) .expect(" Failed to read file" ) ;
    print!(" The protocol contained the following payload: " ) ;
    for num in payload{
        print!(" 0x{ :X} " , num) ;
    }
    println! () ;
}

fn write_dummy_protocol( path: &str)  ->io::Result<() >{
    let file =File::create ( path) ?;                    // 创建写文件句柄
    let mut buf_writer =BufWriter::new ( file) ;

    // 假设我们的二进制文件以一个魔数开头: RustProgram
    let magic =b" RustProgram" ;
    buf_writer.write_all( magic) ?;                      // 写入魔数

    // 同时在写入一个表明是大段还是小段字序的标志
    let endian =b" LE" ;
    buf_writer.write_all( endian) ?;                     // 写入字节顺序

    // 写入两个 u32 的数字
    buf_writer.write_u32::<LE> ( 0xDDDD) ?;
    buf_writer.write_u32::<LE> ( 0x1111) ?;
```

① http://www.cs.umd.edu/class/sum2003/cmsdc311/Notes/Data/endian.html

```
    Ok(())
}

fn read_protocol(path: &str) ->io::Result<Vec<u32>>{
    let file =File::open(path)?;
    let mut buf_reader =BufReader::new(file);

    // 协议规定：文件以"RustProgram"开头,11 字节长
    let mut start =[0u8; 11];
    buf_reader.read_exact(&mut start)?;
    if &start !=b"RustProgram" {                    // 文件头包含魔数
        return Err(io::Error::new(
            io::ErrorKind::Other,
            "File didn't start with the expected magic string",
        ));
    }

    // 协议规定：魔数后是一个字节顺序标志
    let mut endian =[0u8; 2];
    buf_reader.read_exact(&mut endian)?;           // 以指定字节序读取字节内容
    match &endian{
        b"LE" =>read_protocol_payload::<LE, _>(&mut buf_reader),
        b"BE" =>read_protocol_payload::<BE, _>(&mut buf_reader),
        _ =>Err(io::Error::new(
            io::ErrorKind::Other,
            "Failed to parse endian",
        )),
    }
}

// 读取文件的负载
fn read_protocol_payload<E, R>(reader: &mut R) ->io::Result<Vec<u32>>
where
    E: ByteOrder,                                   // 字节顺序
    R: ReadBytesExt,
{
    let mut payload =Vec::new();
    const SIZE_OF_U32: usize =4;
    loop{
        let mut raw_payload =[0; SIZE_OF_U32];
        // 读其后的 4 字节
        match reader.read(&mut raw_payload)?{
            // Zero 标志到了文件尾
            0 =>return Ok(payload),
            // SIZE_OF_U32 表明我们读取了一个完整的 u32
            SIZE_OF_U32 =>{
                let as_u32 =raw_payload.as_ref().read_u32::<E>()?;
                payload.push(as_u32)
            }
            // 其他任何情况都表明文件内容负载不合法
            _ =>{
                return Err(io::Error::new(
                    io::ErrorKind::UnexpectedEof,
                    "Payload ended unexpectedly",
                ))
            }
        }
    }
}
```

程序清单 **4.58**　读取二进制文件例子

以上程序的输出如下：

```
Rust Programming\sourcecode\chapter4\RustSLCBChapter03\src>cargo run --bin binary_files
   Running `E:\projects\Rust Programming\sourcecode\chapter4\RustSLCBChapter03\target\debug
\binary_files.exe`
The protocol contained the following payload: 0xDEAD 0xBEEF
```

4.17.3　文件路径

本节演示浏览指定路径下的文件和目录，并打印相关信息的方法。

Cargo.toml：

```
[dependencies]
walkdir = "2.0.1"
```

主程序如下：

```
// chapter4\RustSLCBChapter03\src\bin\traverse_files.rs
extern crate walkdir;
use walkdir::{DirEntry, WalkDir};

fn main() {
    println!("本目录下所有文件路径：");
    for entry in WalkDir::new(".") {
        if let Ok(entry) = entry{
            println!("{}", entry.path().display());
        }
    }

    println!("本目录下非隐藏文件名：");
    WalkDir::new("../chapter7")
        .into_iter()                                    // 生成迭代器
        .filter_entry(|entry| !is_hidden(entry))        // 检查每个项目是否隐藏文件
        .filter_map(Result::ok)                         // 保有所有可以访问的项目
        .for_each(|entry|{                              // 闭包
          // 将返回的文件名转换成一个 Rust 字符串。如果其中含有非 UTF-8 码，则用占位符替换它
          let name = entry.file_name().to_string_lossy();
          println!("{}", name)
        });

    println!("本目录下所有子目录的文件路径是：");
    WalkDir::new(".")
        .into_iter()                                    // 迭代器
        .filter_entry(is_dir)                           // 只检查目录文件
        .filter_map(Result::ok)                         // 保有所有的项目
        .for_each(|entry|{                              // 闭包
          let path = entry.path().display();
          println!("{}", path)
        });

    let are_any_readonly = WalkDir::new("..")
        .into_iter()                                    // 迭代器
        .filter_map(Result::ok)                         // 保有所有可以访问的项目
        .filter(|e| has_file_name(e, "array.rs"))       // 检查是否为特定文件名
        .filter_map(|e| e.metadata().ok())              // 获取文件元数据
        .any(|e| e.permissions().readonly());           // 检查是否是只读
        println!(
          "Are any the files called 'vector.rs' readonly? {}",
          are_any_readonly
```

```
    );

    let total_size = WalkDir::new(".")
        .into_iter()                                          // 迭代器
        .filter_map(Result::ok)                               // 保有所有可以访问的项目
        .filter_map(|entry| entry.metadata().ok())            // 获取文件元数据
        .filter(|metadata| metadata.is_file())                //保有所有可以访问的项目
        .fold(0, |acc, m| acc + m.len());                     // 累计文件大小

    println!("Size of current directory: {} bytes", total_size);
}

fn is_hidden(entry: &DirEntry) -> bool {
    entry
        .file_name()
        .to_str()
        .map(|s| s.starts_with('.'))
        .unwrap_or(false)                                     // 如果文件名是非法的 UTF8,返回 false
}

fn is_dir(entry: &DirEntry) -> bool {
    entry.file_type().is_dir()
}

fn has_file_name(entry: &DirEntry, name: &str) -> bool {
    // 检查文件名是否包含合法的 Unicode
    match entry.file_name().to_str() {
        Some(entry_name) => entry_name == name,
        None => false,
    }
}
```

程序清单 4.59　搜索指定目录下的文件的例子

以上程序的输出如下:

```
\Rust Programming\sourcecode\chapter4\RustSLCBChapter03\src>cargo run --bin traverse_files
   Compiling chapter_three v0.1.0 (E:\projects\Rust Programming\sourcecode\chapter4\RustSLCBChapter03)
    Finished dev [unoptimized + debuginfo] target(s) in 0.38s
     Running `E:\projects\Rust Programming\sourcecode\chapter4\RustSLCBChapter03\target\debug\traverse_files.exe`
All file paths in this directory:
.
.\bar.bin
.\bin
.\bin\binary_files.rs
.\bin\bytes.rs
.\bin\compression.rs
.\bin\glob.rs
.\bin\text_files.rs
.\bin\traverse_files.rs
All non-hidden file names in this directory:
Paths of all subdirectories in this directory:
.
.\bin
Are any the files called 'vector.rs' readonly? false
Size of current directory: 14889 bytes
```

4.17.4　搜索指定扩展名的文件

本节演示通过 glob crate 搜索指定扩展名的文件的方法。

Cargo. toml：

```
[dependencies]
error-chain = "0.10.0"
glob = "0.2.11"
```

主程序如下：

```
// chapter4\File\sample_ext\src\main.rs
#[macro_use]
extern crate error_chain;
error_chain! {
    foreign_links {
        Glob(glob::GlobError);
        Pattern(glob::PatternError);
    }
}

extern crate glob;
use glob::glob;
fn run() ->Result<()>{
    for entry in glob("**/*.png")? {
        println!("{} ", entry?.display());
    }

    Ok(())
}
quick_main!(run);
```

程序清单 4.60 搜索指定扩展名文件的例子

以上程序的输出如下：

```
Rust Programming\sourcecode\chapter4\File\sample_ext>cargo run
   Compiling sample_ext v0.1.0 (E:\projects\Rust Programming\sourcecode\chapter4\File\sample_ext)
warning: use of deprecated method `std::error::Error::description`: use the Display impl or to_
string()
-->src\main.rs:4:1
  |
4 | / error_chain! {
5 | |     foreign_links {
6 | |         Glob(glob::GlobError);
7 | |         Pattern(glob::PatternError);
8 | |     }
9 | | }
  | |_^
  |
  =note: `#[warn(deprecated)]` on by default
  =note: this warning originates in the macro `error_chain_processed` which comes from the
expansion of the macro `error_chain` (in Nightly builds, run with -Z macro-backtrace for more
info)

warning: use of deprecated method `std::error::Error::cause`: replaced by Error::source, which
can support downcasting
-->src\main.rs:4:1
  |
4 | / error_chain! {
5 | |     foreign_links {
6 | |         Glob(glob::GlobError);
7 | |         Pattern(glob::PatternError);
8 | |     }
```

```
9 | |}
  | |_^
  |
  = note: this warning originates in the macro `error_chain_processed` which comes from the
expansion of the macro `error_chain` (in Nightly builds, run with -Z macro-backtrace for more
info)

warning: `sample_ext` (bin "sample_ext") generated 2 warnings
    Finished dev [unoptimized + debuginfo] target(s) in 0.37s
     Running `target\debug\sample_ext.exe`
src\images\B05117_11_01.png
src\images\B05117_11_02.png
src\images\B05117_11_03.png
```

4.17.5 压缩文件

本节演示如何使用 flate crate 压缩和解压缩文件。

Cargo.toml：

```
[dependencies]
flate2 = "0.2.20"
```

主程序如下：

```
// chapter4\File\compression.rs
extern crate flate2;

use std::io::{self, SeekFrom};
use std::io::prelude::*;

use flate2::{Compression, FlateReadExt};
use flate2::write::ZlibEncoder;
use flate2::read::ZlibDecoder;

use std::fs::{File, OpenOptions};
use std::io::{BufReader, BufWriter, Read};

fn main() {
    let bytes = b"I have a dream that one day this nation will rise up, \
        and live out the true meaning of its creed";
    println!("Original: {:?}", bytes.as_ref());
    // 压缩某些字节
    let encoded = encode_bytes(bytes.as_ref()).expect("Failed to encode bytes");
    println!("Encoded: {:?}", encoded);
    // 解压缩
    let decoded = decode_bytes(&encoded).expect("Failed to decode bytes");
    println!("Decoded: {:?}", decoded);

    // 打开要压缩的文件
    let original = File::open("sample_ext\src\images\B05117_11_01.png").expect("Failed to
open file");
    let mut original_reader = BufReader::new(original);

    // 压缩
    let data = encode_file(&mut original_reader).expect("Failed to encode file");

    // 保存压缩文件到硬盘
    let encoded = OpenOptions::new()
```

```
        .read(true)
        .write(true)
        .create(true)
        .open("B05117_11_01.png_encoded.zlib")
        .expect("Failed to create encoded file");
    let mut encoded_reader =BufReader::new(&encoded);
    let mut encoded_writer =BufWriter::new(&encoded);
    encoded_writer
        .write_all(&data)
        .expect("Failed to write encoded file");

    // 返回被压缩文件的开头
    encoded_reader
        .seek(SeekFrom::Start(0))
        .expect("Failed to reset file");

    // 解压缩
    let data =decode_file(&mut encoded_reader).expect("Failed to decode file");

    // 将解压缩文件到硬盘
    let mut decoded =File::create("ferris_decoded.png").expect("Failed to create decoded
file");
    decoded
        .write_all(&data)
        .expect("Failed to write decoded file");
}

fn encode_bytes(bytes: &[u8]) ->io::Result<Vec<u8>>{
    // 选择压缩算法
    let mut encoder =ZlibEncoder::new(Vec::new(), Compression::Default);
    encoder.write_all(bytes)?;
    encoder.finish()
}

fn decode_bytes(bytes: &[u8]) ->io::Result<Vec<u8>>{
    let mut encoder =ZlibDecoder::new(bytes);
    let mut buffer =Vec::new();
    encoder.read_to_end(&mut buffer)?;
    Ok(buffer)
}

fn encode_file(file: &mut Read) ->io::Result<Vec<u8>>{
    // 文件有一个内置的编码器
    let mut encoded =file.zlib_encode(Compression::Best);
    let mut buffer =Vec::new();
    encoded.read_to_end(&mut buffer)?;
    Ok(buffer)
}

fn decode_file(file: &mut Read) ->io::Result<Vec<u8>>{
    let mut buffer =Vec::new();
    // 文件有一个内置的解码器
    file.zlib_decode().read_to_end(&mut buffer)?;
    Ok(buffer)
}
```

程序清单 **4.61**　压缩文件的例子

以上程序的输出如下：

```
Rust Programming\sourcecode\chapter4\RustSLCBChapter03\src>cargo run --bin compression
   ...
```

```
    Finished dev [unoptimized + debuginfo] target(s) in 1.24s
     Running `E:\projects\Rust Programming\sourcecode\chapter4\RustSLCBChapter03\target\
debug\compression.exe`
Original: [73, 32, 104, 97, 118, 101, 32, 97, 32, 100, 114, 101, 97, 109, 32, 116, 104, 97, 116, 32,
111, 110, 101, 32, 100, 97, 121, 32, 116, 104, 105, 115, 32, 110, 97, 116, 105, 111, 110, 32, 119, 105,
108, 108, 32, 114, 105, 115, 101, 32, 117, 112, 44, 32, 97, 110, 100, 32, 108, 105, 118, 101, 32, 111,
117, 116, 32, 116, 104, 101, 32, 116, 114, 117, 101, 32, 109, 101, 97, 110, 105, 110, 103, 32, 111,
102, 32, 105, 116, 115, 32, 99, 114, 101, 101, 100]
Encoded: [120, 1, 13, 203, 209, 13, 131, 48, 12, 6, 225, 85, 110, 128, 46, 210, 49, 172, 230, 47, 88,
10, 14, 74, 28, 16, 219, 147, 199, 147, 238, 251, 178, 219, 37, 140, 210, 101, 7, 185, 91, 210, 66, 20,
123, 86, 248, 32, 44, 189, 5, 183, 215, 74, 247, 33, 230, 249, 193, 162, 80, 125, 185, 54, 115, 109, 34,
251, 20, 135, 44, 60, 54, 218, 31, 207, 193, 175, 75, 229, 5, 93, 83, 34, 9]
Decoded: [73, 32, 104, 97, 118, 101, 32, 97, 32, 100, 114, 101, 97, 109, 32, 116, 104, 97, 116, 32,
111, 110, 101, 32, 100, 97, 121, 32, 116, 104, 105, 115, 32, 110, 97, 116, 105, 111, 110, 32, 119, 105,
108, 108, 32, 114, 105, 115, 101, 32, 117, 112, 44, 32, 97, 110, 100, 32, 108, 105, 118, 101, 32, 111,
117, 116, 32, 116, 104, 101, 32, 116, 114, 117, 101, 32, 109, 101, 97, 110, 105, 110, 103, 32, 111,
102, 32, 105, 116, 115, 32, 99, 114, 101, 101, 100]
```

4.18 Rust 标准库

本节深入讨论 Rust 的标准库(std)。Rust 标准库是 Rust 程序调用一个操作系统的内核函数的主要接口,它内部通过使用 libc(或者其他平台特定的对应的库)调用系统调用。Rust 标准库是跨平台的,这意味着 Rust 标准库把调用系统函数的细节都抽象化了,以使 Rust 程序员不用关心这些细节(如图 4.13 所示)。

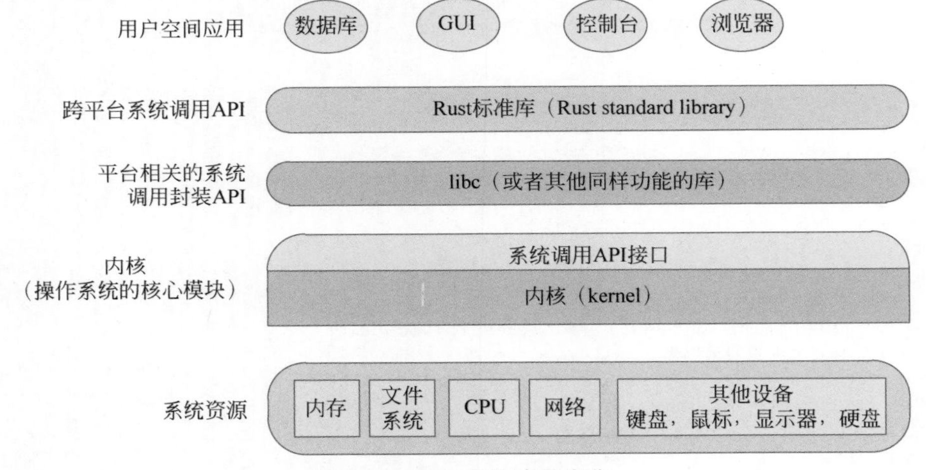

图 4.13 Rust 标准库的定位

4.18.1 Rust 标准库的特点

Rust 标准库具有以下显著的特点。

- std 是跨平台的。std 提供的功能隐藏了不同平台架构的差异。
- std 默认是所有 Rust crates 都可用的。使用 use 语句可以访问各种模块和它们的成员(如 trait、方法、结构等)。
- std 包括标准 Rust 原语(如整数和浮点数)的操作。例如,std::i8::MAX 是一个在标准库里实现的常量,规定了 i8 类型中的最大值。
- std 实行了核心数据类型,例如 vector、strings 和智能指针(包括 Box、Rc 和 Arc)。

- std 提供了各种操作功能，例如数据操作、内存分配、错误处理、网络、I/O、并发、异步 I/O 原语和外部函数接口（FFI）。

图 4.14 是 Rust 标准库的高层次视图。

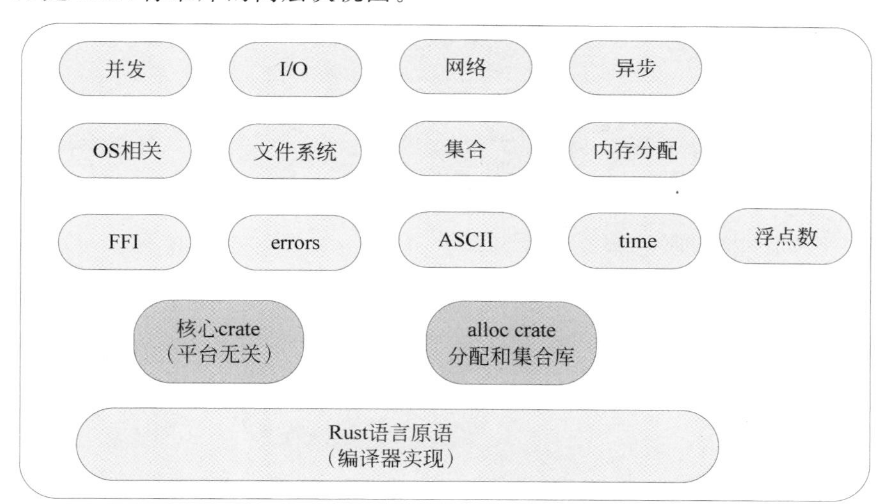

图 4.14　Rust 标准库的高层次视图

Rust 标准库的大致组织如下。

- **Rust 语言原语**，包括基本类型，如有符号和无符号、整数、布尔、浮点数、字符、数组、元组、切片和字符串。这些原语由编译器实现。Rust 标准库包括这些原语，并基于它们实现。
- **核心 crate（core crate）**是 Rust 标准库的基础，它扮演连接 Rust 语言和标准库的角色。它提供基于 Rust 原语实现的类型、traits、常量和函数，同时提供对所有 Rust 代码的基础模块。core crate 可以单独使用，而且是与平台无关的，而且没有和操作系统库的相关或者其他外部依赖。我们可以告诉编译器使用 core crate（在 Rust 中称为 no_std，用 #![no_std]属性标注，常用于嵌入式开发）而不是 Rust 标准库来编译代码。
- **alloc crate** 包括类型、函数和与堆内存分配的 traits，以及智能指针类型，如 Box (Box<T>)、引用计数指针（Rc<T>）和原子性引用计数指针（Arc<T>），还包括集合类型，如 Vec 和 String（注意：String 被 Rust 实现为 UTF-8 字符序列）。这个 crate 的内容会被再次输出到标准库并成为标准库的一部分。只有在 no_std 环境下才可以直接使用该 crate。
- **模块（库）**是标准库的标准部分，它不是从 core 或者 alloc crate 再输出到标准库的，它包括丰富的功能，如并发相关的操作、I/O、文件系统访问、网络、异步 I/O、errors 和操作系统特定的函数。

本书中的例子不直接使用 core 或者 alloc crates，而是使用经过 Rust 标准库抽象化后的模块。

4.18.2　Rust 标准库模块

图 4.15 显示了 Rust 标准库中按功能分组的模块图。

Rust 标准库中的所有模块可以分为下面两大类。

- **系统调用相关**：直接管理系统硬件，需要核心的授权操作。
  - ➢ **内存管理** 如 alloc、borrow、cell、clone、convert、default、mem、pin、ptr、rc 等。
  - ➢ **并发** 如 env、process、sync、thread 等。

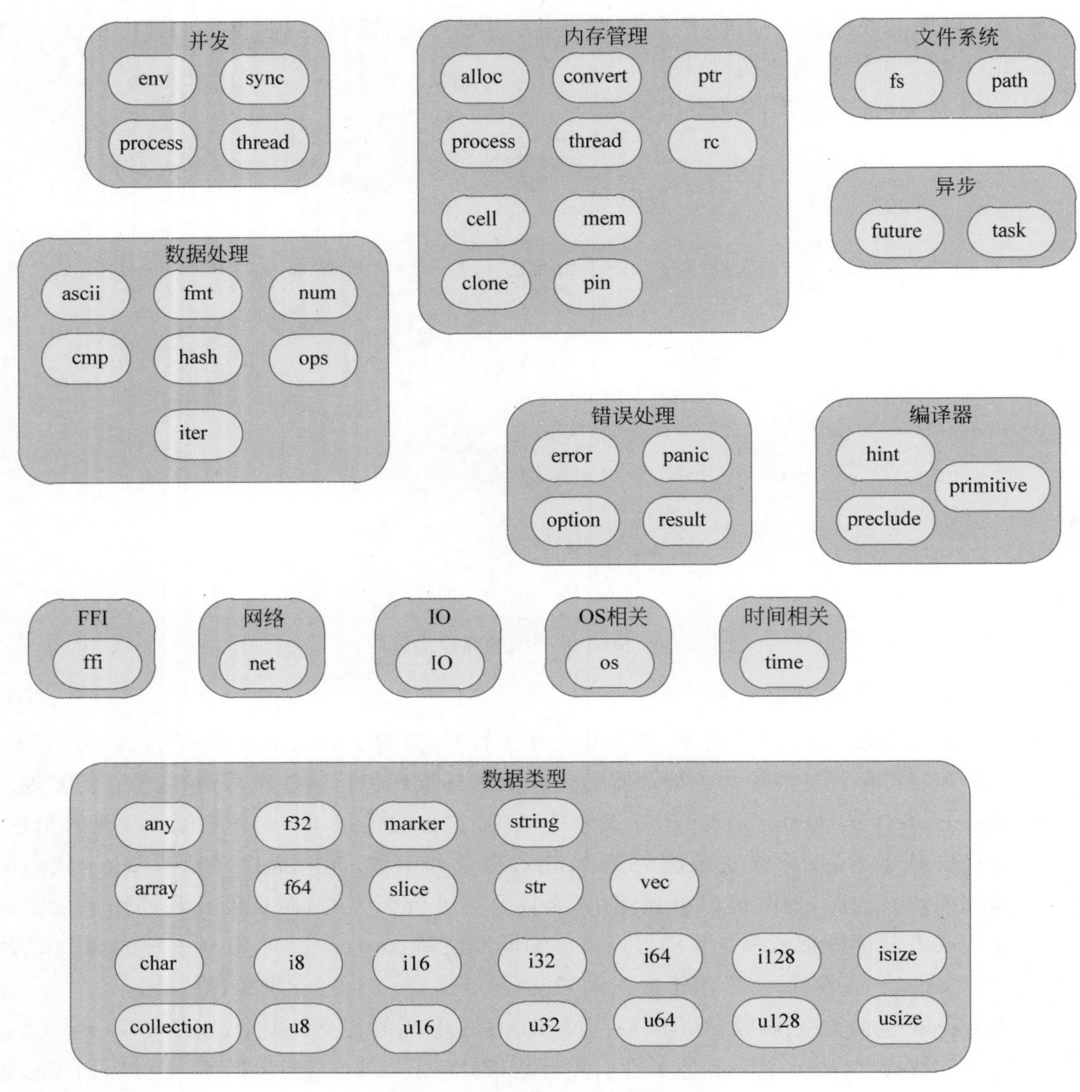

图 4.15　Rust 标准库模块图

- **文件系统** 如 fs、path 等。
- **输入/输出(I/O)**。
- **网络**。
- **操作系统特定相关**。
- **时间**。
- **异步** 如 future、task 等。

• **计算相关**：主要面向数据表示，计算和编译器指令。

- **数据类型** 如整数、浮点数、字符等基本类型；any、数组、集合等。
- **数据处理** 如 ascii、cmp、fmt、hash、iter、num、ops 等。
- **错误处理** 如 error、option、panic、result 等。
- **外部函数接口(FFI)**。
- **编译器** 如 hint、prelude、primitive 等。

4.19 其他

4.19.1 下画线

1. 下画线在变量声明中使用

有时，在声明了一个变量并对其赋值初始化后，这个变量就再也没有被用到了。在Golang里会给出一个编译错误，而Rust编译器会给出一个警告。我们试着编译下面的程序：

```
let number =12;
```

Rust编译器给出的警告信息如下：

```
warning: unused variable: `number`,      // number 变量未使用
#[warn(unused_variables)] on by default
--><main.rs>:2:9
|>
2 |>let number =12;
|>^^^^^^
```

如果想消除上述的警告，我们可以在变量名前面加下画线：

```
let _numero =12;      // 变量名以下画线开始，是向 Rust 编译器声明该变量可能不再使用，所以不要警告
```

单个下画线没有声明一个变量，也不是一个合法的表达式，只是一个占位符。示例如下：

```
let _ =12;
```

上面的语句不会触发编译错误或者警告。

```
let _ =12;
println!("{} ", _);
```

上面的语句试图打印占位符，而这会触发一个编译错误：

```
" expected expression, found `_`".
```

下画线可以用在类型定义是省略类型的声明(由Rust编译器进行类型推定)中。例如：

```
let v: Vec<_>=iter.collect();
// 或者
let v =iter.collect::<Vec<_>> ();
```

2. 下画线在数字中使用

3___4_.56_是一个合法的数字，它等于34.56。一般情况下，对于十进制或者八进制的数字，每3位用下画线隔开；对于二进制和十六进制的数字，每4位用下画线隔开。例如：

```
let hexadecimal =0x_00FF_F7A3;          // 十六进制
let decimal =1_234_567;                 // 十进制
```

```
let octal =0o_777_205_162;                // 八进制
let binary =0b_0110_1001_1111_0001;       // 二进制
print!("{} {} {} {} ", hexadecimal, decimal, octal, binary);
```

上例中的 print! 语句的输出为"16775075 1234567 134023794 27121"。

3. 下画线在循环中使用

如果在循环体里不需要使用每次循环的值,可以使用“_”,示例如下:

```
for _ in 0..10{
    // ...
}
```

另外,值得注意的是,使用 extern crate 声明包的名称 linked_list 用的是下画线“_”,而在 Cargo. toml 中用的是连字符“-”。其实,Cargo 会默认把连字符转换成下画线,这是为了统一包的名称,因为 linked-list 和 linked_list 到底是不是同一个包容易造成歧义。

4. 模式解构

下画线在模式解构中代表一个占位符。例如:

```
let p =(1, 2);
let mut a =0;
(_, a) =p;     // p 中 1 不使用,丢弃; a 被赋值为 2
```

5. Match 分支语句

下画线在 Match 分支中称为通配符,可以匹配任意模式。例如:

```
match 42{
    _ =>println!("Wildcard matched"),
}
```

6. 生命周期

当需要显式设定生命周期时,可以使用匿名生命周期(下画线)。例如:

```
struct Foo<'a> (&'a str);
impl Foo<'_>{}
fn foo(s: &str) ->Foo<'_>{
    Foo(s)
}
```

借助于匿名生命周期标识符,impl 块代码会显得更精确:foo()函数的返回类型可以直接写成 Foo,但是匿名生命周期告诉编译器和用户 Foo 结构借用了某些资源。

4.19.2 字符串格式化输出

Rust 采取了一种类似 Python 中 format 的用法,其核心组成是 5 个宏(format!、format_arg!、print!、println!、write!)和两个 trait(Debug、Display)。最核心的是 format!宏。format!宏的参数和工作方式与 println!宏一致,不过 format!宏返回的是字符串,而 print!和 println!两个宏只不过是将 format!的结果输出到了控制台而已。格式化字符串的具体描述如表 4.23 所示。

表 4.23 格式化字符串

格式化字符串	描 述
o	八进制
x	小写的十六进制
X	大写的十六进制
p	指针
b	二进制
e	小写的自然计数法
E	大写的自然计数法
?	调试用

下面是一个简单的示例程序,演示 println!的基本用法。请参照具体的格式化字符串用法[①②]。

```
use std::f64::consts::PI;

fn main(){
  println!("{:.2}",1.2345);                    // 打印精确到小数点后 2 位

  println!("-----------------");
  println!("B:{:b} H:{:x} O:{:o}",10,10,10);   // 以二进制,16 进制和八进制方式打印
  println!("-----------------");

  println!("{ten:>ws$}",ten=10, ws=5);     // >是生成的字符串向右对齐; <(向左对齐) 和 ^(居中)
  println!("{ten:>0ws$}",ten=10, ws=5);    // 不足用 0 填充对齐。ws$ 表示格式化完成后字符串的长度
  println!("pi 为{:e} 浮点数格式", PI);     // 3.14e0
}
```

程序清单 4.62 简单的 println 的例子

以上程序的输出如下:

```
1.23
-----------------
B: 1010 H: a O: 12
-----------------
   10
00010
pi is 3.141592653589793e0 in floating point notation
```

format! 宏[③]的完整用法如下:

```
格式化字符串 :=<文本>[ format <文本>] *
format := '{' [ argument ] [ ':' format_spec ] '}'
argument :=整数 | 标识符
format_spec :=[[fill]align][sign]['#'][0][width]['.' precision][type]
fill :=character            // 填充
align :='<' | '^' | '>'     // 对齐
sign :='+' | '-'            // 符号
width :=count               // 宽度
precision :=count | '*'     // 精度,.N$ 表示一个 precision 的参数小数点后的位数
```

---

① https://web.mit.edu/rust-lang_v1.25/arch/amd64_ubuntu1404/share/doc/rust/html/std/fmt/index.html

② https://doc.rust-lang.org/rust-by-example/hello/print.html

③ https://doc.rust-lang.org/std/fmt/

```
type :=标识符 | ''                              //类型
count :=parameter | 整数                        //计数
parameter :=整数'$ '                            //参数变量
```

Display 和 Debug 这两个 trait 在标准库中的定义如下：

```
// std::fmt::Display
pub trait Display{
    fn fmt(&self, f: &mut Formatter) ->Result<(), Error>;
}
// std::fmt::Debug
pub trait Debug{
    fn fmt(&self, f: &mut Formatter) ->Result<(), Error>;
}
```

它们主要用在类似 println!这样的地方，例如：

```
// chapter4\formatstring.rs
use std::fmt::{Display, Formatter, Error};
#[derive(Debug)]
struct T{
    field1: i32,
    field2: i32,
}
impl Display for T{
    fn fmt(&self, f: &mut Formatter) ->Result<(), Error>{
        write!(f, "{{ field1:{}, field2:{} }}", self.field1, self.field2)
    }
}
fn main() {
    let var =T{ field1: 1, field2: 2};
    println!("{}", var);
    println!("{:?}", var);
    println!("{:#?}", var);
}
```

程序清单 4.63 为自定义类型实现 **display trait** 的例子

以上程序的输出如下：

```
Rust Programming\sourcecode\chapter4>.\formatstring.exe
{ field1:1, field2:2}
T{ field1: 1, field2: 2}
T{
   field1: 1,
   field2: 2,
}
```

只有实现了 Display trait 的类型，才能用“{}”格式控制打印出来；只有实现了 Debug trait 的类型，才能用“{:?}{:#?}”格式控制打印出来。它们之间的其他区别如下：

- Debug 主要是为了调试使用，建议所有作为 API 的“公开”类型都应该实现这个 trait，以方便调试。它打印出来的字符串不是以“美观易读”为标准，编译器提供了自动派生(derive) Debug 的功能。
- Display 假定了这个类型可以用 utf-8 格式的字符串表示，它是给最终用户看的。并不是所有类型都应该或者能够实现这个 trait，这个 trait 的 fmt 应该如何格式化字符串完全取决于程序员自己，编译器不提供自动 derive 的功能。

• 标准库中还有一个常用的 trait 叫作 std::string::ToString，对于所有实现了 Display trait 的类型，都自动实现了这个 ToString trait。它包含一个方法 to_string(&self)-> String。对于任何一个实现了 Display trait 的类型，我们都可以对它调用 to_string() 方法格式化一个字符串。

4.19.3 Rust 类型清单

表 4.24 列出了 Rust 中的类型。

表 4.24 Rust 类型清单

类　型	描　述	例　子	参照
i8,i16,i32,i64	有符号整数	32，0x10，0o12，0b1101，-10i8	4.2.1
u8,u16,u32,u64	无符号整数		4.2.1
isize,usize	基于机器支持位数(32 位或者 64 位)的有/无符号整数		4.2.1
f32,f64	浮点数	1.0,2.4	4.2.4
bool	Boolean		4.2.2
char	Unicode 字符,32 位		4.2.3
(u8,f32,char)	元组,允许多种类型		4.4
()	空元组		4.4
struct Coord{x: int32,y: int32}	命名结构		4.6.1
struct Coord{int32,int32}	元组结构		4.6.2
struct D	空结构		4.6.3
enum season{Spring, Summer, Autumn,Winter}	枚举		4.7
Box<Entity>	指向堆的指针		8.5
&i32,&mut i32	共享和可变引用		8.4
String	动态分配的字符串,UTF-8 编码		4.9
&str	字符串引用		4.9
[u8,1024]	数组,定长,同一类型	[0x0,1024]	4.8
Vec<i32>	向量,可变长度,同一类型	vec! [10,20,30]	4.8.2
&[u8],&mut [u8]	切片的引用		
&traitobject,&mut read	trait 对象		
fn(&str,i32)-> i32	函数指针		4.12
	闭包	|n| n * 2	

4.19.4 Rust 保留字

下面列出了 Rust 使用的保留字[①]：

abstract alignof as become box break const continue crate do else enum extern false final fn for if impl in let loop macro match mod move mut offsetof override priv proc pub pure ref return Self self sizeof static struct super trait true type typeof unsafe unsized use virtual where while yield

① https://doc.rust-lang.org/reference/keywords.html

Rust 的保留字不能用作变量、函数和属性等标识符名称。

4.19.5 其他

下面是一些比较琐碎的注意点:

- 数值类型可以使用下画线分隔符来增加可读性。
- Rust 支持单字节字符 b'H' 以及单字节字符串 b"Hello" ,仅限制于 ASCII 码字符。此外,还可以使用"r#"..."#"标记来表示原始字符串,不需要对特殊字符进行转义。
- 使用 & 符号将 String 类型转换成 &str 类型很简单,但是使用 to_string()方法将 &str 转换到 String 类型涉及分配内存,除非很有必要,否则不要这么做。
- 数组的长度是不可变的,动态的数组称为 Vec (vector),可以使用宏 vec!创建。
- 元组可以使用"=="和"!="运算符来判断是否相同。
- 不多于 32 个元素的数组和不多于 12 个元素的元组在传递值时是自动复制的。
- Rust 不提供原生类型之间的隐式转换,只能使用 as 关键字显式转换。
- 可以使用 type 关键字定义某个类型的别名,并且应该采用驼峰命名法。

Chapter 5

第5章 错误处理

错误处理是软件开发中的重要部分，它允许程序员拦截错误和失败的程序，并提供足够的错误信息来帮助程序员定位错误。因此，完善的错误处理能够提高代码的生产效率并提供更好的开发体验。Rust 中的一般错误处理准则如下：

- **可恢复错误**。错误可以被处理恢复：使用 Result、Option 和 enum。

例如：文件/目录不存在、授权失败、输入数字解析错误等。

- **不可恢复错误**。错误不可修复：使用 panic。

例如：内存耗尽、栈溢出、被零除、索引超出边界等。

Rust 并没有提供基于异常(exception)的错误处理机制，虽然 panic!宏在让进程挂掉时也能抛出堆栈信息，同时也可以用 std::panic::catch_unwind 来捕捉 panic，但是极其不推荐用来处理常规错误。

catch_unwind 一般是用来在多线程程序中将挂掉的线程兜住，防止因一个线程挂掉而导致整个进程崩溃，或者通过外部函数接口(FFI)与 C 程序交互时将堆栈信息兜住，防止 C 程序因看到堆栈而不知道如何处理。直接把堆栈信息丢给 C 程序属于 C 语言里的未定义行为(undefined behavior)。

另外，catch_unwind 并不保证能拦截住所有 panic，而只对通过 unwind 实现的 panic 有用。同时，因为 unwind 需要额外记录堆栈信息，对程序性能和二进制程序的大小有影响，所以在一些嵌入式平台上的 panic 并没有通过 unwind 实现，而是直接退出(abort)的，所以 catch_unwind 并不保证能捕捉到所有 panic。例如：

```
// chapter5\catch_unwind.rs
use std::panic;
fn main() {
   panic::catch_unwind( || {
      panic!(" Panicking!" ) ;
   } ) .ok() ;

   println!(" Running after panic." ) ;
}
```

程序清单 5.1　catch_unwind 的例子

以上程序的输出如下：

```
Rust Programming\sourcecode\chapter5>.\catch_unwind.exe
thread 'main' panicked at 'Panicking!', .\catch_unwind.rs:7:9
note: run with `RUST_BACKTRACE=1` environment variable to display a backtrace
Running after panic.
```

和其他允许抛出异常来进行错误处理的编程语言相比，Rust 能够精确地返回错误。本节

介绍 Rust 编程语言提供的返回值处理以及常用的错误处理机制:

- Option 和 Result 类型
- 基于 Option 和 Result 类型的模式匹配

Rust 编程语言还提供了一些处理错误的帮助方法,示例如下:

- try!宏
- ?运算符
- panic
- 定制错误和 error trait
- 组合子(combinators)
- from trait
- carrier trait

5.1 对象解封

链式调用的缺点是无法在出错时提前返回。如果要提前返回,必须从组合子跳出,然后再跳出外层函数,这是普通函数无法做到的。如果对程序有绝对的自信,可以直接解封(unwrap)函数返回值而不做错误处理,即直接调用 unwrap()方法,示例如下:

```
fn string_to_integer() ->i32{
    let strnumber:&str =" 200";

    // 确信 number_str 只包含数字,不包含非法字符,所以直接解封 parse 函数的返回
    let number:i32 =strnumber.parse().unwrap();
    return number;
}
let result =string_to_integer();
println!("{} ", result); // 200
```

如果函数返回值发生错误,直接解封会导致 panic。

5.2 Expect()

expect()方法类似 unwrap(),但是它允许我们设置一个错误信息。因为 expect()和 unwrap()完全不做错误处理,一旦出错,程序就会因 panic 退出。所以,通常是在调试程序时为了方便才使用 unwrap()和 expect()方法,不推荐在真正运行的代码里使用。例如:

```
fn string_to_integer( strnumber: &str) {
    let strnumber:&str =" a150"                    // 此处字母 a 会导致下面的 parse 失败
    let number:i32 =strnumber.parse();

    number.expect(" Invalid digit in string" );// 设置错误信息
}
```

上面的程序会导致一个运行错误(panic)如下:

```
thread 'main' panicked at 'Invalid digit in string: ParseIntError{ kind: InvalidDigit}'
note: run with `RUST_BACKTRACE=1` environment variable to display a backtrace
```

5.3 Option 类型

Option 类型的变量可以有值,也可以没有值。这个在调用函数或者函数成功或失败返回时是非常有用的(例如在用 C 语言进行链表查询时,如果找到,则返回对象指针;如果没有找到,则返回 null 指针)。这个特性非常像 C 语言里的联合(union)。Option 的定义如下:

```
enum Option<T>{
    Some(T),
    None,
}
```

下面的例子演示了如何获取向量里的第一个元素,以及可能的错误处理方法:

```
fn first_item<T>(v: &Vec<T>) ->Option<T>
    where T: Clone{            // T 必须是可克隆的
   if v.len() >0{              // 如果向量长度大于 0
     Some(v[0].clone())        // 则克隆第一个元素,返回
   } else{
     None                      // 否则返回 None
   }
}
```

Option 提供了 is_some 函数和 is_none 函数,它们用来快速确定 Option 里是有值还是没有值(或者说是一个坏值),如表 5.1 所示。

表 5.1 Option 的相关的方法

方 法	描 述	返回类型
and	测试两个 Option 类型是否不是 None	Option<U>
and_then	链式 Option	Option<U>
expect	如果 Option 为 None,则引发 panic	T
filter	用一个断言来过滤 Option	Option<T>
flatten	去除嵌套的 Options	Option<T>
is_none	检查 Option 是否是 None	bool
is_some	检查 Option 是否是 Some<T>	bool
iter	迭代访问或者空	一个迭代子
iter_mut	可变迭代访问或者空	一个迭代子
map	将值转换成另一个值	Option<U>
map_or	将值转换成另一个值	U
map_or_else	将值转换成另一个值	U
ok_or	将 Option 转换为 Result	Result
ok_or_else	将 Option 转换为 Result	Result
or	如果前面的 Option 为 None,则返回 or 后面的新值	Option<T>
or_else	Provide a value if None	Option<T>
replace	Change the value to a Some while returning previous value	Option<T>
take	Change the value to None while returning original	Option<T>
transpose	将 Option 的 Result 转换成 Result 的 Option	Result,E>
unwrap	获取值	T
unwrap_or	获取值	T

续表

方　法	描　　述	返回类型
unwrap_or_default	获取值	T
unwrap_or_else	获取值	T
xor	Return one of the contained values	Option<T>
zip	Options 合并	Option<(T,U)>

unwrap_or 提供了一个默认值(default),当值为 None 时返回 default。例如:

```
fn extension(file_name: &str) ->Option<&str>{
    file_name.find('.').map(|i| &file_name[i+1..])      //如果文件名中有.
}
fn main() {
    assert_eq!(extension("game.exe").unwrap_or("rs"),"exe");
    assert_eq!(extension("game").unwrap_or("rs"),"rs"); //如果没有后缀名(值为 None),则默
                                                        //认返回 rs
}
```

and_then 看起来和 map 差不多,不过 map 只是把值 Some(t)重新映射了一遍,and_then 则会返回另一个 Option。如果我们在一个文件路径中找到它的扩展名,这时就会变得尤为重要。例如:

```
use std::path::Path;
fn file_name(file_path: &str) ->Option<&str>{
    let path =Path::new(file_path);
    path.file_name().to_str()
}
fn file_path_ext(file_path: &str) ->Option<&str>{
    file_name(file_path).and_then(extension)    //如果正常,返回值是 extension 的返回值,否则返
                                                //回 None
}
```

5.4 Result 类型

Result 类型类似 Option。Result 可能返回一个值,也可能没有返回值。因此 Result 通常用于函数的返回值,但是不同之处在于 Result 不返回 None 值,而是返回一个错误对象,封装了错误的详细信息。

Result 类型 Result<T,E>是一个有两个状态的枚举类型,定义如下:

```
enum Result<T, E>{        //T 可以是任何类型
    Ok(T),                //正常的情况,返回 T
    Err(E),               //错误的情况,返回错误信息
}
```

如果函数执行一切正常,则返回 Ok 分支,并附带返回函数的返回值。但是,如果函数执行异常,Result 就返回 Err 分支,并附带返回错误值。请看下面的例子:

```
use std::fs::File;
use std::io::{BufRead, BufReader, Error};

//返回值 Result<String,Error>意味着在错误的情况下返回 std::io::Error;在成功的情况下返回 String
//类型的值
```

```
fn first_line(path: &str) ->Result<String, Error>{ // 正常返回第一行字符串,否则返回 std::
                                                                io::Error
    let f =File::open(path);

    match f{
        Ok(f) =>{                               // 如果打开文件句柄成功
            let mut buf =BufReader::new(f);
            let mut line =String::new();
            match buf.read_line(&mut line) {
                Ok(_) =>Ok(line),               // 如果读取第一行内容成功,则以字符串的形式返回
                Err(e) =>Err(e),                // 否则,返回详细的错误信息
            }
        }
        Err(e) =>Err(e),                        // 否则,返回详细的错误信息
    }
}
```

std::fs::File::open 会返回一个 Result<std::fs::File,std::io::Error>类型。也就是说,如果正常,则返回文件句柄;如果异常,则返回一个 I/O 错误。我们使用 match 语句:如果错误,则直接返回;否则通过 std::io::BufReader 类型读取文件的第 1 行。read_line 方法返回一个 Result<String,std::io:Error>类型,我们再次使用 match 语句:如果返回错误,则直接返回。注意:open 方法和 read_line 方法的返回类型是 std::io::Error。

Result 提供 is_ok 函数和 is_err 函数,它们用来快速确定 Result 里是有值还是没有值(或者说是一个坏值)。

我们使用组合子就可以实现上面的 match 语句的功能,不用取出计算结果,直接参与计算然后再取出。标准库为 Option 和 Result 提供了大量的组合子,这些组合子将计算→解封装→案例解析→计算→解封装的过程抽象出来,从代码上看可以使计算本身显得更紧凑,而不是被各种错误处理打断(如表 5.2 所示)。

表 5.2　Result 的相关的方法

方　法	描　述	返回类型
and	测试两个结果是否都没有错误	Result
and_then	链式处理结果	Result
as_ref	将内部值转换为一个引用并返回封装值	Option<&T> Result<&T,&E>
as_mut	将内部值转换为一个可变引用并返回封装值	Option<&mut T> Result<&mut T,&E>
err	获取错误	Option<E>
expect	如果错误,则引发 panic	T
expect_err	如果成功,则引发 panic	E
is_err	检查 Result 类型返回是否错误	bool
is_ok	检查 Result 类型返回是否成功	bool
iter	迭代访问或者空	一个迭代子
iter_mut	迭代可变访问或者空	一个迭代子
map	将值转换为另一个值	Result
map_err	将值转换为另一个值	Result
map_or	将值转换为另一个值	U
map_or_else	将值转换为另一个值	U
ok	将 Result 转换为 Option	Option<T>

续表

方　法	描　述	返回类型
or	如果错误,则返回一个新的 Result	Result
or_else	如果错误,则返回一个新的 Result	Result
transpose	将 Option 的 Result 转换为 Result 的 Option	Option < Result < T,E >>
unwrap	获取值	T
unwrap_err	获取错误	E
unwrap_or	获取值	T
unwrap_or_default	获取值	T
unwrap_or_else	获取值	T

在 Rust 的标准库中经常会出现 Result 的别名,用来默认确认其中 Ok(T)或者 Err(E)的类型。**这样能减少重复编码**。例如下例中的 Result < T >就是返回类型的别名:

```
use std::num::ParseIntError;
use std::result;
type Result<T>=result::Result<T, ParseIntError>; // 这里默认确定错误类型为 ParseIntError
fn double_number ( number_str: &str) ->Result<i32>{
    unimplemented! () ;
}
```

这样,我们以后使用时就可以使用 Result < T >,而不是 result::Result < T,ParseIntError >。每次都输入 result::Result < T,ParseIntError >太复杂,也容易引入错误。

5.5 访问和变换 Option 和 Result 类型

Option 和 Result 类型都可以被认为是一个有 0 个或者 1 个值的容器,所以可以用与迭代子相关的功能来访问 Option 和 Result。我们可以对 Option 和 Result 使用 map 系列方法:

- map 调用一个函数来将一个正常值转换成另一个类型的正常值。这个组合子可用于简单映射 Some→Some 和 None→None 的情况。多个不同的 map()调用可以更灵活地链式连接在一起。

请看一个标准库里的 map 方法定义:map 将一个封装值(Option < T >类型的 self)传入一个函数(F)并返回一个新的、可能是不同类型的封装值(Some(f(x)))。所以,map 可以将 Option < T >转换为 Option < U >,或者从 Result < T,E >转换为 Result < U,E >。对于错误值,map 方法保留了错误值,不做任何转换。

Option 中,map 是 std 库中的方法[①]:

```
pub fn map<U, F> ( self, f: F) ->Option<U>
    where
        F: FnOnce ( T) ->U,
{
        match self{
            Some ( x) =>Some( f( x) ) ,
            None =>None,
        }
}
```

① https://doc.rust-lang.org/src/core/option.rs.html

Result 中的 map 方法签名[1]如下：

```
pub fn map<U, F: FnOnce(T) ->U>(self, op: F) ->Result<U, E>{
   match self{
      Ok(t) =>Ok(op(t)),
      Err(e) =>Err(e),
   }
}
```

- map_or 和 map_or_else 通过给错误值提供一个默认值，扩展了 map 的功能。
- map_err 经常用来将系统标准错误转换为自定义错误。例如：

```
let maybe_file: Result<File, std::io::Error>=std::fs::File::open("foo.txt");
let new_file: Result<File, MyError>=maybe_file.map_err(|_error| Err(MyError::BadStuff));
```

5.5.1　用 map 替换 match

假如我们要在一个字符串中找到文件的扩展名，例如 game. rs 文件的后缀名为 rs，我们可以使用 std::str::find 方法来找到目标字符串在原字符串中的位置(如 rs 在 game. rs 中的位置)，其函数签名[2]如下：

```
pub fn find<'a, P>(&'a self, pat: P) ->Option<usize> where P: Pattern<'a>
```

下面我们通过 match 语句来从 Option 类型中取值：

```
fn main() {
    let file_name ="game.rs";
    match file_name.find('.') {
        None =>println!("找不到文件扩展名."),
        Some(i) =>println!("文件扩展名:{}", &file_name[i+1..]),
    }
}
```

对所有的 Option 都使用 match 语句会使得程序很臃肿，也容易引入错误。我们可以使用 map 简化上面的 match 语句：

```
// chapter5>.\mapmatch.exe
fn main() {
  let file_name ="game.rs";
  println!("文件扩展名:{}", extension(file_name).unwrap());
}

// 使用 map 取代 match
fn extension(file_name: &str) ->Option<&str>{
    file_name.find('.').map(|i| &file_name[i+1..])            // 如果文件名中有.,
}
Rust Programming\sourcecode\chapter5>.\mapmatch.exe
文件扩展名: rs
```

程序清单 5.2　map 取代 match 的例子

---

① https://doc.rust-lang.org/src/core/result.rs.html

② https://doc.rust-lang.org/std/primitive.str.html#method.find

5.5.2 逻辑组合子

Option 和 Result 都提供 and 方法和 or 方法,它们能以特定的逻辑关系连接两个值。and 方法要求两个值都是正常值,否则结果就是错误值。例如:

```
// 如果 get_name(old_person)返回正常值,我们才进行第二步 clone_person
let new_person =get_name(old_person).and(clone_person(old_person,"Brad"));
// new_person 的值要么是 None,要么是 Some(Person)
```

and_then 允许将相关操作连接在一起,并把第一个操作的结果传送给下一个函数。例如:

```
use std::result::Result;
use std::fs::File;
fn read_first_line(file: &mut File) ->Result<String>{ ...}
let first_line: Result<String>=File::open("foo.txt").and_then(|file|{
        read_first_line(&mut file)});
```

or 方法会检查第一个结果,如果它是正常值,则直接返回;否则返回第二个结果。

5.5.3 在 Option 和 Result 类型之间互相转换

ok_or 方法通过将错误值作为 Result 类型的第二个参数,从而将一个 Option 值转换成一个 Result 类型值。相似的还有 ok_or_else 方法。例如:

```
let res =opt.ok_or(MyError::new());            // Some(T) ->Ok(T)
let res =opt.ok_or_else(|| MyError::new());    // None ->Err(E)
```

上面的语句演示了如何将 Option 类型的 Some(T)转换成 Result 类型的 Ok(T),将 Option 类型的 None 转换成 Result 类型的 Err(E)。

ok 方法通过消耗 self 丢弃 Err 值,从而将一个 Result 类型值转换成一个 Option 类型值,可以使用 match 语句来进行转换。例如:

```
match res{
   Ok(t) =>Some(t),   // Ok(T) ->Some(T)
   Err(_) =>None,     // Err(E) ->None
}
```

Result 类型还可以使用 ok 方法转换为 Option 类型。例如:

```
let opt =res.ok();
```

5.6 try!宏

Option 和 Result 类型通过组合子提供的链式调用无法在出错时提前返回。如果需要提前返回,则必须从组合子中跳出,然后再跳出外层函数,这是普通函数无法做到的。Rust 提供了比普通函数更原始的抽象——宏,它直接操作语法单元作为模板在编译时展开,使得我们可以将 return 塞到宏里面。而宏本身不是函数,所以可以直接提前返回。

try!宏的定义如下:

```
macro_rules! try{
    ($ expr:expr) =>(match $ expr{
        $ crate::result::Result::Ok(val) =>val,
      $ crate::result::Result::Err(err) =>{ return
    $ crate::result::Result::Err($ crate::convert::From::from(err))
        }
    })
}
```

可以看到，try!宏包括convert::From::from函数调用，所以在进行try!宏调用时，错误类型只要实现了From trait，就可以自动进行类型转换，而不用显式地通过map_err进行错误类型的转换。

对于下面的错误处理程序：

```
fn bytestring_to_string_with_match(str: Vec<u8> ) ->Result<String, FromUtf8Error>{
    let ret =match String::from_utf8(str) {
        Ok(str) =>str.to_uppercase(),
        Err(err) =>return Err(err)
    };

    println!(" Conversion succeeded:{} ", ret);
    Ok(ret)
}
```

用try!宏重写上面的程序如下：

```
fn bytestring_to_string_with_try( str: Vec<u8> ) ->Result<String, FromUtf8Error>{
    let ret =try!(String::from_utf8(str)) ;// 直接使用try!宏,错误直接返回,成功则执行下面的println
    println!(" Conversion succeeded:{} ", ret);
    Ok(ret)
}
```

try!宏不能在main()程序里使用。注意，在Rust Edition 2018以后，try变成了一个保留关键字，从而try!()也作废了。下面是用cargo build命令编译本书资源包中7.6.2节的chrono项目时的错误信息：

```
  Compiling chrono v0.1.0(E:\projects\Rust Programming\sourcecode\chapter7\chrono)
error: use of deprecated `try` macro
  -->src\main.rs:22:5
   |
22 |     try!(f.write_all(string.as_bytes())); // 我们使用了try!
         ^^^^^^^^^^^^^^^^^^^^^^^^^^^^^^^^^^^^^^
   |
   |
   =note: in the 2018 edition `try` is a reserved keyword, and the `try!()` macro is deprecated
```

在这种情况下，Rust编译器建议我们用提早返回的“?”操作符(请参照5.9节)来代替。

5.7 panic!宏

在面对一个无法恢复的错误时，可以用panic!宏来处理。类似于C/C++和Go语言的os.exit()。当执行panic!宏时，程序会打印出一个错误信息，展开(unwind)并清理栈数据，然后会终止程序运行并退出。举例如下：

```
// chapter5\panicmacro.rs
use std::num::ParseIntError;
fn main() ->Result<(), ParseIntError>{
  let strnumber = "10a";                          // 字符串中带有字母,所以 parse 时会触发错误
  let number:i32 =match strnumber.parse() {
      Ok(number) =>number,
      Err(_) =>panic!("字符串中包含非数字字符")      // 异常退出程序
  };
  println!("{} ", number);
  Ok(())
}
```

程序清单 5.3 panic!宏的例子

以上程序的输出如下:

```
Rust Programming\sourcecode\chapter5>.\panicmacro.exe
thread 'main' panicked at '字符串中包含非数字字符', .\panicmacro.rs:6:19
note: run with `RUST_BACKTRACE=1` environment variable to display a backtrace
```

在上面的程序中,如果 strnumber 的 parse()返回错误,则 panic!("字符串中包含非数字字符")将被调用。

Rust 执行 panic!宏时会有两种模式。

- **栈展开与终止(unwind)**。

当出现 panic!时,程序默认会开始展开(unwinding),这意味着 Rust 会回溯栈并清理它遇到的每个函数的数据;会保存 RAII 不变量;运行析构函数(若实现了 Drop trait);解开栈里的所有内容,保证内存被清除。这个回溯和清理的过程有很多工作;在此过程中,如果又发生 panic,程序将直接终止并退出。我们在 Cargo.toml 文件里定义 unwind 模式如下:

```
[profile.release]
panic ="unwind"
```

- **直接终止(abort)**。

这种模式会不清理数据就直接退出程序。程序使用的内存需要由操作系统来清理。如果我们需要项目的最终二进制文件尽可能小,则可以终止 panic 时展开的切换。通过在 Cargo.toml 的[profile]部分增加 panic='abort',例如,如果我们想要在发布模式中的 panic 时直接终止,可以这样做:

```
[profile.release]
panic ="abort"
```

我们可以设置 RUST_BACKTRACE 环境变量以得到一个回溯(Backtrace)。Backtrace 是一个包含执行到目前为止所有被调用的函数的列表。Rust 的 Backtrace 和其他语言中的一样:阅读 Backtrace 的关键是从头开始读,直到发现程序员编写的文件。这就是问题发生的地方:这一行往上是代码调用的代码;往下则是调用代码的代码,这些行可能包含核心 Rust 代码、标准库代码或用到的 crate 代码。下例演示了如何获取一个程序的 Backtrace 信息:

```
// chapter5/backtrace.rs
use std::thread;
fn alice() ->thread::JoinHandle<()>{
 thread::spawn(move ||{
      bob();
```

```
})
}
fn bob() {
 malice();
}
fn malice() {
 panic!("malice is panicking!");
}
fn main() {
 let child =alice();
 let _ =child.join();
 bob();
 println!("This is unreachable code");
}
```

程序清单 5.4 backtrace 的例子

以上程序的输出如下：

```
rustprogram/sourcecode/chapter5# RUST_BACKTRACE=1 ./backtrace
thread '<unnamed>' panicked at 'malice is panicking!', backtrace.rs:12:2
stack backtrace:
   0: std::panicking::begin_panic
   1: backtrace::malice
   2: backtrace::bob
   3: backtrace::alice::{{closure}}
note: Some details are omitted, run with `RUST_BACKTRACE=full` for a verbose backtrace
thread 'main' panicked at 'malice is panicking!', backtrace.rs:12:2
stack backtrace:
   0: std::panicking::begin_panic
   1: backtrace::malice
   2: backtrace::bob
   3: backtrace::main
   4: core::ops::function::FnOnce::call_once
note: Some details are omitted, run with `RUST_BACKTRACE=full` for a verbose backtrace
```

5.8 From trait

首先看一下 From trait 的定义，它只有一个函数：

```
pub trait From{ fn from(T) ->Self;}
```

前面提到 try!宏包括调用 convert::From::from。所以，如果用户自己定义了一个错误，然后实现 From trait，将其他错误转换成自定义错误，就可以利用 try!宏实现自动调用，上层调用者得到的就是一个用户自定义的错误类型，而不用再通过 trait 对象间接得到错误类型。例如：

```
use std::fs::File;
use std::io::{self, Read};
use std::num;
use std::io;
use std::path::Path;
// 这里我们使用了派生 Debug 属性.这么做可以提供一个人类比较容易理解的 CliError 的错误描述
#[derive(Debug)]
enum CliError{
     Io(io::Error),
     Parse(num::ParseIntError),
```

```
}
impl From<io::Error> for CliError{ // 为 CliError 实现 From trait,将 io::Errror1 转换为 CliError
    fn from(err: io::Error) ->CliError{
        CliError::Io(err)
    }
}
impl From<num::ParseIntError> for CliError{ // 将 num::ParseIntError 转换为 CliError
    fn from(err: num::ParseIntError) ->CliError{
        CliError::Parse(err)
    }
}
fn file_double_verbose<P: AsRef<Path>>(file_path: P) ->Result<i32, CliError>{
    // 下面的 File::open 可能引发的 io::Error 被转换为 CliError
    let mut file =try!(File::open(file_path).map_err(CliError::Io));
    let mut contents =String::new();
    // 下面的 file.read_to_string 可能引发的 io::Error 被转换为 CliError
    try!(file.read_to_string(&mut contents).map_err(CliError::Io));
    // 下面的 contents.trim().parse() 可能引发的 io::Error 被转换为 CliError
    let n: i32 =try!(contents.trim().parse().map_err(CliError::Parse));
    Ok(2 *n)
}
```

这里我们自定义了错误类型 CliError,分别为 io::Error 和 num::ParseIntError,实现了 From 这个 trait。这样,在调用 try!宏时,这两种错误类型都能转换成 CliError。这种做法既利用了 try!宏里面的 from 函数自动转换类型省掉了手写烦琐的 map_err,又可以在遇到错误时提前返回。同时,上层调用者又可以不用反射就得到具体的错误类型,以便根据情况做进一步处理。

5.9 问号(?)操作符

为了让程序的错误处理更便捷,Rust 引入了"?"操作符。下面的程序演示了一个标准的错误处理模式:对于每个函数调用,都要有一段错误处理程序来检查函数运行成功与否,并做相应处理。例如:

```
let x =function_that_may_fail();
let value =match x{
   Ok(v) =>value,
   Err(e) =>return Err(e);
}
```

在 Rust 引入"?"操作符后,程序显然简洁了很多:

```
let value =function_may_fail()?;
```

"?"运算符适用于函数返回类型为 Result<T,E>的场合,它把 Result<T,E>的返回变成了 T。

- **如果结果出错**,当前函数立即退出,返回 Err。这个是编译器自动处理的,不需要程序员写错误处理返回的代码,使程序看起来很简洁,也减少了程序员的编码量。
- **如果结果正确**,函数就会把结果解封装(以上面的程序为例,即从 OK 中解封,直接返回 v),继续执行下面的程序。

下面演示了"?"操作符的使用方法:

```
use std::fs::File;
use std::io::{BufRead, BufReader, Error};
fn readfirstline(path: &str) ->Result<String, Error>{ // 想使用"?"操作符,返回的必须是 Result 类型
    let f =File::open(path)?;        // 如果出错,直接返回相关错误,否则执行下一行代码
    let mut buf =BufReader::new(f);
    let mut line =String::new();
    buf.read_line(&mut line)?;       // 如果出错,直接返回相关错误,否则执行下一行代码
    Ok(line)
}
```

5.10　Carrier Trait

当然,Rust 里面的问号(?)语法糖是通过 Carrier trait 来实现的,其定义如下:

```
pub trait Carrier{
    type Success;
    type Error;
    fn from_success(Self::Success) ->Self;
    fn from_error(Self::Error) ->Self;
    fn translate(self) ->T where T: Carrier;
}
```

只要实现了这个 trait,就可以使用问号语法糖。虽然问号语法糖已经在 stable 版里可用了,但是标准库里只对 Result 类型实现了这个 trait。如果用户要想让用户自定义的类型也能使用这个语法糖,还需要在 nightly 版本下使用。同时,因为标准库里只对 Result 类型实现了这个 trait,根据 Rust 语法的规定,用户是无法在 Option 类型上使用问号语法糖的。

5.11　自定义错误类型

在 Result<T,E>类型里,错误类型 E 可以是任何类型。Rust 允许自定义错误类型,但是使用字符串(String)作为错误类型实际上是存在一些局限的。一般而言,一个"良好"的错误类型具有友好的错误类型标准:

- 使用相同类型来表达不同的错误;
- 给用户提供友好的错误信息;
- 方便和其他类型比较;
- 能够保存详细的错误信息。

字符串(String 类型)可以满足前两条标准,但后两条无法满足。这使得 String 类型错误既难以创建,也难以达到要求。

我们推荐使用实现了 std::error::Error trait 的类型。这样做的好处在于:由于错误类型都基于 std::error::Error,因此用户能更好地处理错误并进而对错误进行聚合处理。trait 可以被认为是一个需要实现相应方法的接口声明。下面是 Error 这个 trait 的定义:

```
trait Error: Debug +Display{
    fn source(&self) ->Option<&(dyn Error +'static)>{ None};
    fn backtrace(&self) ->Option<&Backtrace>{ None};
}
```

backtrace 方法仅定义在 Rust 编译器的 nightly 版本中。在写这本书时,只有 source 方法

被定义在 stable 版本中。source 用来返回当前错误的前一个错误。如果不存在前一个错误，则其值为 None。返回 None 是 source 方法的默认实现。

实现了 Error trait 的类型必须实现 Debug 和 Display trait。错误可以是一个枚举类型。下面是一个针对读取文件数据库的基于枚举类型的错误处理程序：

```
use std::fmt::{Result, Formatter};
use std::fs::File;

#[derive(Debug)]
enum MyError{                                          //使用枚举类型作为错误类型
  DatabaseNotFound(String),
  CannotOpenDatabase(String),
  CannotReadDatabase(String, File),
  In(std::io::Error),
  Out(std::io::Error),
}
impl std::error::Error for MyError{}                   //为 MyError 实现标准的 Error trait

//必须自己实现 Display trait
impl std::fmt::Display for MyError{
   fn fmt(&self, f: &mut Formatter<'_>) ->Result{
      match self{
         Self::DatabaseNotFound(ref str) =>write!(f,"File `{}` not found", str),
         Self::CannotOpenDatabase(ref String) =>write!(f,"Cannot open database:{}", str),
         Self::CannotReadDatabase(ref String, _) =>write!(f," Cannot read database:{}",
str),
      }
   }}
```

上面的程序声明了一个可能发生错误的枚举类型(MyError)。枚举的每个错误类型还可以接收参数,如文件名。使用 derive (debug)属性将为 MyError 枚举类型自动引入 Debug trait 功能,非常方便。但是对于 Display trait,就不能简单地用 derive 引入,必须自己实现。为了和其他错误处理代码兼容,上面的程序为 myError 实现了 std::error::Error trait。

下面演示了一个枚举类型的自定义错误类型,并实现了 Display trait：

```
use std::error::Error;
use std::fmt;
use std::convert::From;
use std::io::Error as IoError;
use std::str::Utf8Error;

#[derive(Debug)]                             //可以使用"{:?}"格式指定符
enum CustomError{
    Io(IoError),
    Utf8(Utf8Error),
    Other,
}

impl fmt::Display for CustomError{      //可以使用"{}"格式指定符
    fn fmt(&self, f: &mut fmt::Formatter) ->fmt::Result{
        match *self{
            CustomError::Io(ref cause) =>write!(f,"I/O Error:{}", cause),
            CustomError::Utf8(ref cause) =>write!(f,"UTF-8 Error:{}", cause),
            CustomError::Other =>write!(f,"Unknown error!"),
        }
    }
}
```

```
impl Error for CustomError{                  // 支持 Error
    fn description(&self) ->&str{
        match *self{
            CustomError::Io(ref cause) =>cause.description(),
            CustomError::Utf8(ref cause) =>cause.description(),
            CustomError::Other =>"Unknown error!",
        }
    }
    fn cause(&self) ->Option<&Error>{
        match *self{
            CustomError::Io(ref cause) =>Some(cause),
            CustomError::Utf8(ref cause) =>Some(cause),
            CustomError::Other =>None,
        }
    }
}
// 支持将系统标准错误转换成我们自定义的错误
// 可以在 try! 中使用这个 trait
impl From<IoError> for CustomError{          // 将 IoError 转换为 CustomError
    fn from(cause: IoError) ->CustomError{
        CustomError::Io(cause)
    }
}
impl From<Utf8Error> for CustomError{        // 将 Utf8Error 转换为 CustomError
    fn from(cause: Utf8Error) ->CustomError{
        CustomError::Utf8(cause)
    }
}
```

另外，也可以通过结构结合 thiserror trait 来自定义错误类型。例如：

```
use thiserror::Error;
#[derive(Error, Debug)]                          // 自动派生 Error
#[error("{message:} ({line:}, {column})")]       // 更详细、更精确的错误信息
pub struct JsonError{
    message: String,
    line: usize,
    column: usize,
}
// JsonError 应该能够打印
impl fmt::Display for JsonError{
    fn fmt(&self, f: &mut fmt::Formatter) ->Result<(), fmt::Error>{
        write!(f,"{} ({}:{})", self.message, self.line,
        self.column)
    }
}
// JsonError 应该实现 std::error::Error trait,
impl std::error::Error for JsonError{...}
```

总结

- 为自定义的错误类型实现 std::Error::Error trait。
- 自定义错误类型最好支持实现 Send + Sync + 'static。
- 为自定义的错误类型实现 Display 和 Debug trait。
- 可以通过枚举、结构等类型来实现自定义的错误类型。
- 可以通过 trait 对象来实现自定义的错误类型。
- 为自定义的错误类型实现 From 和 Into trait。

自己定义一个错误类型其实比较复杂，但是可以基于一些流行的第三方 crate 来编写错误处理程序。这些 crate 可以让我们更容易地编写和使用自定义错误。

5.12 Error Crates

处理错误时,每次写代码处理并返回 Result 的 Err 分支很麻烦,Error trait 的功能也比较贫乏。本节描述一些可以增强 Error crate 功能的选项。假设我们要实现下面的函数(功能是读取第 1 行的内容):

```
fn first_line(path: &str) ->Result<String, FirstLineError>{ ...}
```

基于上面的案例,下面描述如何用本节介绍的 crate 来实现 FirstLineError。最基本的 FirstLineError 实现是下面的枚举:

```
enum FirstLineError{
    CannotOpenFile{ name: String},
    NoLines,
}
```

5.12.1 failure crate

failurecrate[①] 里有两个概念: Fail trait 和一个 Error 类型。Fail trait 是一个用户定制的错误类型,它包含更丰富的错误信息,可以用来在库包开发中定义新的错误类型。Error trait 是 Fail 类型的封装器,而 Fail 类型可以用来设计高级的错误类型。例如:一个打开文件的错误会导致数据库打开错误,那么可以把打开文件的错误(底层错误)链接到一个数据库打开错误(面向用户的错误类型),用户可以处理数据库打开错误并深入调查,获取程序员所需的最原始的错误信息。一般来说,crate 的开发者会使用 Fail,而 crate 的使用者会使用 Error 类型。

如果打开 Failure Crate 的回溯属性 Backtrace,并且将 RUST_BACKTRACE 环境变量设置为 1,那么 Failure 也将支持回溯。

下面用 Failure crate 来改写 FirstLineError 错误类型。例如:

```
use std::fs::File;
use std::io::{BufRead, BufReader};
use failure::Fail;
#[derive(Fail, Debug)]
enum FirstLineError{
    #[fail(display ="Cannot open file `{}`", name)]
    CannotOpenFile{ name: String},
    #[fail(display ="No lines found")]
    NoLines,
}
fn first_line(path: &str) ->Result<String, FirstLineError>{
    let f =File::open(path).map_err(
        |_| FirstLineError::CannotOpenFile{    //闭包将错误替换成一个 FirstLineError 错误值
        name: String::from(path),              //如果 Result 类型错误,则返回错误的详细信息 path
    })?;
    let mut buf =BufReader::new(f);
    let mut line =String::new();
    buf.read_line(&mut line)
        .map_err(|_| FirstLineError::NoLines)?; //闭包将错误替换成一个 FirstLineError 错误值
    Ok(line)
}
```

---

① https://github.com/rust-lang-nursery/failure

derive 宏自动派生为 FirstLineError 实现了 Fail 和 Debug traits。FirstLineError 枚举类型定义中使用了 fail 属性(#[fail(...)]),为 FirstLineError 的每个分支(详细的错误类型)提供了更详细的错误信息。但是,File::open 和 BufRead::read_line 方法返回的是 std::io::Error 类型,而不是 FirstLineError 类型。我们需要使用 Result 的 map_err 方法来将具体的错误类型转换为 FirstLineError 类型,以便 first_line 函数统一返回相同的错误类型:

(1) 如果 File::open 返回结果错误,则 map_err 会调用一个闭包;

(2) 在这个闭包里,我们将错误替换成一个 FirstLineError 错误值;

(3) 通过(1)和(2),我们通过调用 map_err 把 File::open 返回的 Result <(),std::io::Error >类型的值转换成 first_line 函数统一返回所需的 Result <(),FirstLineError > 类型的值。如果返回的 Result 类型是错误的,闭包就可以提供与 Err 分支相关的详细信息;

(4) buf.read_line 的处理类似。

因为 File::open 的返回值是一个 Result 类型,所以我们可以使用"?"操作符在错误发生时立刻返回。外部针对 first_line 函数调用的错误处理代码就可以编写如下:

```
match first_line("foo.txt") {
    Ok(line) =>println!("First line:{}", line),
    Err(e) =>println!("Error occurred:{}", e),   // 直接使用 first_line 函数返回的
                                                 // FirstLineError 错误值
}
```

Failure 允许我们在处理过程中使用 ensure!宏生成和 failure::Error 兼容的错误。例如:

```
use failure::{ensure, Error};
fn check_even(num: i32) ->Result<(), Error>{
   ensure!(num % 2 ==0, "num 不是偶数");  // 如果不是偶数,则返回和 failure::Error 兼容的错误
   Ok(())
}
fn main() {
   match check_even(41) {
      Ok(()) =>println!("偶数!"),
      Err(e) =>println!("{}", e),
   }
}
```

使用 failure crate 中的 format_err!宏可以在处理过程中动态生成基于字符串的错误。例如:

```
let err =format_err!("File not found:{}", file_name);  // err 是基于字符串的 failure::Error 类
                                                       // 型值
```

bail!宏等价于 format_err! 加上错误并返回。例如:

```
bail!("File not found:{}", file_name);
```

5.12.2 snafu crate

snafu[①] 和 failure 类似,但是它能更精准地报告实际的错误。上节的程序使用 map_err 将 std::io::Error 转换成自定义的 FirstLineError 值。snafu 提供了 context 方法,让程序员能

① https://docs.rs/snafu/latest/snafu/

够传递更精确的错误信息。下面使用 snafu 来重新定义错误类型。例如:

```
use std::fs::File;
use std::io::{ BufRead, BufReader} ;
use snafu::{ Snafu, ResultExt} ;              // 导入 snafu crate 中的类型
#[derive ( Snafu, Debug) ]
enum FirstLineError{
    #[snafu ( display (" Cannot open file{} because: {} ", name, source) ) ]
    CannotOpenFile{
        name: String,
        source: std::io::Error,              // source 字段包含具体的错误类型信息
    },
    #[snafu ( display (" No lines found because: {} ", source) ) ] // 加上了 source,提供更详细精准的错
                                                                   // 误信息
    NoLines{ source: std::io::Error},
}
fn first_line ( path: &str) ->Result<String, FirstLineError>{
    let f =File::open ( path) .context ( CannotOpenFile{
        name: String::from ( path) ,
    } ) ?;
    let mut buf =BufReader::new ( f) ;
    let mut line =String::new () ;
    buf.read_line ( &mut line) .context ( NoLines) ?;
    Ok ( line)
}
```

为了使用 context(),必须定义一个 source 域。注意,我们直接使用了 CannotOpenFile 而不是 FirstLineError::CannotOpenFile。source 域是自动设定的。如果不希望使用 source 记录真正的错误源,我们可以使用其他名字,只要它和 #[snafu(source)]中指定的名字一致即可。另外,如果已经有一个域名叫作 source,而且我们不希望它被认为是 snafu 的 source 域,则可以使用 #[snafu(source(false))]来标明。

snafu 也支持 backtrace 域。#[snafu(backtrace)]表明希望能报告错误发生时的 backtrace。同时,我们也可以使用 ensure!宏,其功能和 failure 类似。

5.12.3 anyhow crate

anyhow crate[①] 提供了 anyhow::Result < T >。anyhow::Result < T >是 Result < T, anyhow::Error >的类型别名。可以看到,anyhow::Result < T >不关心具体的错误类型,所以 anyhow::Error 称为不透明错误(Opaque Error)。程序员可以通过使用它来提供动态的错误处理,它可以接受任意类型的错误,并且使用 anyhow!宏可以创建一个特定的错误。例如:

```
let err =anyhow!(" File not found: {} ", file_name) ; // error 是基于字符串的 anyhow::Error 类型值
```

同时,anyhow crate 还定义了 bail!宏和 ensure!宏。anyhow 宏的结果还可以链式调用 context()方法。例如:

```
let err =anyhow!(" File not found: {} ", file_name)
                .context (" Tried to load the configuration file" ) ;  // 提供一些错误的上下文信息
```

下面的程序演示了如何使用 anyhow。

首先要修改 Cargo.toml:

---

① https://docs.rs/anyhow/latest/anyhow/

```
[dependencies]
anyhow ="1"
```

程序如下：

```
use anyhow::Result;
#[derive(Debug)]
enum FirstLineError{
   CannotOpenFile{
      name: String,
      source: std::io::Error,
   },
   NoLines{
      source: std::io::Error,
   },}
impl std::error::Error for FirstLineError{}      // 实现 Error trait
impl std::fmt::Display for FirstLineError{       // 实现 Display trait
   fn fmt(&self, f: &mut std::fmt::Formatter<'_>) ->std::fmt::Result{
      match self{
         FirstLineError::CannotOpenFile{ name, source} =>{
            write!(f, "Cannot open file `{}` because:{}", name, source)
         }
         FirstLineError::NoLines{ source} =>{
            write!(f, "Cannot find line in file because:{}", source)
         }
      }
   }
}
fn first_line(path: &str) ->Result<String>{    // Result<String>隐藏了详细的错误类型
   let f =File::open(path).map_err(|e| FirstLineError::CannotOpenFile{
      name: String::from(path),
      source: e,
   })?;
   let mut buf =BufReader::new(f);
   let mut line =String::new();
   buf.read_line(&mut line)
      .map_err(|e| FirstLineError::NoLines{ source: e})?;
   Ok(line)
}
```

anyhow crate 没有定义 display trait。为了打印具体的错误信息，必须自己实现。在不同模块之间传送错误，map_err 组合子需要返回相应的错误信息。上面的例子只返回了错误信息 Result < String >，而没有返回特定的错误类型。

anyhow::Error 是动态错误类型的一个封装。anyhow::Error 提供外在的、额外的上下文信息，以使错误的返回含有丰富的信息，从而帮助程序员快速定位错误。anyhow::Error 非常像 Box < dyn std::error::Error >，但是二者也是有区别的：

- anyhow::Error 要求错误是 Send、Sync 和 'static；
- anyhow::Error 保证即使其基于的错误类型并不提供 backtrace，backtrace 也仍然可用；
- anyhow::Error 被实现为一个瘦指针，其大小为 1 个字。

anyhow crate 的用法示例如下(有删节)：

```
use anyhow::Context;
// ...
pub async fn subscribe(/**/) ->Result<HttpResponse, SubscribeError>{
     // ...
     let mut transaction =pool
```

```
        .begin()
        .await
        .context("Failed to acquire a Postgres connection from the pool")?;
                                                          // 如果错误,则返回此信息

    let subscriber_id = insert_subscriber(/**/)
        .await
        .context("Failed to insert new subscriber in the database.")?;
                                                          // 如果错误,则返回此信息
    // ...

    store_token(/**/)
        .await
        .context("Failed to store the confirmation token for a new subscriber.")?;

    transaction
        .commit()
        .await
        .context("Failed to commit SQL transaction to store a new subscriber.")?;

    send_confirmation_email(/**/)
        .await
        .context("Failed to send a confirmation email.")?;  // 如果错误,则返回此信息
    // ...
}
```

context 方法有以下两个功能:

- 将方法返回的错误转换为 anyhow::Error;
- 给调用者提供丰富的上下文信息,方便错误定位。

5.12.4 thiserror crate

使用 thiserror crate[①] 能让程序员很容易地定义错误类型,并且可以和 anyhow 连用,它使用#[derive(thiserror::Error)]来自动生成 Display 和 std::error::Error 的代码。使用 thiserror crate 中的#[from] 属性更容易链接低级错误。例如:

```
#[derive(Error, Debug)]
enum MyError {
    #[error("Everything blew up!")]
    BlewUp,

    #[error(transparent)]
    IoError(#[from] std::io::Error)
}
```

上面的程序自动将 std::io::Error 类型转换为 MyError::IoError。

下面是一个比较完全地结合了 anyhow 和 thiserror crate 的代码示例:

```
use std::fs::File;
use std::io::{BufRead, BufReader};
use anyhow::Result;
use thiserror::Error;
#[derive(Debug, Error)]                    // 为 FirstLineError 自动派生 thiserror::Error
enum FirstLineError {
```

① https://docs.rs/thiserror/1.0.47/thiserror/

```
    // 下面的 error 属性定义详细的错误信息,自动将 std::io::Error 转换为 MyError::IoError
    #[error("Cannot open file `{name}` because:{source}")]
    CannotOpenFile{
        name: String,
        source: std::io::Error,
    },
    // 下面的 error 属性定义详细的错误信息,自动将 std::io::Error 转换为 MyError::IoError

    #[error("Cannot find line in file because:{source}")]
    NoLines{
        source: std::io::Error,
    },}
fn first_line(path: &str) ->Result<String>{    // 此处使用 anyhow::Result
    let f =File::open(path).map_err(|e| FirstLineError::CannotOpenFile{
                    name: String::from(path),
                    source: e,
                })?;
    let mut buf =BufReader::new(f);
    let mut line =String::new();
    buf.read_line(&mut line)
        .map_err(|e| FirstLineError::NoLines{ source: e})?;
    Ok(line)
}
```

上面的代码用 anyhow 处理 Result 类型,而用 thiserror 处理 error 类型。#[error(...)]用来定义错误信息,非常方便。

5.12.3 节中介绍的 anyhow crate 隐藏了错误的细节,所以称之为不透明的错误。那么什么时候用 anyhow,什么时候用 thiserror 呢? 一言以蔽之,就是编写应用程序时用 anyhow,编写库程序时用 thiserror。但是这有点过于简单化、绝对化。我们需要搞清楚我们的设计意图。

- **基于返回的失败模式,我们希望调用者做不同处理。**
  使用枚举类型的错误类型,并让其匹配不同的错误分支。使用 thiserror 会节省很多模板代码。
- **如果失败发生,我们希望调用者放弃,并向操作员或者用户汇报错误。**
  这种情况下,使用不透明的错误类型不要给调用者通过程序获得错误内部信息的机会。为方便起见,可以使用 anyhow 或者 eyre[①]。

大多数 Rust 库都返回一个枚举类型的错误,而不是 Box<dyn std::error::Error>(如 sqlx::Error)。库的开发者无法假设用户的意图,所以采用枚举类型的错误会给予用户更多的控制权。但是,自由不是没有代价的:如果这么做,接口就会变得复杂,用户需要过滤多个错误分支以找到需要特殊处理的错误分支。所以在设计时要仔细考虑用户案例以及假设,选择合适的错误类型。有时甚至 Box<dyn std::error::Error>或者 anyhow::Error 对库开发而言反而是最适合的。

5.13 Main 函数中的错误返回

在 Rust 2015 版本中,main 函数并不能返回 Result<T,E>。Rust 2018 版本新增了一个功能:允许 main 函数返回 Result 类型。如果 main 函数返回一个 Err 类型,那么程序就将返

---

① https://docs.rs/eyre/latest/eyre/

回一个非 0 的值,被操作系统用来警示程序执行失败,并使用 Debug trait 打印错误信息。如果需要 Display 功能,就需要将主要功能(如下面的 run 函数)放入 main 函数中运行,并在 main 函数中使用 println! 打印结果。例如:

```
fn main() ->i32{
   if let Err(e) =run() {
      println!("{} ", e);
      return 1;
   }

   return 0;
}
fn run() ->Result<(), Error>{ ...}      // Rust 2018 版本
```

如果 Debug trait 满足需要,就可以使用下面的 main 函数声明:

```
fn main() ->Result<(), Error>{ ... }
```

main 函数允许返回 Result 类型。更准确地说,main 函数允许返回任何实现了 Termination trait 的类型。程序通过 Termination trait 获得返回错误号:编译器会对 main 函数返回的类型调用 report()以获得错误号。例如:

```
trait Termination{
        fn report(self) ->i32;
}
```

我们可以这样写 main 程序:

```
// chapter5/termination.rs
fn main() ->Result<(), &'static str>{
    let s =vec!["coke", "7up"];
    let third =s.get(3).ok_or("I got only 2 drinks")?;
    Ok(())
}
```

程序清单 5.2 **Termination** 的例子

以上程序的输出如下:

```
Rust Programming\sourcecode\chapter5>./termination
Error:"I got only 2 drinks"
```

5.14 错误传递

Rust 的"?"操作符的功能是解封返回值,如果错误则提早返回。"?"操作符是通过 From trait 执行类型转换的。一个函数如果返回 Result<T,E>,而且 E: From<X>(从类型 X 可以生成 E),就可以对任何 Result<T,X>使用问号操作符。

使用"?"操作符做错误提早返回,我们需要通过某种方法来界定错误处理的范围。例如:

```
fn do_the_thing() ->Result<(), Error>{
    let thing =Thing::setup()?;
    // .. code that uses thing and ? ..
    thing.cleanup();
```

```
    Ok( () )
}
```

上面的错误处理是不干净的：在 setup()?和 cleanup()?中间任何导致提早返回的情况都会跳过我们的 cleanup 代码，这也是官方准备引入 try/throw/catch 语法来处理错误的原因。不过和一般语言的 try/throw/catch 机制不同，Rust 的 try/throw/catch 语法仍然是基于 Option/Result 的，这要求 Result 在穿越多层调用时能够将类型转换成相同类型的 Result。目前 try 还不稳定，nightly 里有 try_catch 的特性开关。具体细节这里不再展开，感兴趣的读者可以参考 RFC 说明①。

5.15 函数中处理多种错误类型

在编程实践中，一个函数中可能要使用多个外部库包，因此可能和多种 Error 类型打交道。例如一个函数中可能需要读取文件、访问数据库、进行网络通信等。每个功能的异常都会有一个 Error 类型，再加上自定义的 Error 类型，都需要转换为一个通用的 Error 类型，这样做是为了方便外部的统一错误处理。而难题就在于：函数如何整合多种错误类型为一个可以统一返回的错误类型。

传统的面向对象编程语言处理上面的情况的方法是定义一个 Error 的基类，所有其他的 Error 都派生自这个基类。那么，我们在指定函数的错误返回类型时就可以直接指定这个基类。具体的错误内容可以通过函数多态（polymorphism）和重写/覆盖（override）来获取（如图 5.1 所示）。

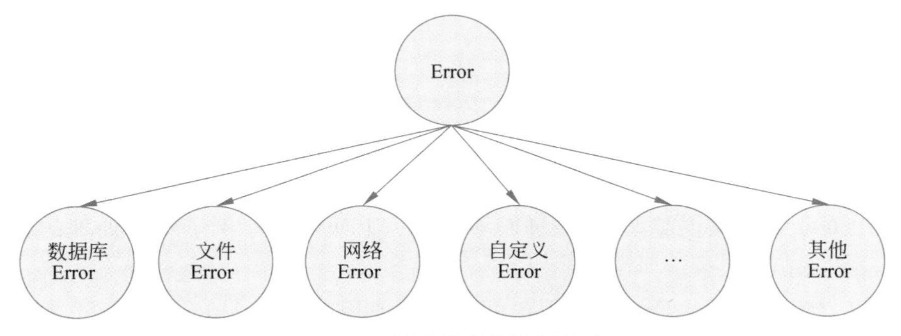

图 5.1 错误类型的继承关系

Rust 语言中，一个比较简单的方案是使用 std::error::Error 作为基类：所有标注库里的错误类型都可以转换成 Box<dyn std::error::Error + Send + Sync + 'static>。其中：

- dyn std::error::Error 标识任何错误；
- Send+Sync+'static 标识该错误类型是跨线程安全的。

```
type Result<T>=Result<T, Box<dyn Any +Send +'static>>;
```

方便起见，还可以定义别名如下：

```
type GenericError =Box<dyn std::error::Error +Send +Sync +'static>;
type GenericResult<T>=Result<T, GenericError>;
```

① https://github.com/rust-lang/rfcs

在函数中,每个功能调用都可能有其专有的错误类型。函数中如果有多个错误类型,返回 Result 就不可能了。这种情况下,我们就需要使用 trait 对象,但是 trait 对象是有潜在的问题的。使用 trait objects 也称为类型消除(type erasure),顾名思义,如果使用了 trait 对象,Rust 编译器就不再知道错误的精准来源。所以,使用 Box<dyn Error>作为错误返回 Result 的分支会导致丧失错误的具体信息。错误起源转换成了同样的类型。

Rust 中使用 Trait 和 Trait Object 实现上面的方案。

5.16 处理特定的错误类型

针对函数返回上节定义的 GenericResult 类型,如果我们只希望处理某个特定的错误,而放行其他错误,则可以使用泛型方法 error.downcast_ref::<ErrorType>()。如果当前错误是我们希望处理的错误类型,error.downcast_ref::<ErrorType>()就会以引用的方式借用错误对象。例如:

```
loop{
   match compile_project() {    // 编译项目
      Ok(()) =>return Ok(()),
       Err(err) =>{
         // 我们只想处理 MissingSemicolonError
         if let Some(mse) =err.downcast_ref::<MissingSemicolonError>() {
            insert_semicolon_in_source_code(mse.file(), mse.line())?; // 如果分号缺失,则加入分号
            continue; // 返回 loop 的第一个语句-compile_project,再编译
         }
         return Err(err);
      }
   }
}
```

downcasting(向下转型)可以将 dyn Error 向下转型成一个实际的错误类型。例如:用户如果收到 std::io::Error,而且具体错误类型是 std::io::ErrorKind::WouldBlock,则进行一些特殊处理。对于其他错误类型,则略过而不作为。上面的程序例子特别处理的错误类型是 MissingSemicolonError。

如果用户收到一个 dyn Error,则用户可以尝试使用 Error::downcast_ref 来试图向下转型为具体的错误类型。downcast_ref 方法返回一个 Option,告诉用户向下转型是否成功。downcast_ref 只有在参数是'static 的情况下才能工作。如果我们返回一个不是'static 的 Error,就失去了对特征消除后的错误进行内部检查(introspection)的功能。

5.17 总结

Rust 错误处理有以下几种情况:

- 在做原型设计和一些快速验证的工作时可以用 unwrap 或 expect 忽略错误;
- 在不需要提前返回错误时可以链式调用各种组合子,一气呵成地处理错误;
- 需要提前返回错误,如果不是写库程序,则直接用 try!宏;
- 作为库的作者,应该自己定义错误类型并实现 From trait,然后借助 try!宏和各种组合子综合灵活处理;

- 依据个人偏好，选择使用 try!宏还是问号(?)语法糖；
- panic!宏代表一个程序无法处理的状态，并且停止执行，而不是使用无效或不正确的值继续处理；
- Result 代表操作可能会在一种可以恢复的情况下失败，可以使用 Result 来告诉代码调用者需要处理潜在的成功或失败。

Chapter 6 第6章 日志和测试

本章将讨论 Rust 语言中的测试机制，内容包括：

- 单元测试
- Rust 语言用到的测试标注（annotation）
- 断言（assert）宏
- 通过单独的 tests 目录实现集成测试
- 文档测试（doctest）
- 性能测试（benchmark）
- 测试驱动开发（Test-Driven Development，TDD）
- 日志（logging）

广义的测试标注包括 #[test]、#[bench]、#[should_panic]、#[cfg(test)]和#[ignore]。6.1 节重点介绍#[test]、#[bench]、#[ignore]和#[should_panic]。#[bench]是性能测试，将在 6.4 节重点介绍。

6.1 单元测试

对每个小功能编写能自动运行的测试代码是保持代码质量的有效方法。自动测试代码可以节省测试过程中花费在输入/输出等重复性工作上的时间，单元测试已经是大系统开发的标配：程序员可以知道哪一部分的程序运行完成，哪个测试用例通过了。在运维阶段，单元测试可以作为回归测试（Regression Test）的重要手段。

6.1.1 单元测试

本节主要介绍#[test]和#[cfg(test)]。例如：

```
#[test]
fn test_case () {
        assert!( true)
}
```

使用 rustc 来运行测试案例，命令如下：

```
rustc --test test.rs
```

Cargo 也支持 test，通常使用下面的 Cargo 命令来编译 Rust 程序并运行程序里的单元测试模块。例如：

```
cargo test
```

1. #[cfg(test)]

当测试程序变得越来越复杂时，建议不要把测试程序和真正的程序混在一起，而应该把所有相关测试程序放在一个模块里，并对该模块使用#[cfg(test)]进行标注。例如：

```
pub fn add_two(a: i32) ->i32{
  internal_adder(a, 2)
}
fn internal_adder(a: i32, b: i32) ->i32{
  a +b
}

#[cfg(test)]
mod tests{           //把所有相关测试案例放入 tests 模块，并用#[cfg(test)] 标注
    use super::*;  //使用父模块中所有内容，如 add_two() 和 internal_adder() 函数

  #[test]
  fn internal() {
      assert_eq!(4, internal_adder(2, 2));
  }
}
```

#[cfg(test)]标注告诉 Rust 编译器：只有在用户使用 cargo test 命令的情况下才编译并运行测试代码，而在运行 cargo build 时不编译运行测试代码。因为 cargo build 的编译结果并不包含测试代码，所以在构建库时可以节省编译时间，并能节省编译结果的空间。

2. #[ignore]

有时一些特定的测试可能非常耗时，这时可以通过 ignore 属性来默认禁用。例如：

```
# // The next line exists to trick play.rust-lang.org into running our code as a
# // test:
# // fn main
#
pub fn add_two(a: i32) ->i32{
    a +2
}
#[test]
fn it_works() {
    assert_eq!(4, add_two(2));
}
#[test]
#[ignore]      // cargo test 命令时禁止运行下面的测试程序 longtime_test()
fn longtime_test() {
    // 耗时很长的操作...
}
```

程序清单 6.1 测试 adder crate

正常的单元测试会忽略而不执行被标注为#[ignore]的测试。但是如果确实想运行这样的测试案例，可以使用下面的命令：

```
cargo test -- --ignored
```

第一个"--"是一个分隔符，表明其后的输入都是运行测试的标志或者开关。上例中，"--ignore"被传给 test 的标志表示执行标注了#[ignore]的测试。

3. 测试的串行/并行运行

cargo test 默认使用多线程，以并行的方式运行多种测试案例。并行模式下，不同的测试

案例之间一般不会有数据共享。但是如果希望顺序执行多个测试,可以使用下面的命令:

```
cargo test -- --test-threads=1
```

6.1.2 断言宏

在单元测试中,经常用到的断言宏有 assert!、assert_eq!(断言相等)和 assert_ne!(断言不相等)。assert!宏的用法如下:

```
assert!( a==b) ; // 输入是一个布尔变量,如果值为 false,此语句 panic 并显示错误发生的行号

// 下面这种形式接收一个打印变量的格式化字符串,值为 false 时 panic,打印错误发生的行号,显示格式化字符串
assert!( a==b, "{} 不等于 {} ", a, b) ;
```

鉴于单元测试中的大部分情况是比较两个值是否相等,因此在这种情况下,可以使用 assert_eq!宏。例如:

```
assert_eq!( a, b) ;
```

debug_assert!宏类似于 assert!。assert!断言宏不仅工作在测试代码中,而且可以在真正的代码中使用。Debug 断言宏仅在 debug 调试模式中起作用。如果代码是在优化模式下编译的,那么 debug 断言宏会被优化掉而不起作用。类似的宏还有 debug_assert_eq!和 debug_assert_ne!,它们的功能类似于 assert_eq!和 assert_ne!。

6.1.3 #[should_panic]属性

#[should_panic]标注下的程序应该为 panic。例如:

```
#[test]
#[should_panic]
fn will_panic() {
    assert_eq!( 0, 1) ;
}
```

#[should_panic]属性必须和#[test]属性连用以向编译器表明:运行 will_panic 函数会造成不可恢复的错误;这种错误在 Rust 中称为 panic。

6.2 集成测试

集成测试的测试源文件位于和源程序目录(src)平级的 tests 目录下。Cargo 只会在运行 cargo test 时编译 tests 这个目录中的文件:cargo 把每个集成测试文件编译成单独的 crate,并和其他的库进行链接。由于集成测试位于另一个文件夹 tests(与程序源代码目录 src 同级,如下面的 SampleProject 目录结构所示),所以并不需要添加#[cfg(test)]注解。这一点不同于单元测试:因为单元测试代码位于与源代码相同的文件中,所以需要使用#[cfg(test)]来指定测试代码不应该包含进编译结果。例如:

```
SampleProject                  // 项目根目录
├─benches                      // 性能测试目录: cargo bench
├─examples                     // 使用本项目的一些周边的例子: cargo example
```

```
├─src                       // 源代码目录
│   ├─bin                   // 一个项目如果包含多个二进制 crate,除了 main.rs 以外,可以放在 bin 目录下
│   ├─submodule             // 子模块
│   ├─memeber crate         // 成员 crate 项目
│   ├─lib.rs                // 主库 crate 文件
│   └─main.rs               // 主二进制 crate 文件
├─target                    // 编译结果目录
│   ├─debug                 // debug 版本编译结果目录
│   └─release               // release 版本编译结果目录
├─tests                     // 集成测试目录: cargo test
├─build.rs                  // 预编译文件
├─Cargo.lock                // Cargo lock 文件
└─Cargo.toml                // Cargo 配置文件
```

6.2.1　Library crate 的集成测试

为了创建集成测试，首先需要在项目根目录创建一个 tests 目录，与 src 同级。这样，Cargo 就知道如何去寻找这个目录中的集成测试文件。然后可以随意在这个目录下创建任意多的测试文件，Cargo 会将每个文件当作单独的 crate 来编译。

下例演示了如何在项目根目录下新建一个文件 tests/integration_test. rs。该文件用来测试 adder crate 中函数的代码如下：

```
// tests/integration_test.rs
extern crate adder;                //要测试的源代码
#[test]
fn it_adds_two () {
    assert_eq!( 4, adder::add_two( 2) ) ;
}
```

adder crate 的代码位于 src/lib. rs 中，参照程序清单 6. 1。上面的程序在顶部增加了 extern crate adder，这在单元测试中是不需要的。这是因为每个 tests 目录中的测试文件都是完全独立的 crate，所以需要在每个文件中导入库，并不需要将 tests/integration_test. rs 中的任何代码标注为＃[cfg(test)]。

6.2.2　二进制 crate 的集成测试

如果项目是二进制 crate 且只包含 src/main. rs 而没有 src/lib. rs，就不可能在 tests 中创建集成测试并使用 extern crate 导入 src/main. rs 中的函数了。只有库 crate 向其他 crate 暴露了可供调用和使用的函数，集成测试代码才能调用它们；而二进制 crate 只能单独运行，并不对外提供可供访问的函数。这也是 Rust 二进制 crate 项目明确采用“从 src/main. rs 调用 src/lib. rs 中的逻辑”这种机制的原因之一。通过这种结构，集成测试就可以使用 extern crate 来测试库 crate 中的主要功能了，而如果这些主要功能没有问题，src/main. rs 中的少量代码就会正常工作且不需要测试。这种情况下，我们称 main. rs 是 lib. rs 的瘦封装(thin wrapper)：main. rs 是 lib. rs 中功能的简单封装；main. rs 只包含极少的代码，大部分功能通过调用 lib. rs 中的功能实现。实际上，集成测试所测试的还是 lib. rs 中提供的函数。例如：

```
SampleProject              // 项目根目录
 ├─...
 ├─src                     // 源代码目录
 │   ├─...
 │   ├─lib.rs              // 主库 crate 文件
 │   └─main.rs             // 主二进制 crate 文件
 │ ...
```

所以在同一个项目里可以既有库 crate,还有二进制 crate。Cargo.toml 中可以指定如下:

```
[package]
name = "bench_example"
version = "0.1.0"
edition = "2018"

[lib]
name = "bench_example"
path = "src/lib.rs"

[[bin]]
name = "bench_example_bin"
path = "src/main.rs"
```

6.2.3 定义集成入口

如果没有在 Cargo.toml 里定义集成测试的入口,那么 tests 目录(不包括子目录)下的每个 rs 文件都会被当作集成测试入口。如果在 Cargo.toml 里定义了集成测试入口,那么定义的那些 rs 文件就是入口。编译器不再默认指定任何集成测试入口。下例演示了如何在 Cargo.toml 里定义了集成测试入口:

```
[[test]]
name = "testinit"                    # 定义 testinit 集成测试入口
path = "tests/testinit.rs"

[[test]]
name = "testtime"                    # 定义 testime 集成测试入口
path = "tests/testtime.rs"
```

6.2.4 有选择地执行集成测试案例

如果不想每次都进行所有集成测试,而是只执行某些集成测试,则可以通过名字来指定。例如:

```
cargo test -- testinit, testtime
```

6.3 文档测试

6.3.1 自动生成程序文档

cargo doc 命令会为程序生成 HTML 的文档。例如:

```
$ cargo doc --no-deps --open
Documenting fractal v0.1.0 ( file:///.../fractal)
```

--no-deps 开关告诉 Cargo 只为项目(此处为 fractal)本身生成文档,而不需要为项目依赖的 crate 生成文档。--open 开关告诉 Cargo 在生成 HTML 文档后会在浏览器里打开文档。

6.3.2 编写程序文档

文档内容来自程序的公开(pub)的部分,再加上文档注释的内容。文档注释有以下两种方式。

- //!：在每个模块的开始，模块测试代码。
- ///：函数前面，函数测试代码。

```
/// 通过传入的种子 seed 生成私钥
pub fn gen_privkey( seed: H256) ->U256{
    …
}
```

Rust 编译器会把"///"的注释当成＃[doc]属性来处理。上面的程序和下面的等同：

```
#[doc =" 通过传入的种子生成私钥."]
pub fn gen_privkey( seed: H256) ->U256{
    …
}
```

在编译和测试程序时，这些属性会被忽略。但是在生成文档时，所有公开的信息都会包含在输出里。同样地，"//!"注释被当成＃![doc]属性来处理，通常放在文件或者模块的开始。例如：

```
//! 模拟切比雪夫雪花，从下而上
```

文档注释的内容采用一种简单的 HTML 格式——Markdown 格式：单星号表示斜体，双星号表示加重；空白行表示一个段落；也可以在注释里使用 HTML 标识符。代码块中的代码在生成注释时会使用定宽字体，采用 4 空格对齐。例如：

```
/// 在文档注释里的代码块：
///
///     if someop().succeed() {
///         println!(" success" );
///     }
```

也可以采用"```"来标记代码块，其效果和上面的程序是一样。例如：

```
/// 另外一个版本的代码片段：
///
/// ```
/// if someop().succeed() {
///     println!(" success" );
/// }
/// ```
```

6.3.3　运行文档中的测试代码

Rust 会自动把文档注释中用"```"标记的代码转换成一个单元测试。例如：

```
// chapter6\integ-test-example
use std::process;
/// This function gets the process id of the current executable. It returns a non-zero number
/// ```
/// fn get_id() {
/// let x =integ_test_example::get_process_id();
/// println!("{} ",x);
/// }
/// ```
```

```
pub fn get_process_id() ->u32{
    process::id()
}

/// Sum two arguments
///
/// # Examples
///
/// ```
/// assert_eq!(integ_test_example::sum(1, 1), 2);
/// ```
pub fn sum(a: i8, b: i8) ->i8{
    a +b
}
```

程序清单 6.2　运行文档注释中的测试代码

我们使用 cargo test --doc 命令来运行文档中的测试代码。例如：

```
Rust Programming\sourcecode\chapter6\integ-test-example>cargo test --doc
  Compiling integ-test-example v0.1.0 (E:\projects\Rust Programming\sourcecode\chapter6\
integ-test-example)
   Finished test [unoptimized +debuginfo] target(s) in 0.68s
  Doc-tests integ-test-example

running 2 tests
test src\lib.rs -get_process_id(line 9) ...ok
test src\lib.rs -sum(line 23) ...ok

test result: ok. 2 passed; 0 failed; 0 ignored; 0 measured; 0 filtered out; finished in 0.38s
```

这个功能非常有用：程序员通常会在每个函数前面提供一些使用该函数的例子。这是一种好的编程风格，方便了代码的维护和共享。但是程序会被经常修改，而程序员会忘记修改其前面的文档注释。通过运行 cargo test 命令，程序员可以尽量早地发现过时的文档注释并及时修正。

6.4 性能测试

对程序进行性能评测可以帮助程序员查找和修复程序运行的性能瓶颈。Rust 内置的每次性能测试都需要多次运行所要测试的代码，然后在所有的测试结果中取一个中位值作为最终测试结果。由于 Rust 内置的性能测试是一个不稳定的功能，因此**目前只能在 nightly 编译器版本下使用性能测试**。

6.4.1 nightly 分支下的性能测试

Rust 内置的性能测试提供以下功能。

- testcrate 和 Bencher 类型。Bencher 是一个 test crate 提供的迭代器，它会多次运行传入的闭包程序(测试的目标程序)。
- #[bench]标注要测试的函数。例如：

```
// chapter6\nightly_bench
#![feature(test)]          // 必须置于模块文件顶部
extern crate test;         // 导入 test crate
```

```
use test::Bencher;
pub fn func_slowly() {
    print!("#");
    for _ in 1..20_000_000{};
}
pub fn func_fast() {
}
#[bench]                              // 标记要测试的函数
fn bench_func_slowly(b: &mut Bencher) {
    b.iter(|| func_slowly());         // 传给 iter 函数一个没有参数的闭包-func_slowly()
}
#[bench]
fn bench_func_fast(b: &mut Bencher) {
    b.iter(|| func_fast());           // 传给 iter 函数一个没有参数的闭包-func_fast()
}
```

程序清单 6.3 性能测试代码例子

迭代的参数是一个没有参数的闭包,"||"标识闭包没有参数。闭包传入 iter 函数,在函数中,会对该闭包重复运行。

为了运行上面的性能测试,首先要切换工具链到 nightly 分支。例如:

```
rustup override set nightly
```

运行性能测试,结果如下:

```
Rust Programming\sourcecode\chapter6\nightly_bench>cargo bench
   Finished bench [optimized] target(s) in 0.05s
    Running unittests src\lib.rs (target\release\deps\bench_example-be8e786bbcdb7460.exe)

running 2 tests
test bench_func_fast    ... bench:          0 ns/iter (+/-0)   // 每次迭代运行的耗时,以纳秒为单位
test bench_func_slowly ... bench:         21 ns/iter (+/-5)   // 偏差为 5,表明每次运行耗时有波动

test result: ok. 0 passed; 0 failed; 0 ignored; 2 measured; 0 filtered out; finished in 0.52s
```

可以看到,bench_func_slowly 的运行性能比 bench_func_fast 要慢,而且不稳定(+/-表示偏差)。

6.4.2 stable 分支下的性能测试

如果 stable 编译器想编译项目代码,但是又不想做性能测试代码的编译,则可以把性能测试的代码放在 benches 目录下。stable 分支的编译器在做编译时就会无视 benches 目录下的性能测试代码。而 nightly 编译器仍然可以做性能测试。目录结构如下:

```
SampleProject
├─benches                    // 性能测试目录,其下的测试案例在 stable 分支编译时会被无视
│   ├─example.rs             // 性能测试名为 example
├─src
│   ├─lib.rs                 // 库的名字是 test_bench,定义在 Cargo.toml 中
├─Cargo.lock                 // Cargo lock 文件
└─Cargo.toml                 // Cargo 配置文件
```

如果想在 stable 分支上进行性能测试,则可以使用 bencher crate。

首先,需要修改 Cargo.toml 文件如下:

```
[lib]
name = "test_bench"   // 库 crate 的名字叫作 test_bench,位于根目录的 src 目录下的 lib.rs
path = "src/lib.rs"
bench = false

[[bench]]
name = "example"        // 性能测试在根目录的 benches 目录下,文件名为 example.rs
harness = false         // 不使用 Rust 内置的性能测试

[dev-dependencies]
bencher = "0.1.4"       // 测试用,所以导入 bencher crate 作为开发依赖包-dev-dependencies
```

我们在 Cargo.toml 中增加了一个 example 的性能测试,并且不使用 Rust 内置的性能测试。然后,我们创建了 benches/example.rs 文件,其内容如下:

```
// chapter6\stable_bench
#[macro_use]
extern crate bencher;
extern crate test_bench;                // 需要导入 test_bench 库 crate,这是我们的测试目标 crate

use test_bench::*;
use self::bencher::Bencher;

// 第一个性能测试.不需要函数前面加上#[bench] 属性
fn bench_func_slowly( b: &mut Bencher) {
    b.iter( || func_slowly() );         // 测试 test_bench 中的 func_slowly()
}

// 第二个性能测试.不需要函数前面加上#[bench] 属性
fn bench_func_fast ( b: &mut Bencher) {
    b.iter( || func_fast() );           // 测试 test_bench 中的 func_fast()
}

benchmark_group!(                       // 创建一组性能测试
    benches,                            // 组的名字为 benches
    bench_func_slowly,                  // 第一个性能测试
    bench_func_fast                     // 第二个性能测试
);
benchmark_main!( benches);              // 创建 main 函数,执行 benches 这组性能测试
```

程序清单 6.4　在 stable 版本下性能测试代码例子

和 nightly 下的性能测试相比,主要的差异在于需要导入要测试的 crate,而不需要在每个函数前面都加上 #[bench]属性。我们使用两个宏来进行性能测试:benchmark_group!宏会创建一组性能测试,第一个参数是宏的名字,其后的参数都是要测试的函数;benchmark_main!宏会创建一个 main()函数来运行所有的性能测试代码。性能测试的结果如下:

```
Rust Programming\sourcecode\chapter6\stable_bench>cargo bench
   Compiling example2 v0.1.0 ( E:\projects\Rust Programming\sourcecode\chapter6\stable_bench)
    Finished bench [optimized] target ( s)  in 0.38s
     Running unittests ( target\release\deps\example-3f82bd5fd3de0ac6.exe)

running 2 tests
test bench_func_fast   ... bench:          0 ns/iter ( +/-0)
test bench_func_slowly ... bench:         19 ns/iter ( +/-1)

test result: ok. 0 passed; 0 failed; 0 ignored; 2 measured
```

6.4.3　其他

除了 Rust 内置的性能测试，性能测试还可以使用其他的工具和使用方法。

1. criterion[1]

社区开发了工作在 stable 版本编译器上的性能测试 crate——criterion-rs[2]。criterion.rs 可以生成比 Rust 内置性能测试框架更多的统计信息，并且提供更直观的图表，使用户更容易理解测试结果。同时，它可以保持最后一次运行的状态，汇报每次运行的性能回归结果。

2. 持续集成工具

我们可以在持续集成工具中启动性能测试，并在性能降低时获得警告。常用的持续集成工具有 Travis CI[3]、Circle[4]。

3. 外部评测

常用的外部评测工具有 Valgrind[5]、cargo-profiler[6]（在 crates.io 上可以找到相关信息，不过该 crate 已经不再更新）。

6.5　日志

Rust 提供非常灵活且选择众多的日志解决方案。整个日志生态系统分为以下两部分。

- **日志外观**。Rust 中的 log crate 向外部使用者提供一个统一的日志 API。这些 API 独立于日志的具体实现，不会泄露具体实现的细节，也不会随具体实现的改变而改变。log crate 提供的日志 API 是基于宏的。宏的输出依照记录事件的日志级别进行分级，从而可以通过配置来管理日志输出。
- **日志实现**。社区开发日志记录器 crate 实现了日志的具体细节，例如输出日志到哪个目录、哪个文件等。6.5.2 节中列出了大部分的日志记录器。日志记录的 crate 只能被二进制 crate，也就是只能被可执行文件使用。

6.5.1　日志宏

log crate 提供了使用日志功能的接口。但是 log crate 只包含一些宏定义而没有具体的实现。程序员可以通过指定日志记录器（如 env_logger、simple_logger 或者其他 crate）来提供日志的实现。这使程序员可以根据自己的需求选择不同的日志记录器以进行灵活配置，并在不同的日志记录器之间无缝切换（不需要修改代码）。

log crate 提供了诸如 error! 和 warn! 宏，可以输出格式化消息到日志。日志一般都是分级的，trace! 重要性最低，error! 重要性最高。

- trace!

---

① https://bheisler.github.io/criterion.rs/book/getting_started.html
② https://crates.io/crates/criterion
③ https://www.travis-ci.com/
④ https://circleci.com/
⑤ https://valgrind.org/
⑥ https://crates.io/crates/cargo-profile

trace!会打印很多的详细信息,可以用来跟踪一个算法的每一步或者打印函数参数。

- debug!

  在日常开发调试程序时会经常用到。提交代码时,应尽量少地提交包含 debug!的代码。至少在编译 release 版本时,代码不会包含 debug!。

- info!

  标准的日志级别,用来描述应用程序状态的变化。info!输出的信息应该提供一般的信息以用于查阅,而不要包含重要信息,如某个用户被创建了。

- warn!

  表示应用程序执行中发生了某些未预料的异常情况。但是异常情况并不会导致应用程序崩溃,应用程序可以继续执行,如配置文件丢失,但是程序可以以默认状态持续执行。

- error!

  表示发生了严重错误,应用程序停止执行。

上面的宏都使用了 log crate 里的 log!宏(多出了一个日志级别的参数)。例如:

```
log!(Level::Error, "Error information:{}", error);     // 第一个参数是日志级别的参数
```

6.5.2 日志记录器

下面列出了流行的日志记录器[①]。

- 最基本功能的日志记录器:
  - **env_logger**
  - simple_logger
  - simplelog
  - **pretty_env_logger**
  - stderrlog
  - flexi_logger
- 复杂的可配置的日志框架:
  - **log4rs**
  - fern
- 其他适配器:
  - syslog
  - systemd-journal-logger
  - slog-stdlog
  - android_log
  - win_dbg_logger
  - db_logger
- 适用于 WebAssembly 二进制文件:
  - console_log

① https://crates.io/crates/log

- 适用于动态库：
  需要构建一个在日志上的 FFI 安全的封装库来初始化库。
- 实用工具：
  - log_err

env_logger 读取环境变量 RUST_LOG 的值以配置日志，并打印日志到标准错误句柄(stderr)。pretty_env_logger crate 则基于 env_logger 提供了加强功能：打印信息更紧凑，并可以彩色打印。笔者在本书的第 7 章使用了 log4rs 日志框架。

6.5.3　非结构化/结构化日志

非结构化日志是把用户感兴趣的信息以字符串的形式保存，它很常见并且能满足绝大部分需求。它的特点是日志信息没有任何预定义的格式或者顺序。其缺点是对庞大的非结构化日志的分析和检索效率低下，并且也需要用正则表达式去匹配海量的日志数据，编程的复杂度较高。

结构化的日志以预定义的格式输出日志信息。优点是带有更多语义信息，有利于日志聚合服务，可以方便地构建索引，高效地提供查询服务。如果需要输出结构化的日志，可以考虑使用 tracing[①] 或者 slog crate[②]。

6.5.4　常用用法

可以通过日志级别来过滤日志消息，设置高日志级别会禁止低级别的日志信息的输出；而设置低日志级别会显示所有日志消息。日志级别有 5 个取值：Trace、Debug、Info、Warn 和 Error，如表 6.1 所示。例如：如果设定了日志级别为 Info，则日志就会忽略(或者禁止)所有的 debug 宏和 trace 宏的输出。

表 6.1　日志级别的详细解释

日志级别	用　　法	例　　子
Error	问题严重可能终止整个程序。如果某个应用应该长时运行，一旦终止，应该马上通知系统管理员	数据库连接中断
Warn	问题不严重，程序可以自动修复，或者人工介入以修复问题	用户的配置文件中包含系统无法识别的选项
Info	某些正常的日志信息可能以后有用	用户启动或者终止某个进程、某个服务的时间
Debug	对程序员或者系统管理员比较有用的信息	传给重要函数的参数，当前应用的重要状态信息
Trace	非常低级的信号，仅对程序员定位追踪 bug 有用	函数开始和结束

下面罗列一些 Log crate 的常用方法。

1. set_max_level

用 set_max_level 函数来设置日志级别，如果设置为 off，则不会写日志。

2. set_logger

日志生成器必须实现 Log trait，使用时可以通过调用 set_logger 函数来指定安装日志记

① https://docs.rs/tracing/latest/tracing/
② https://crates.io/crates/slog

录器。

下面的例子演示了 log_enabled!检查日志功能开关是否打开：

```
if log_enabled!( Info) {        //是否日志级别设定为 Info
    let data =get_data_whatever () ;
    info!(" data source: {} ", data) ;
}
```

下面的例子演示了 module_path!设定日志的目标模块信息：

为了更好地定位错误异常，程序员需要更精确的信息。例如，日志信息输出所在的目标模块。如果程序员没有自己设定，log crate 就通过 module_path!来设定。

下面的例子演示了如何使用 Rust 语言初始化日志：

```
// chapter6\random-service
fn main () {
    logger::init () ;                                    //程序初始化，就可以用宏来向日志输出了
    info!(" Rand Microservice -v0.1.0" ) ;               //日志输出
    trace!(" Starting..." ) ;                            //日志输出
    let addr =( [127, 0, 0, 1], 8080) .into () ;
    debug!(" Trying to bind server to address: {} ", addr) ;
    let builder =Server::bind ( &addr) ;
    trace!(" Creating service handler... " ) ;
    let server =builder.serve ( ||{
        service_fn_ok ( |req|{
            trace!(" Incoming request is: { :?} ", req) ;
            let random_byte =rand::random::<u8> () ;
            debug!(" Generated value is: {} ", random_byte) ;
            Response::new ( Body::from ( random_byte.to_string () ) )
        })
    }) ;
    info!(" Used address: {} ", server.local_addr () ) ;
    let server =server.map_err ( drop) ;
    debug!(" Run! " ) ;
    hyper::rt::run ( server) ;
}
```

程序清单 6.5　使用日志的例子

6.5.5　日志相关的环境变量

1. RUST_LOG

要激活日志记录器，必须设定 RUST_LOG 环境变量。env_logger crate 会读取这个环境变量并根据其值设定不同的日志过滤级别。一个日志记录器必须设定一个相应的日志级别。在 UNIX/Linux 下，如果使用 Bash shell，则可以在.bashrc 文件里设置 RUST_LOG 变量的值。在编程开发中，可以暂时性地设置 RUST_LOG 如下：

```
RUST_LOG= trace cargo run
```

2. RUST_LOG_STYLE

RUST_LOG_STYLE 变量设定打印日志记录的风格有以下 3 个可能的取值。

- **auto**：尝试使用风格化的字符。
- **always**：始终使用风格化的字符。
- **never**：关闭使用风格化的字符。

示例如下：

```
RUST_LOG_STYLE=auto cargo run
```

3. 在程序中动态设定上面的环境变量

env_logger 包含 init_from_env 函数，允许将环境变量 RUST_LOG 和 RUST_LOG_STYLE 改为用户自定义的环境变量。例如：

```
let env =env_logger::Env::new()
          .filter("MY_OWN_LOG_VAR")
          .write_style("MY_OWN_LOG_STYLE_VAR");// 程序员自己的 RUST_LOG_STYLE 控制日志风格
env_logger::init_from_env(env);                // env 被传给 env_logger 来初始化环境变量
```

在程序中设置环境变量不如配置文件灵活：我们可以把环境变量的值存储在配置文件中；在程序启动时读取之；最后调用 env_logger::init_from_env 来设置日志系统。配置文件的常用格式有 txt、env、json、toml、yaml、xml 等。

6.6 日志监控

常用的日志监控工具如下。

- OpenTelemetry ①提供了协议、API、SDK 等核心工具，用于收集监控数据，最后将这些 metrics/logs/traces 数据写入 prometheus②、jaeger③ 等监控平台中。
- vectordotdev/vector④ 有一个性能很高的数据采集 agent，可以采集本地的日志、监控等数据并发送到远程的 kafka、jaeger 等数据下沉端，它的最大优点就是能从多种数据源(包括 Opentelemetry)收集数据，然后推送到多个数据处理或者存储等下沉端。

对于数据展示，可以使用 jaeger、prometheus 自带的 UI，也可以使用 grafana⑤ 的统一 UI。

6.7 复杂样例

本节来看一个复杂的日志配置的例子。例子是一个实现了零知识证明的“钱包”，原语包括 spend、deposit 和 zok(因为例子使用了 zokrates 第三方框架来实现零知识证明)。日志框架使用 log4rs。

Cargo.toml 的相关内容如下：

```
...
#Pretty_env_logger uses env_logger and env_logger uses log.
#So, you just need to know how to use pretty_env_logger mostly.
#Log, debug etc.
log = "0.4.8"
pretty_env_logger = "0.4"
log4rs = {version="1", features = ["background_rotation"]}
...
```

---

① https://github.com/open-telemetry/opentelemetry-rust

② https://prometheus.io/

③ https://www.jaegertracing.io/

④ https://github.com/vectordotdev/vector

⑤ https://grafana.com/

Main. rs 的相关内容如下：

```
// Rust Programming\sourcecode\chapter18\zkpccwallet\src\main.rs
...
#[tokio::main]
async fn main() -> web3::Result<()> {
    // Environment
    if env::var_os("RUST_LOG").is_none() {
        env::set_var("RUST_LOG", "info");
    }
    dotenv::dotenv().ok();

    // log
    // pretty_env_logger::init();
    log4rs::init_file("log_config_all.yaml", Default::default()).unwrap();
    ...
}
```

可以看到，日志的配置文件为 log_config_all. yaml，位置与 Cargo. toml 平级，其内容如下：

```
# Rust Programming\sourcecode\chapter18\zkpccwallet\log_config_all.yaml
appenders:                                                  #定义所有的日志记录器
  stdout_logger:                                            #标准输出记录器
    kind: console
    encoder:
      pattern: "{h({d(%Y-%m-%d %H:%M:%S)(utc)} - {l}:{m}{n})}"
                                                            #标准输出的记录格式
  main_file_logger:                                         #主程序输出记录器
    kind: rolling_file                                      #日志记录方式是循环轮转
    path: "logs/main.log"                                   #日志输出文件定义
    encoder:
      pattern: "{d(%Y-%m-%d %H:%M:%S)(utc)} - {h({l})}:{m}{n}"
                                                            #主程序输出的记录格式
    policy:
      trigger:
        kind: size
        limit: 10mb                                         #每个日志循环文件大小为 10MB
      roller:
        kind: fixed_window
        base: 1
        count: 10                                           #日志循环 10 个文件,超过则被丢弃
        pattern: "logs/main{}.log"                          #日志循环文件名格式
  depositnote_file_logger:                                  #deposit 操作输出记录器
    kind: rolling_file                                      #日志记录方式是循环轮转
    path: "logs/depositnote.log"                            #日志输出文件定义
    encoder:
      pattern: "{d(%Y-%m-%d %H:%M:%S.%f)(utc)} - {h({l})}:{m}{n}"
                                                            #deposit 操作输出的记录格式
    policy:
      trigger:
        kind: size
        limit: 10mb                                         #每个日志循环文件大小为 10MB
      roller:
        kind: fixed_window
        base: 1
        count: 10                                           #日志循环 10 个文件,超过则被丢弃
        pattern: "logs/depositnote{}.log"                   #日志循环文件名格式
  spendnote_file_logger:                                    #Spend 操作输出记录器
    kind: rolling_file                                      #日志记录方式是循环轮转
    path: "logs/spendnote.log"                              #日志输出文件定义
    encoder:
      pattern: "{d(%Y-%m-%d %H:%M:%S.%f)(utc)} - {h({l})}:{m}{n}"
                                                            #Spend 操作输出的记录格式
    policy:
      trigger:
```

```
        kind: size
        limit: 10mb                                    #每个日志循环文件大小为 10MB
      roller:
        kind: fixed_window
        base: 1
        count: 10                                      #日志循环 10 个文件,超过则被丢弃
        pattern: "logs/spendnote{}.log"                #日志循环文件名格式
  zokrates_file_logger:                                #Zok 操作输出记录器
    kind: rolling_file                                 #日志记录方式是循环轮转
    path: "logs/zok.log"                               #日志输出文件定义
    encoder:
      pattern: "{d(%Y-%m-%d %H:%M:%S.%f)(utc)} - {h({l})}:{m}{n}"
                                                       #Zok 操作输出的记录格式
    policy:
      trigger:
        kind: size
        limit: 10mb                                    #每个日志循环文件大小为 10MB

      roller:
        kind: fixed_window
        base: 1
        count: 10                                      #日志循环 10 个文件,超过则被丢弃
        pattern: "logs/zokrates{}.log"                 #日志循环文件名格式
root:                                                  #根定义
  level: debug                                         #记录 debug 级别以上的日志信息
  appenders:                                           #采用的日志记录器
    - stdout_logger
    - main_file_logger
    - zokrates_file_logger
...
```

Chapter 7 第7章 基础篇总结

到此为止，我们已经学习了 Rust 编程语句的基本知识，包括变量、语句、函数、类型等；同时也学习了如何做错误处理以及如何测试所编写的程序，已经可以编写一些比较简单的程序了，例如：

- 命令行程序
- 文件读写
- 加解密
- 时间计算
- 进程
- 密码学相关
- 正则表达式

7.1 命令行程序

命令行程序也称为 CLI (Command-Line Interfaces)，是使用 Rust 语言进行开发的最普遍场景。我们的第一个 Hello World 程序就是一个命令行程序。一个典型的命令行程序会接收参数、标志(flag)甚至标准输出，执行算法并输出结果到标准输出或者数据库/文件。

7.1.1 命令行参数解析

命令行程序编写的主要问题在于如何解析命令行参数。命令行程序的运行命令的一般形式如下：

```
程序名 [FLAGS] [OPTIONS] [message]
FLAGS:
    -h, --help 打印帮助信息      // 可自定义,此处只是举例
OPTIONS:
    -f, --file 读取文件名        // 可自定义,此处只是举例
ARGS:
    <message>传入的消息
```

假设我们的程序名为 commandline，那么调用命令的例子如下：

```
commandline -h -f readme.txt arg0 arg1 arg2
```

调试时，在 commandline 的项目下，也通过 Cargo 命令来运行：

```
cargo run --  -h -f readme.txt arg0 arg1 arg2
```

图 7.1 直观地显示了命令行参数的种类和其位置计数。

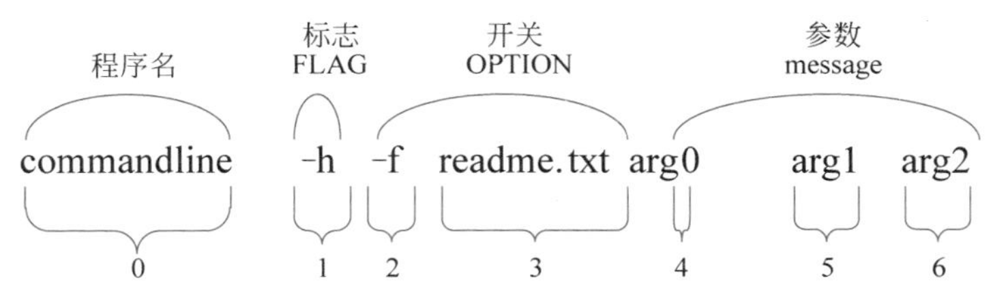

图 7.1　命令行参数种类及位置计数

解析命令行参数主要有以下几种方法：

- 使用 std::env 中的 env::args()方法返回 Args 迭代子，可以遍历 Args 来获取命令行参数值，或者使用 Collect 方法将命令行参数存入一个 Vector(向量)类型的变量；
- 使用 StructOpt 处理复杂的命令行参数；
- 使用 Clap crate 自动解析命令行参数。

首先要修改 Cargo.toml，引入我们所需的 crate：structopt 和 clap。例如：

```
[dependencies]
structopt="0.3.26"
colored ="2.0.0"
clap ="2.34.0"
```

下面的程序包含上面 3 种方案的样例实现。例如：

```
// chapter7\commandline\src\main.rs
extern crate structopt;
extern crate colored;
extern crate clap;
use clap::{ Arg, App, SubCommand } ;
use colored::*;
use structopt::StructOpt;
use std::env;

fn main () {
    // 迭代遍历所有的命令行参数，如果在其中找到--help 参数，则打印帮助信息
    for argument in env::args () {                                    // 方法 1)
        if argument ==" --help" {
            println!(" You passed --help as one of the arguments!" ) ;
        }
    }

    // 使用 collect 方法将所有命令行参数存入一个 Vector ( 向量 ) 变量
    let arguments: Vec<String>=env::args () .collect () ;             // 方法 1)
    println!("{} arguments passed" , arguments.len () ) ;

    // 获取特定位置( 此处为 1) 的命令行参数值
    let message =std::env::args () .nth ( 1)
                    .expect (" Missing the message. Usage: commandline <message>" ) ;

    let name =env::args () .skip ( 1) .next () ;
    match name {
        Some ( n) =>println!(" Hi there ! {} " , n) ,
        None =>panic!(" Didn't receive any name ? " )
    }

    ///////////////////////////////////////////////////////////////////////////////
    /// 方法 2)
```

```
    /// StructOpt 通过 derive 能很方便地处理命令行参数.structopt 宏可以设置默认值以及 short/long
    /// 缺点是太死板,例如增加一个命令行参数就需要修改下面的 Parameter 结构,不利于处理不定长的命令行参数
    #[derive(StructOpt)]
    struct Parameter{
        #[structopt(default_value ="ARGS")]
        message: String,

        #[structopt(short ="h", long ="help")]
        help: bool,

        #[structopt(short ="f", long ="file")]
        file: String,
    }

    let parameters =Parameter::from_args();
    let message =parameters.message;
    let help =if parameters.help{
        println!("You passed --help as one of the arguments!");
    };

    // 使用 Colord 在控制台上打印彩色字符
    println!("{} ", message.bright_yellow().underline().on_purple());

    /////////////////////////////////////////////////////////////////////////////
    /// Clap  方法 3)
    let app =App::new("commandline");
    let app =app.arg(Arg::with_name("help")
                .short("h")
                .long("help")
                .takes_value(false)
                .help("A cool file"))
            .arg(Arg::with_name("file")
                .short("f")
                .long("file")
                .takes_value(true)
                .help("Five less than your favorite number"));

    // 提取匹配值
    let matches =app.get_matches();

    // 提取 help 参数值
    let name =matches.value_of("help")
        .expect("This can't be None, we said it was required");

    println!("Hello,{}!", name);
}
```

程序清单 7.1 Rust 语言编写命令行程序

下面总结一下上面列出的 3 个方案。

- std::env::args 的方案简单明了,但是在处理复杂的情况时比较麻烦。例如,需要为-h 和--help 分别写代码,虽然它们的功能是一样的。
- structOpt 功能强大也简单易用,但是不够灵活。在处理命令行参数时,必须在结构中定义好所有参数,无法处理命令行参数可长可短的情况。
- clap 的功能足够灵活强大,会自动生成应用的使用帮助,可以从文件输入等。clap 只处理子命令(subcommands)和参数(arguments)。subcommand 可以视为主程序的子程序(如 cargo run 和 git commit,此处 run 和 commit 就是子命令 subcommand)。学习和使用起来也稍微复杂,而且对不定长的参数(如上面例子中的 Arg0、Arg1、Arg2

等)，在使用 clap 时，必须以--message "Arg0 Arg1 Arg2 ..."的方式来处理。下面是 clap 自动生成的帮助信息：

```
USAGE:
   commandline.exe --file <file> --help
```

7.1.2　命令行程序的输入/输出

除了参数以外，命令行程序的输入还可以从标准输入(STDIN)读取，如键盘。例如：

```
io::stdin().read_to_string(&mut message)        // 从标准输入读入
```

除了标准输出以外，命令行程序的输出还可以输出到文件、数据库、标准错误(STDERR)以及管道。

如果要打印信息到标准错误(STDERR)，则需要使用 eprintln!。例如：

```
eprintln!("Print out to STDERR.")
```

还有一种比较特殊的输出方式，就是在程序里运行另一个程序。在这种情况下，可以使用 std::process::Command crate，通过提供一个 Command 结构派生一个进程，并在其中运行一个指定的程序。下面是一个简单地判断 rustc 是否存在的函数：

```
fn rustc_exists() ->bool{
    Command::new("rustc")                         // 运行 rustc 命令
        .args(&["--version"])                     // 命令行参数
        .stdout(Stdio::null())                    // 该子进程的 stdout 重定向到 null
        .spawn()                                  // 生成子进程
        .and_then(|mut child| child.wait())       // 等待子进程执行完成
        .map(|status| status.success())           // 判断子进程执行结果
        .unwrap_or(false)
}
```

下面看一个完整的例子，其功能包括父子进程之间的管道通信：

```
// chapter7\pipe.rs
use std::io::prelude::*;
use std::process::{Command, Stdio};
fn main() {
   // 派生子进程执行 ps 命令,并且父进程可以通过 stdout 获得子进程的管道输出
   let process =match Command::new("ps").stdout(Stdio::piped()).spawn() {
      Err(err) =>panic!("couldn't spawn ps: {}", err),
      Ok(process) =>process,
   };
   let mut ps_output =String::new();
   match process.stdout.unwrap().read_to_string(&mut ps_output) { // 通过 stdout 获得子进程的管
                                                                  // 道输出
      Err(err) =>panic!("couldn't read ps stdout: {}", err),
      Ok(_) =>print!("ps output from child process is:\n{}", ps_output),
   }
}
```

程序清单 7.2　Rust 语言编写父子进程间管道通信的命令行程序

以上程序的输出如下：

```
rustprogram/sourcecode/chapter7# ./pipe
ps output from child  process is:
    PID TTY          TIME CMD
2562228 pts/0    00:00:00 pipe
2562229 pts/0    00:00:00 ps
3193037 pts/0    00:00:00 bash
```

7.2 环境变量读写

7.2.1 读取操作系统环境变量

操作系统预定义了很多环境变量。最常见的是路径($Path)。可以使用 std::env 来读取环境变量。例如:

```
// OS 环境变量(Environment)
if env::var_os("RUST_LOG").is_none() {     // 如果环境变量 RUST_LOG 不存在,则设置其值为 info
        env::set_var("RUST_LOG","info");
}
```

7.2.2 读取环境配置文件

很多情况下,可能需要把应用程序的一些配置信息存储在配置文件中。后续应用程序启动时需要读取其信息,用来初始化应用程序的状态。例如:在编写区块链应用时,需要知道链接区块链的链接信息以及钱包地址等信息。所以,通常会在 Rust 项目的根目录下创建一个 env 文件,该文件包含区块链链接信息(Infura Key,通过 Infura 第三方服务连接以太坊节点)和钱包地址信息。样例文件如下:

```
# 链接(Connections)
# Ethereum/以太坊
INFURA_ROPSTEN=https://ropsten.infura.io/v3/fae8c5e33757417ebddf322b80545be7
ETH_ACCOUNT_ADDRESS=0xF6478e9dc1Ec91200fAfF28237f259C03369c784
ETH_START_BLOCKNO=11685279

# Chain ID
ETH_CHAIN_ID=2
```

Cargo.toml 的内容如下(有删节):

```
[package]
name ="envtest"
version ="0.1.0"
edition ="2021"

[dependencies]
tokio ={ version="1.15.0", features =["full","time"]}
warp ="0.3"
hex ="0.4"
web3 ="0.17.0"
dotenv ="0.15.0"
...
# Pretty_env_logger uses env_logger and env_logger uses log.
# So, you just need to know how to use pretty_env_logger mostly.
```

```
# Log, debug etc.
log =" 0.4.8"
pretty_env_logger =" 0.4"
log4rs ={ version=" 1", features =[" background_rotation"]}

[dev-dependencies]
# For examples
env_logger =" 0.9"
```

主程序如下：

```
#[tokio::main]
async fn main() ->web3::Result<() >{
    // 环境变量
    if env::var_os(" RUST_LOG" ).is_none() {
      env::set_var(" RUST_LOG", " info" );
    }
    dotenv::dotenv().ok();                         // 读取 env 环境配置文件
    &std::env::var(" INFURA_ROPSTEN" ).unwrap()   // 读取定义在 env 文件里的变量 INFURA_ROPSTEN
    Ok( () )
}
```

程序清单 7.3 Rust 语言读取环境配置文件程序

7.3 文件读写

4.17 节已经介绍了使用 std::fs 处理文本文件、二进制文件以及系统路径等内容。本节主要介绍使用 Rust 语言读取一些特殊格式的文本文件的方法，如 Json 和 Yaml 文件。

7.3.1 Json 文件读写

读写 Json 文件可以分为以下两步：

(1) 用读写文本字符串的方式读写文本文件；

(2) 对字符串用 **Serde crate** 的功能进行 **Json 的序列化(Serialize)**和**反序列化(Deserialize)**。

首先，修改 Cargo.toml，导入 serde crate：

```
...
[dependencies]
...
# Serde
serde ={ version =" 1.0", features =[" derive" ]}
serde_json =" 1.0"
serde_derive =" 1.0"
uuid ={ version =" 0.8.2", features =[" serde", " v4" ]}

# Log, debug etc.
log =" 0.4.8"
pretty_env_logger =" 0.4"
log4rs ={ version=" 1", features =[" background_rotation" ]}
...
```

关于 Json 格式内容的定义如下：

```
#[derive(Debug, Deserialize, Serialize)]
pub struct SpendProofJSON{
```

```
    pub proof :  ProofZOK,              // ProofZOK 类型,定义在下面
    pub inputs : [String;19],           // 19 个 String 元素的数组
}

#[derive(Debug, Deserialize, Serialize)]
pub struct ProofZOK{
    pub a : [String;2],                 // 2 个 String 元素的数组
    pub b : [[String;2];2],             // 2×2 的多维数组
    pub c : [String;2],                 // 2 个 String 元素的数组
}

#[derive(Debug, Deserialize, Serialize, Clone)]
pub struct DepositNoteRequest{
    pub pk1: U256,
    pub pk2: U256,
    pub amount: U256,
    pub tochainid : u64,                // Deposit to Chain ID
    pub fromassethash : String,         // From Asset Hash
    pub encryptednote : String,         // Detail
    pub fromchainid : u64,              // Deposit from Chain ID
    pub userid: u64,                    // userid
}

#[derive(Debug, Deserialize, Serialize, Clone, PartialEq)]
pub enum CCTRANSSTATUS{
    Sent =1,                            // 交易已发送
    Included =2,                        // 交易已挖出
    Transferred =3 ,                    // 交易发送到其他链
    Complete =4,                        // 交易完成
}

#[derive(Debug, Deserialize, Serialize, Clone)]
pub struct CCTRANSItem{
    pub request : DepositNoteRequest,
    pub noteid: U256 ,
    pub notereq: U256,

    pub rootdigest: U256,
    pub leaf : U256,
    pub pathdigest0: U256,
    pub pathdigest1: U256,
    pub direction: [U256;2],

    pub status: CCTRANSSTATUS,
    pub fromtx: H256,
    pub fromaddress: Address,

    pub blockno:u64,
}
```

上面的 Json 定义对应的样例 Json 文件的内容如下：

```
{                    // 对应于上面的 CCTRANSItem
  "request":{  // 对应于上面的 DepositNoteRequest
    "pk1":"0x26d264c0f94c7089a9be0782aba859f2977447f023085af54e02f0e1039fe3ce",
    "pk2":"0x7bcc180572b26488368240bb84114cf42eed9e708a03f6f431555fd8e135092",
    "amount":"0x989680",
    "tochainid": 79,
    "fromassethash":"0x727B715a3EaCb71A89C9321861a55eadc6f29A49",
    "encryptednote":"0012345",
    "fromchainid": 2,
```

```
    "userid": 0
  },
  "noteid":"0x241cb44488ff9de818b31062df6dfe6d32b4f67c2251f8d1153416d84f25f0f6",
  "notereq":"0x0",
  "rootdigest":"0x0",
  "leaf":"0x0",
  "pathdigest0":"0x0",
  "pathdigest1":"0x0",
  "direction":[
    "0x0",
    "0x0"
  ],
  "status":"Included",
  "fromtx":"0xc45228e1acf7bc1225909249032c913ab85d7c5e95fe127ac3432a504a2a91cb",
  "fromaddress":"0xaf2518cb013d9e917ecf11ea1e4f8d16d2e913ec",
  "blockno": 15263184
}
```

下面是读写静态 Json 文件的代码，请参看注释：

```
// chapter18\zkpccwallet\src\notejson.rs
use std::fs;
use std::fs::File;
use std::io::Write;
use crate::api::*;
use web3::types::U256;
// 以字符串方式写入文件
pub fn writejson(content: &[u8], name: String) ->std::io::Result<()>{
   let mut f =File::create(                    // 创建写入 Json 的带路径的文件名
                 format!(
                    "./{}/{}{}",
                    std::env::var("NOTEDIR").expect("expect notedir"),
                    std::env::var("NOTEPREFIX").expect("expect prefix"),name))?;

    f.write_all(content)?;                     // 写入
    f.sync_all()?;                             // 缓冲区写入物理文件
    Ok(())
}
// 读取指定的文件，以字符串形式返回其内容
pub fn readjson(name: String) ->std::io::Result<String> {
   debug!("readjson: json file full name={}",name);
   let s =fs::read_to_string(name)?;         // 读取文本内容
   Ok(s)
}

pub fn readnotejson(name: String) ->std::io::Result<CCTRANSItem>{
   let content =readjson(
       format!(
          "./{}/{}{}",
          std::env::var("NOTEDIR").expect("expect notedir"),
          std::env::var("NOTEPREFIX").expect("expect prefix"),name))?;

   // 字符串->Json, JSON 对象的逆序列化
   let note: CCTRANSItem =serde_json::from_str(&content)?; // 由字符串生成 CCTRANSItem Json 对象

   Ok(note)
}

pub fn readproofjson(name: String) ->std::io::Result<SpendProofJSON>{
   let content1 =readjson(
      format!(
```

```
            "./{}/{}",
            std::env::var("NOTEDIR").expect("expect notedir"),
            name))?;

    // JSON 对象逆序列化
    let cfg: SpendProofJSON = serde_json::from_str(&content1)?; // 生成 SpendProofJSON Json 对象

    Ok(cfg)
}
```

程序清单 7.4 Rust 语言读取环境变量程序

上面介绍了静态 Json 文件的读写,这意味着我们需要为 Json 文件预先定义结构。有些时候,我们需要读取动态的 Json 文件(编程时 Json 结构不可知的情况,所以无法预先定义与该文件对应的结构)。下面是一个示例程序:

```
// chapter7\json_dynamic\src\main.rs
use serde_json::{Number, Value};

fn main() {
    // 从命令行获取文件名
    let input = std::env::args().nth(1).unwrap();
    let output = std::env::args().nth(2).unwrap();

    let mut sales_products ={
        // 读取第一个文件的内容,放入一个字符串变量
        let sales_products_text = std::fs::read_to_string(&input_path).unwrap();

        // 将字符串解析成动态的 JSON 结构
        serde_json::from_str::<Value>(&sales_products_text).unwrap()
    };

    // 获取动态 JSON 结构的指定位置的信息
    if let Value::Number(number) = &sales_products["sales"][1]["quantity"] {
        // 数量(quantity)增加 3 并存回结构
        sales_products["sales"][1]["quantity"] =
            Value::Number(Number::from_f64(number.as_f64().unwrap() +3).unwrap());
    }

    // 保存修改后的 JSON 结构到文件
    std::fs::write(
        output_path,
        serde_json::to_string_pretty(&sales_products).unwrap(), // JSON 序列化
    ).unwrap();
}
```

程序清单 7.5 Rust 语言读取未知结构的 Json 文件

读取的 Json 文件的内容如下:

```
// chapter7\data\sales.json
{
  "products": [
    {
      "id": 591,
      "category": "fruit",
      "name": "orange"
    },
    {
      "id": 190,
      "category": "furniture",
```

```
      "name":"chair"
    }
  ],
  "sales":[
    {
      "id":"2020-7110",
      "product_id":190,
      "date":1234527890,
      "quantity":2.0,
      "unit":"u."
    },
    {
      "id":"2020-2871",
      "product_id":591,
      "date":1234567590,
      "quantity":2.14,
      "unit":"kg"
    },
    {
      "id":"2020-2583",
      "product_id":190,
      "date":1234563890,
      "quantity":4.0,
      "unit":"u."
    }
  ]
}
```

7.3.2　Yaml 文件读写

首先来看 Cargo.toml 的设定：

```
[dependencies]
serde ={ version ="1.0", features =["derive"]}
serde_yaml ="0.8"
```

可以看到，读取 Yaml 文件需要用到以下两个库。

- serde：用来序列化/反序列化数据结构。
- serde_yaml：用来序列化/反序列化 YAML 格式的数据结构。

下面是一个用爬虫读取配置文件的例子，配置文件 config.yml 的示例内容如下：

```
# chapter7\rust-yaml-file-tutorial-main\config.yml
update_frequency_sec: 120
num_threads: 1
data_sources:
  -name: Google News
    url: news.google.com
    source_type: news
  -name: Yahoo Finance
    url: finance.yahoo.com
    source_type: financial news
  -name: Microsoft News
    url: www.msn.com
    source_type: news
```

下面是对配置文件进行读写修改的例子：

```
// chapter7\rust-yaml-file-tutorial-main\src\main.rs
use serde::{ Deserialize, Serialize} ;
use serde_yaml::{ self} ;

#[derive ( Debug, Serialize, Deserialize) ]
struct DataSource {                    // 静态 yaml,所以需要预先定义结构
    name: String,
    url: String,
    source_type: String,
}

#[derive ( Debug, Serialize, Deserialize) ]
struct Config {                        // 静态 Yaml,所以需要预先定义结构
    update_frequency_sec: u32,
    num_threads: u32,
    data_sources: Vec<DataSource>,
}
fn main () {
    let f =std::fs::File::open (" config.yml" ) .expect (" Could not open file." ) ;
    let mut scrape _config: Config = serde _yaml:: from _reader ( f ) . expect ( " Could not read
values." ) ;
    //遍历配置文件中所有的 Data Source
    for data_source in scrape_config.data_sources.iter () {
       println!(
           " name: {} , type: {} , url {} ",
           data_source.name, data_source.source_type, data_source.url
       ) ;
    }
    // 修改 Yaml 的内容
    scrape_config.num_threads =2;
    // 增加新的 Data Source
    scrape_config.data_sources.push ( DataSource {
        name: " NYTimes " .to_string () ,
        url: " www.nytimes.com" .to_string () ,
        source_type: " news " .to_string () ,
    } ) ;
    scrape_config.data_sources.push ( DataSource {
        name: " Yahoo News " .to_string () ,
        url: " news.yahoo.com" .to_string () ,
        source_type: " news " .to_string () ,
    } ) ;
    // 保存修改后的内容到 Yaml 文件
    let f =std::fs::OpenOptions::new ()
        .write ( true)
        .create ( true)
        .open (" new_config.yml " )
        .expect (" Couldn't open file" ) ;
    serde_yaml::to_writer ( f, &scrape_config) .unwrap () ;
}
```

程序清单 7.6　Rust 语言读取 Yaml 文件

以上程序的输出如下:

```
Rust Programming\sourcecode\chapter7\rust-yaml-file-tutorial-main>cargo r
    Running `target\debug\rust-yaml-file-tutorial.exe`
Config { update_frequency_sec: 120, num_threads: 1, data_sources: [DataSource {  name: " Google
News" , url: " news.google.com" , source_type: " news " } , DataSource {  name: " Yahoo Finance " ,
url: " finance.yahoo.com" , source_type: " financial news" } , DataSource {  name: " Microsoft News" ,
url: " www.msn.com" , source_type: " news " } ] }
update_frequency_sec: 120
name: Google News, type: news, url news.google.com
name: Yahoo Finance, type: financial news, url finance.yahoo.com
name: Microsoft News, type: news, url www.msn.com
```

7.3.3 Toml 文件读写

要读取的样例 config. toml 的文件格式和内容如下：

```
# chapter7\data\config.toml
[input]
xml_file =" ../data/sales.xml"
json_file =" ../data/sales.json"

[redis]
host =" localhost"

[sqlite]
db_file =" ../data/sales.db"

[postgresql]
username =" postgres"
password =" XXXX"
host =" localhost"
port =" 5432"
database =" Rust2018"
```

程序清单 7.7 样例 config. toml 文件

下面是静态读取 toml 文件的代码：

```
// chapter7\toml_static\src\main.rs
use serde_derive::Deserialize;

#[allow(unused)]
#[derive(Deserialize)]
struct Input{
    xml_file: String,
    json_file: String,
}
#[allow(unused)]
#[derive(Deserialize)]
struct Redis{
    host: String,
}
#[allow(unused)]
#[derive(Deserialize)]
struct Sqlite{
    db_file: String,
}
#[allow(unused)]
#[derive(Deserialize)]
struct Postgresql{
    username: String,
    password: String,
    host: String,
    port: String,
    database: String,
}
#[allow(unused)]
#[derive(Deserialize)]
struct Config{
    input: Input,
    redis: Redis,
    sqlite: Sqlite,
    postgresql: Postgresql,
```

```
}

fn main() {
    // 1. 定义 config 结构
    let config_const_values: Config ={

        // 2. 从命令行参数获取 config 文件的路径
        let config_path =std::env::args().nth(1).unwrap();

        // 3. 读取配置文件内容
        let config_text =std::fs::read_to_string(&config_path).unwrap();

        // 4. 从字符串中以静态类型结构的方式解析 toml
        toml::from_str(&config_text).unwrap()
    };

    // 5. 获取并打印一个配置值
    println!(
        "[postgresql].database:{}",
        config_const_values.postgresql.database
    );
}
```

程序清单 7.8　静态方式读取 config. toml 文件

以上程序的输出如下：

```
Rust Programming\sourcecode\chapter7\toml_static>cargo run -- ../data/config.toml
   Finished dev [unoptimized + debuginfo] target(s) in 0.01s
    Running `target\debug\toml_static.exe ../data/config.toml`
[postgresql].database: Rust2018
```

下面是动态读写 TOML 文件的代码：

```
// chapter7\toml_dynamic\src\main.rs
fn main() {
    // 1. 定义配置结构
    let config_const_values ={
        // 2. 从命令行获得配置文件的路径文件名
        let config_path =std::env::args().nth(1).unwrap();

        // 3. 将文件内容读入一个字符串变量
        let config_text =std::fs::read_to_string(&config_path).unwrap();

        // 4. 对该字符串进行 TOML 格式的解析
        config_text.parse::<toml::Value>().unwrap()
    };

    // 5. 显示整个 config 结构
    println!("Original:{:#?}", config_const_values);

    // 6. 打印特定的配置值
    println!(
        "[Postgresql].Database:{}",
        config_const_values
            .get("postgresql")
            .unwrap()
            .get("database")
            .unwrap()
            .as_str()
            .unwrap()
    );
}
```

程序清单 7.9　动态方式读取 config. toml 文件

以上程序的输出如下：

```
Rust Programming\sourcecode\chapter7\toml_dynamic>cargo r --../data/config.toml
     Running `target\debug\toml_dynamic.exe ../data/config.toml`
Original: Table(
    {
        "input": Table(
            {
                "json_file": String(
                    "../data/sales.json",
                ),
                "xml_file": String(
                    "../data/sales.xml",
                ),
            },
        ),
        "postgresql": Table(
            {
                "database": String(
                    "Rust2018",
                ),
                "host": String(
                    "localhost",
                ),
                "password": String(
                    "post",
                ),
                "port": String(
                    "5432",
                ),
                "username": String(
                    "postgres",
                ),
            },
        ),
        "redis": Table(
            {
                "host": String(
                    "localhost",
                ),
            },
        ),
        "sqlite": Table(
            {
                "db_file": String(
                    "../data/sales.db",
                ),
            },
        ),
    },
)
[Postgresql].Database: Rust2018
```

7.4　进程

有时候，我们需要在 Rust 程序里生成一个子进程以执行 shell 命令，并等待命令的返回。

7.4.1　生成子进程

下面的例子涵盖了 shell 命令、生成子进程、等待子进程返回、管道和进程之间的协作等内容。

```
// chapter7\sub-processes\src\main.rs
use std::error::Error;
use std::io::Write;
use std::process::{ Command, Stdio} ;

fn main() ->Result<(), Box<dyn Error +Send +Sync +'static>>{
    let mut ls_child =Command::new(" ls" ) ;              // ls 命令
    if !cfg!( target_os =" windows" ) {
        ls_child.args( &[" -alh" ]) ;
    }
    println!("{} ", ls_child.status() ?) ;
    ls_child.current_dir(" src/" ) ;                     // 设置当前目录,重新执行
    println!("{} ", ls_child.status() ?) ;

    let env_child =Command::new(" env" )                // 生成子进程,设置环境变量
        .env(" CANARY" , " 0x56f" )
        .stdout( Stdio::piped() )
        .spawn() ?;

    let env_output =&env_child.wait_with_output() ?;   // 等待子进程返回
    let canary =String::from_utf8_lossy( &env_output.stdout)
        .split_ascii_whitespace()
        .filter( |line| *line ==" CANARY=0x56f" )
        .count() ;

    assert_eq!( canary, 1) ;                            // 找到该环境变量设定

    let mut rev_child =Command::new(" rev" )
        .stdin( Stdio::piped() )                        // 管道操作
        .stdout( Stdio::piped() )
        .spawn() ?;

    {
        rev_child
            .stdin
            .as_mut()                                   // 因为我们要写标准输入,所以必须是可变
            .expect(" Could not open stdin" )
            .write_all( b" 0x56f" ) ?;
    }

    let output =rev_child.wait_with_output() ?;
    assert_eq!( String::from_utf8_lossy( &output.stdout) , " f65x0" ) ;

    Ok( () )
}
```

程序清单 7.10 生成子进程,执行 shell 命令的例子

在上面的例子中,要注意以下几点。

- 使用了 std::process::command 来执行 shell 命令。ls_child 代表的命令在主进程中执行。改变当前目录的设定会重新运行 shell 命令。
- 使用 Command 的 spawn 函数来生成子进程,在子进程中执行 shell 命令 env(用来设定环境变量)。
- process::Output 结构体表示已结束的子进程的输出,而 process::Command 结构体是一个进程创建者。
- 使用 wait_with_output 函数等待子进程的输出返回。
- rev 是一个 shell 命令,它接收标准输入,并将捕捉到的字符串反序输出到标准输出。

- 获得标准输入的可变引用，不违反借用规则管道读写是以字节为单位的，所以需要使用 String::from_utf8_lossy()把从管道读取的字节转换成字符串。
- process 结构体代表一个正在运行的子进程，并公开了 stdin（标准输入）、stdout（标准输出）和 stderr（标准错误）句柄，通过管道和底层的进程交互。
- 如果想等待 process::Child 完成，就必须调用 Child::wait，将会返回一个 process::ExitStatus。

以上程序的输出如下：

```
root @ iZm5e527ctpldxn4bnlotmZ:/work/rustprogram/sourcecode/chapter7/sub - processes #
cargo run
     Running `target/debug/sub-processes`
total 24K
drwxr-xr-x  4 root root 4.0K Jun 27 01:45 .
drwxr-xr-x 19 root root 4.0K Aug  6 01:32 ..
-rw-r--r--  1 root root  157 Jun 27 01:45 Cargo.lock
-rw-r--r--  1 root root  243 Jun 27 01:45 Cargo.toml
drwxr-xr-x  2 root root 4.0K Jul 11 01:57 src
drwxr-xr-x  3 root root 4.0K Jun 27 01:45 target
exit status: 0
total 12K
drwxr-xr-x 2 root root 4.0K Jul 11 01:57 .
drwxr-xr-x 4 root root 4.0K Jun 27 01:45 ..
-rw-r--r--1 root root 1.2K Jul 11 01:57 main.rs
exit status: 0
```

7.4.2 终止进程

Rust 标准库提供了两种终止进程的方法，分别是 abort()和 exit()。

1. abort()

示例如下：

```
// chapter7\abort.rs
use std::process;
fn main () {
    println!(" Going to abort process " ) ;
    process::abort () ;
    println!(" Process aborted" ) ;        // 这条语句不会被执行
}
```

程序清单 7.11 abort()的例子

以上程序的输出如下：

```
Rust Programming\sourcecode\chapter7>.\abort.exe
Going to abort process
```

2. Exit()

类似于 abort()，但是它可以提供一个错误代码。例如：

```
// chapter7\exit.rs
use std::process;
fn main () {
    println!(" Going to exit process with error code 64" ) ;
```

```
    process::exit(64);                  // 可以返回一个错误代码给 OS
    println!("Process exited");         // 这条语句不会执行
}
```

程序清单 7.12 exit()的例子

以上程序的输出如下：

```
Rust Programming\sourcecode\chapter7>.\exit.exe
Going to exit process with error code 64
```

注意：abort()和 exit()都不会调用析构子(destructor)来清理进程所占用的资源。如果想干净地退出，那么在调用它们前最好保证所有的析构子都已经被调用过了。操作系统会保证进程终止后，其相关资源都会被释放。

7.4.3 进程信号处理

下面使用 signal-hook crate 来处理信号。首先需要在 Cargo.toml 中引入它。例如：

```
[dependencies]
signal-hook ="0.1.16"
```

示例程序如下：

```
// chapter7\miscellaneous\snippet15.rs
use signal_hook::iterator::Signals;
use std::io::Error;
fn main() ->Result<(), Error>{
    let signals =Signals::new(&[signal_hook::SIGTERM, signal_hook::SIGINT])?;
    'signal_loop: loop{                          // 标签
        // Pick up signals that arrived since last time
        for signal in signals.pending() {
            match signal{
                signal_hook::SIGINT =>{
                    println!("Received signal SIGINT");
                }
                signal_hook::SIGTERM =>{
                    println!("Received signal SIGTERM");
                    break 'signal_loop;     // 跳出无限循环
                }
                _ =>unreachable!(),
            }
        }
    }
    println!("Terminating program");
    Ok(())
}
```

程序清单 7.13 Rust 语言处理信号 signal 的例子

注意：

- 上面的程序只处理两个特定的信号 SIGTERM 和 SIGINT；
- 按 Ctrl+C 键会触发 SIGINT 信号。这个信号的默认动作是进程终止。上面的程序会捕捉这个信号并打印输出一个消息，而不是终止进程；
- 使用 kill 命令会触发 SIGTERM 信号。这个信号的默认动作是进程终止。上面的程序会捕捉这个信号并打印输出一个消息，而不是终止进程。

7.5 正则表达式

Rust 的标准库并不包含任何正则表达式的解析和匹配，可以使用 regex crate①。首先需要在 Cargo.toml 中加入包依赖：

```
[dependencies]
regex ="1"
```

主程序如下：

```
// chapter7\regex\src\lib.rs
#[cfg(test)]
mod tests{
    use regex::Regex;
    use std::cell::RefCell;
    use std::collections::HashMap;

    #[test]
    fn simple_parsing() {
        let re =Regex::new(r"(?P<y>\d{4})-(?P<m>\d{2})-(?P<d>\d{2})").unwrap();
                                                                    // 生成正则表达式

        assert!(re.is_match("1999-12-01"));  // 测试格式"1999-12-01"是否匹配 re 正则规则：
                                             // yyyy-mm-dd
        let date =re.captures("1995-05-06").unwrap();  // 测试正则规则的捕捉规则

        assert_eq!("1995", &date["y"]);                        // 捕捉<y>变量
        assert_eq!("05", &date["m"]);                          // 捕捉<m>变量
        assert_eq!("06", &date["d"]);                          // 捕捉<d>变量

        let fun_dates: Vec<(i32, i32, i32)>=(1..12).map(|i|(2000 +i, i, i *2)).collect();

        let multiple_dates: String =fun_dates
            .iter()
            .map(|d| format!("{}-{:02}-{:02}", d.0, d.1, d.2))
            .collect();

        for(match_, expected) in re.captures_iter(&multiple_dates).zip(fun_dates.iter()) {
            assert_eq!(match_.get(1).unwrap().as_str(), expected.0.to_string());
            assert_eq!(
                match_.get(2).unwrap().as_str(),
                format!("{:02}", expected.1)
            );
            assert_eq!(
                match_.get(3).unwrap().as_str(),
                format!("{:02}", expected.2)
            );
        }
    }
```

① https://docs.rs/regex/latest/regex/

```
    #[test]
    fn reshuffle_groups() {
        let re =Regex::new(r"(?P<y>\d{4})-(?P<m>\d{2})-(?P<d>\d{2})").unwrap();

        let fun_dates: Vec<(i32, i32, i32)>=(1..12).map(|i|(2000 +i, i, i *2)).collect();

        let multiple_dates: String =fun_dates
            .iter()
            .map(|d| format!("{}-{:02}-{:02} ", d.0, d.1, d.2))
            .collect();

        let european_format =re.replace_all(&multiple_dates, "$d.$m.$y");

        assert_eq!(european_format.trim(), "02.01.2001 04.02.2002 06.03.2003 08.04.2004 10.05.
2005 12.06.2006 14.07.2007 16.08.2008 18.09.2009 20.10.2010 22.11.2011");
    }
    #[test]
    fn count_groups() {
        let counter: HashMap<String, i32>=HashMap::new();

        let phone_numbers =" +49 (1234) 45665
        +43(0) 1234/45665 43
        +1 314-CALL-ME
        +44 1234 45665
        +49(1234) 55555
        +44 12344 55538";

        let re =Regex::new(r"(\+[\d]{1,4})").unwrap();

        let prefixes =re
            .captures_iter(&phone_numbers)
            .map(|match_| match_.get(1))
            .filter(|m| m.is_some())
            .fold(RefCell::new(counter), |c, prefix|{
                {
                    let mut counter_dict =c.borrow_mut();
                    let prefix =prefix.unwrap().as_str().to_string();
                    let count =counter_dict.get(&prefix).unwrap_or(&0) +1;
                    counter_dict.insert(prefix, count);
                }
                c
            });

        let prefixes =prefixes.into_inner();
        assert_eq!(prefixes.get("+86"), Some(&2));
        assert_eq!(prefixes.get("+1"), Some(&1));
        assert_eq!(prefixes.get("+81"), Some(&2));
        assert_eq!(prefixes.get("+43"), Some(&1));
    }
}
```

程序清单 7.14 Rust 语言正则表达式的例子

以上程序的输出如下：

```
Rust Programming\sourcecode\chapter7\regex>cargo test
    Running unittests src\lib.rs (target\debug\deps\regex-e260362a81153178.exe)

running 3 tests
test tests::count_groups ... ok
```

```
test tests::reshuffle_groups ... ok
test tests::simple_parsing ... ok

test result: ok. 3 passed; 0 failed; 0 ignored; 0 measured; 0 filtered out; finished in 0.00s

   Doc-tests regex

running 0 tests

test result: ok. 0 passed; 0 failed; 0 ignored; 0 measured; 0 filtered out; finished in 0.00s
```

7.6　时间相关

在这里[①]可以找到关于日期(Date)和时间(Time)的处理方式和代码。

7.6.1　标准库的 Time crate

std::time 标准模块提供与系统时间相关的功能，主要有两个概念：Instant 和 Duration。Instant 标识某一个时刻，Duration 标识时长。在下面的程序中，now 函数返回当前时刻，Duration 设置为 1 秒，功能是看在 1 秒内循环被执行了多少次。例如：

```
// chapter7\time.rs
use std::time::{ Duration, Instant} ;
fn main () {
 let mut count =0;                              // 计数器为 0
 let time_limit =Duration::new ( 1,0) ;         // 设置 1 秒时长
 let start =Instant::now () ;                   // 获取开始时刻

 while ( Instant::now () -start) <time_limit { // 如果时间间隔小于 1 秒,则计数器加 1
    count +=1;
  }
println!("{} ", count) ;
}
```

程序清单 7.15　Rust 语言实践计数的例子

以上程序的输出如下：

```
Rust Programming\sourcecode\chapter7>.\time.exe
35850384
```

7.6.2　chrono crate

chronocrate 是最流行也最全面的与时间相关的功能，包括日期(dates)和时间(times)、时区(timezones)以及丰富的格式化选择。关于其详细的信息，请参考 Chrono 的文档[②]。

如果要使用 chrono crate，必须先在 Cargo. toml 中增加依赖：

```
[dependencies]
chrono ="0.4"
```

① https://rust-lang-nursery.github.io/rust-cookbook/datetime.html

② https://docs.rs/chrono/0.4.0/chrono/

下面的程序演示了如何获取当前时间,并将其写入本地的 log.txt 文件:

```
// chapter7\chrono\src\main.rs
extern crate chrono;                                // 使用 chrono crate
use chrono::prelude::*;                             // 导入 chrono 的 prelude
use std::io::prelude::*;
use std::fs::File;
use std::io;
fn main() {
    // 使用本地时间
    // 2023-03-03 16:14:12.086930200 +08:00
    let local: DateTime<Local>=Local::now();

    // 格式化输出如下:
    // Fri, Mar 03 2023 04:13:15 PM
    let formatted =local.format("%a, %b %d %Y %I:%M:%S %p\n").to_string();
    match log_info("log.txt", &formatted) {
        Ok(_) =>println!("Time is written to file!"),
        Err(_) =>println!("Error: could not create file.")
    }
}
fn log_info(filename: &str, string: &str) ->io::Result<()>{
    let mut f =try!(File::create(filename));
    try!(f.write_all(string.as_bytes()));
    Ok(())
}
```

程序清单 7.16 Rust 语言 chrono crate 的例子

以上程序的输出如下:

```
Rust Programming\sourcecode\chapter7\chrono>cargo run
   Finished dev [unoptimized +debuginfo] target(s) in 0.01s
    Running `target\debug\chrono.exe`
2023-08-02 16:00:35.782331100 +08:00
Time is written to file!
```

7.6.3 自定义性能测试

本节用到了闭包,以及函数指针和泛型。时间的计数采用 time::PreciseTime crate。示例如下:

```
use time::PreciseTime;
...
// 运行传入的函数并返回执行的时长
pub fn time<F, T>(f: F) ->(T, f64)      // F 为测试对象函数的泛型,T 为测试对象函数的返回值泛型
    where F: FnOnce() ->T{              // 代表传入的函数指针,其传出参数为 T
  let start =PreciseTime::now();        // 执行前计数
  let res =f();                         // 执行传入的函数指针
  let end =PreciseTime::now();          // 执行后计数

  let runtime_nanos =start.to(end).num_nanoseconds()   // 计算函数执行时长
                    .expect("性能测试每次的执行时长超过 2^63 nanoseconds");
  let runtime_secs =runtime_nanos as f64 / 1_000_000_000.0;
  (res, runtime_secs)
}
```

可以看到,我们用 time crate 和函数指针非常简单地实现了性能测试。

7.7　区块链相关

近年来，区块链技术蓬勃发展，各种区块链项目也层出不穷。作为区块链的基础设施建设，Rust 快速和安全的特性备受青睐。大多数区块链项目都用 Rust 开发而成，或者至少有 Rust 语言的版本。本节介绍一些使用 Rust 语言实现区块链的简单功能。主要示例代码来自比特币[①]和以太坊[②]的 Rust 版本的开源代码。

在项目的配置文件里，需要引入相应的库包：

```
[dependencies]
rand =" 0.3.14"
rustc-serialize =" 0.3"
lazy_static =" 0.2"
base58 =" 0.1"                              # 公私钥/地址显示用 Base58 编码转换
eth-secp256k1 =" 0.5.7"                     # 处理公私钥
bitcrypto ={ path =" ../crypto" }           # 加解密算法
primitives ={ path =" ../primitives" }
```

7.7.1　比特币公私钥生成

比特币的公私钥生成比较简单：使用一个随机数作为种子，即可生成公私钥对。例如：

```
// chapter7\btcaddressex\keys\src\generator.rs
use rand::os::OsRng;                                   // 使用随机数作为种子
use network::Network;
use { KeyPair, SECP256K1, Error} ;

pub trait Generator {
  fn generate ( &self) ->Result<KeyPair, Error>; // 声明公私钥对的生成方法 generate() ,返回 KeyPair
}

pub struct Random {
  network: Network                                     // 比特币有 Mainnet 和 Testnet 两种网络,不妨碍理解
}

impl Random {
  pub fn new ( network: Network) ->Self {
    Random {
      network: network,
    }
  }
}

impl Generator for Random {
  fn generate ( &self) ->Result<KeyPair, Error>{
    let context =&SECP256K1;                           // SECP256K1 定义在 lib.rs 中,库包导入时生成①
    let mut rng =try!( OsRng::new () .map_err ( |_| Error::FailedKeyGeneration) ) ; // 获取随机数
    let ( secret, public)  =try!( context.generate_keypair ( &mut rng) ) ;          // 生成公私钥对
    Ok ( KeyPair::from_keypair ( secret, public, self.network) )   // 以 KeyPair 结构返回②
  }
}
```

程序清单 7.17　Rust 语言比特币私钥生成的例子

---

① https://github.com/paritytech/parity-bitcoin

② https://github.com/paritytech/parity

以上程序里的 Context 变量是对 SECP256K1 的引用，其定义和值生成在 lib.rs 中。例如：

```
// chapter7\btcaddressex\keys\src\lib.rs
...
lazy_static!{
    pub static ref SECP256K1: secp256k1::Secp256k1 =secp256k1::Secp256k1::new(); // 库包导入时生成
}
```

7.7.2 比特币地址生成

获得公私钥对后，需要对公钥进行两次哈希，并将哈希值作为比特币地址。具体程序的算法框图如图 7.2 所示。

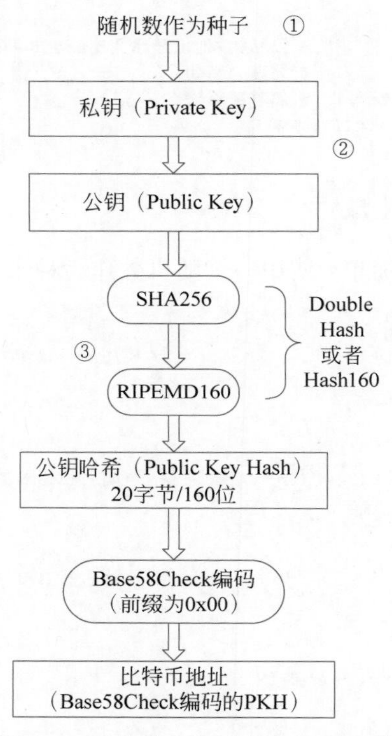

图 7.2 比特币私钥，公钥和地址生成

具体的生成代码解析如下：

```
// parity-bitcoin-master\keys\src\keypair.rs
use std::fmt;
use secp256k1::key;
use hash::{H264, H520};
use network::Network;
use{Public, Error, SECP256K1, Address, Type, Private, Secret};

pub struct KeyPair{
  private: Private,                                    // 私钥
  public: Public,                                      // 公钥
}

impl fmt::Debug for KeyPair{                           // 为 KeyPair 实现 Debug trait
```

```
    fn fmt(&self, f: &mut fmt::Formatter) ->fmt::Result{
      try!(self.private.fmt(f));
      writeln!(f,"public:{:?}", self.public)
    }
  }

  impl fmt::Display for KeyPair{                    //为 KeyPair 实现 Display trait
    fn fmt(&self, f: &mut fmt::Formatter) ->fmt::Result{
      try!(writeln!(f,"private:{}", self.private));
      writeln!(f,"public:{}", self.public)
    }
  }

  impl KeyPair{
    pub fn private(&self) ->&Private{
      &self.private
    }

    pub fn public(&self) ->&Public{
      &self.public
    }

    pub fn from_private(private: Private) ->Result<KeyPair, Error>{    //从私钥获得公私钥对
      let context =&SECP256K1;                      //SECP256K1 定义在 lib.rs 中,库包导入时生成
      let s: key::SecretKey =try!(key::SecretKey::from_slice(context, &*private.secret));
      let pub_key =try!(key::PublicKey::from_secret_key(context, &s)); //由私钥生成公钥
      let serialized =pub_key.serialize_vec(context, private.compressed);

      let public =if private.compressed{           //如果是压缩方式
        let mut public =H264::default();
        public.copy_from_slice(&serialized[0..33]);
        Public::Compressed(public)
      } else{                                       //如果是正常方式
        let mut public =H520::default();
        public.copy_from_slice(&serialized[0..65]);
        Public::Normal(public)
      };

      let keypair =KeyPair{
        private: private,
        public: public,
      };

      Ok(keypair)
    }

    //将公钥、私钥、网络组合成 KeyPair②
    pub fn from_keypair(sec: key::SecretKey, public: key::PublicKey, network: Network) ->Self{
      let context =&SECP256K1;
      let serialized =public.serialize_vec(context, false);
      let mut secret =Secret::default();
      secret.copy_from_slice(&sec[0..32]);
      let mut public =H520::default();
      public.copy_from_slice(&serialized[0..65]);

      KeyPair{
        private: Private{
          network: network,
          secret: secret,
          compressed: false,
        },
        public: Public::Normal(public),
```

```
        }
    }

    pub fn address(&self) ->Address{
        Address{
            kind: Type::P2PKH,
            network: self.private.network,
            hash: self.public.address_hash(),   // 对公钥进行两次哈希,获得比特币地址
        }
    }
}
```

程序清单 7.18 Rust 语言比特币地址生成的例子

在 parity-bitcoin-master\keys\src\public. rs 中,我们找到了 address_hash()函数,它实际上调用了 crypto 库包里的 dhash160()函数。例如:

```
// parity-bitcoin-master\keys\src\public.rs
pub fn address_hash(&self) ->AddressHash{
    dhash160(self)
}
```

下面是 crypto 库包中 parity-bitcoin-master\crypto\src\lib. rs 中的 dhash160()函数的相关部分:

```
// parity-bitcoin-master\keys\src\public.rs
pub struct DHash160{
    sha256: Sha256,                          // SHA256 哈希算法
    ripemd: Ripemd160,                       // RIPEMD160 哈希算法
}
...
impl Default for DHash160{
    fn default() ->Self{
        DHash160{
            sha256: Sha256::new(),           //生成默认的 SHA256 算法的 hasher
            ripemd: Ripemd160::new(),        //生成默认的 Ripemd160 算法的 hasher
        }
    }
}
...
    fn result(&mut self, out: &mut [u8]) { ②
        let mut tmp =[0u8; 32];
        self.sha256.result(&mut tmp);        // 根据本节的框图进行一次 SHA256 哈希
        self.ripemd.input(&tmp);
        self.ripemd.result(out);             // 根据本节的框图再进行一次 RIPEMD 哈希
        self.ripemd.reset();
    }
...
/// SHA-256 and RIPEMD160
#[inline]
pub fn dhash160(input: &[u8]) ->H160{
    let mut result =H160::default();
    let mut hasher =DHash160::new();
    hasher.input(input);
    hasher.result(&mut *result);            // 调用 result 函数进行哈希运算
    result
}
```

7.7.3 keystore 文件

以太坊的 keystore 文件(Linux 系统存储在～/. ethereum/keystore，Windows 系统存储在 C:\Users\Appdata\Roaming\Ethereum\keystore)是用户独有的、用于签署交易的以太坊私钥的加密文件，它允许用户以加密的方式存储密钥，这是安全性(一个攻击者需要 keystore 文件和用户的密码才能盗取用户的资金)和可用性(用户只需要 keystore 文件和密码就能进行交易)的完美结合。

keystore 文件是一个有密码保护的带有用户以太坊账户私钥信息的 JSON 文件，看起来像下面这样：

```
"crypto" :{
    "cipher" :"aes-128-ctr",
    "cipherparams" :{
        "iv" :"83dbcc02d8ccb40e466191a123791e0e"
    },
    "ciphertext" :"d172bf743a674da9cdad04534d56926ef8358534d458fffccd4e6ad2fbde479c",
    "kdf" :"scrypt",
    "kdfparams" :{
        "dklen" : 32,
        "n" : 262144,
        "r" : 1,
        "p" : 8,
        "salt" :"ab0c7876052600dd703518d6fc3fe8984592145b591fc8fb5c6d43190334ba19 "
    },
    "mac" :"2103ac29920d71da29f15d75b4a16dbe95cfd7ff8faea1056c33131d846e3097 "
},
```

- **cipher**：对称 AES 算法的名称。
- **cipherparams**：上述 cipher 算法需要的参数。
- **ciphertext**：用户的以太坊私钥使用上述 cipher 算法进行加密。
- **kdf**：密钥生成函数，用于让用户用密码加密 keystore 文件。
- **kdfparams**：上述 kdf 算法需要的参数。
- **Mac**：用于验证密码的代码。

1. kdf 和 kdfparams

以太坊用户在进行交易前需要解锁他们的账户。以太坊开发者选择了基于密码的保护，也就是说，用户只需要输入密码就能拿回解密密钥，而不需要记住每一个又长又非用户友好型的用于解密 ciphertext 密文的解密密钥。为了能做到这一点，以太坊用了一个密钥生成函数，输入密码和一系列参数就能计算解密密钥。以下是 kdf 和 kdfparams 的用途。

- kdf 是一个密钥生成函数，根据用户提供的密码计算(或者取回)解密密钥。在这里，kdf 用的是 scrypt 算法。
- kdfparams 是 scrypt 函数需要的参数。在这里，dklen、n、r、p 和 salt 是 kdf 函数的参数。

获得解密密钥的流程如图 7.3 所示。

2. cipher、cipertext 和 iv

在获取解密密钥后，就可以按图 7.4 所示的流程获取以太坊用户账户的私钥。

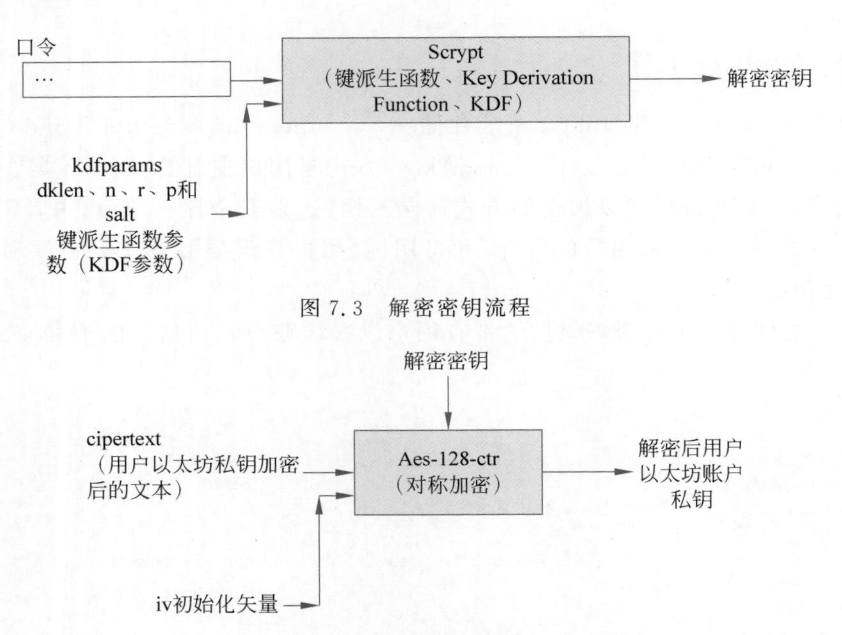

图 7.3　解密密钥流程

图 7.4　生成以太坊私钥

3. mac

以太坊要保证输入解锁账户的密码是正确的,即和最初创建 keystore 文件时是一样的。这就是 keystore 文件中 mac 值起作用的地方。在密钥生成函数执行之后,它的输出(解密密钥)和 ciphertext 密文会被处理(在和 mac 进行比较之前,解密密钥左起第二字节开始的 16 字节要和 ciphertext 密文连接在一起,并用 SHA3-256 方法进行哈希),并且和 mac 做比较。如果结果和 mac 相同,那么密码就是正确的,解密就可以开始了(如图 7.5 所示)。

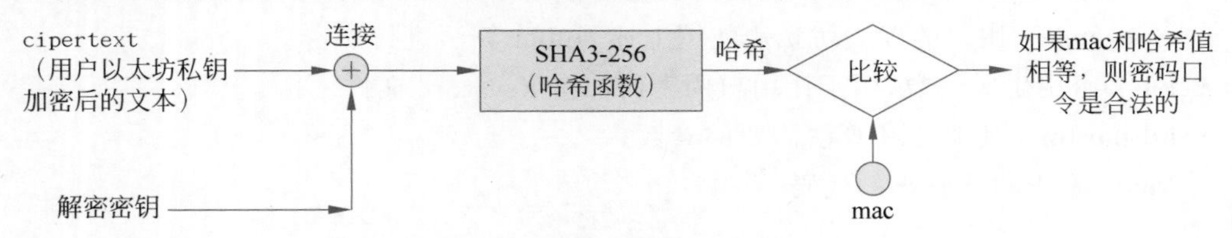

图 7.5　签名验证流程图

从 keystore 文件里解密以太坊用户账户私钥需要经过以下 3 个步骤。

(1) 首先,用户输入了密码,这个密码作为 kdf 密钥生成函数的输入计算解密密钥。

(2) 然后,刚刚计算出的解密密钥和 ciphertext 密文连接并进行处理,和 mac 比较以确保密码是正确的。

(3) 最后,通过 cipher 对称函数用解密密钥对 ciphertext 密文进行解密。解密的结果就是用户的以太坊账户私钥。

理解了 keystore 文件的原理后,我们来看看以太坊 Parity 实现[1]里的相应处理,其相应的程序在 ethstore 子项目中,目录如下:

[1] https://github.com/paritytech/parity

```
root@iZm5e527ctpldxn4bnlotmZ:/work/parity-master/ethstore/src# tree .
.
├── account
│   ├── cipher.rs
│   ├── crypto.rs
│   ├── kdf.rs
│   ├── mod.rs
│   ├── safe_account.rs
│   └── version.rs
├── dir
│   ├── disk.rs
│   ├── memory.rs
│   ├── mod.rs
│   ├── paths.rs
│   └── vault.rs
├── error.rs
├── ethkey.rs
├── ethstore.rs
├── import.rs
├── json
│   ├── bytes.rs
│   ├── cipher.rs
│   ├── crypto.rs
│   ├── error.rs
│   ├── hash.rs
│   ├── id.rs
│   ├── kdf.rs
│   ├── key_file.rs
│   ├── mod.rs
│   ├── presale.rs
│   ├── vault_file.rs
│   ├── vault_key_file.rs
│   └── version.rs
├── lib.rs
├── presale.rs
├── random.rs
└── secret_store.rs
```

json子目录下包含所有用来处理keystore文件的功能，例如从字符串生成json对象等。真正加解密的功能在account子目录下。下面重点介绍account目录下的parity-master\ethstore\src\account\crypto.rs。例如：

```
// parity-master\ethstore\src\account\crypto.rs
use std::iter::repeat;
use std::str;
use ethkey::Secret;
use{json, Error, crypto};
use crypto::Keccak256;
use random::Random;
use smallvec::SmallVec;
use account::{Cipher, Kdf, Aes128Ctr, Pbkdf2, Prf};

/// Encrypted data
#[derive(Debug, PartialEq, Clone)]
pub struct Crypto{                    // 这个结构对应上面 keystore 文件的 json 结构
  pub cipher: Cipher,                 // 加密算法名
  pub ciphertext: Vec<u8>,            // 加密算法数据缓冲区

  /// Key derivation function parameters
  pub kdf: Kdf,
```

```
    /// Message authentication code
    pub mac: [u8; 32],
}

impl From<json::Crypto>for Crypto{   //将 json 类型的 Crypto 对应填入 Crypto 结构
  fn from(json: json::Crypto) ->Self{
    Crypto{
      cipher: json.cipher.into(),
      ciphertext: json.ciphertext.into(),
      kdf: json.kdf.into(),
      mac: json.mac.into(),
    }
  }
}

impl From<Crypto>for json::Crypto{   //为 Crypto 结构生成相应的 Json Crypto 对象
  fn from(c: Crypto) ->Self{
    json::Crypto{
      cipher: c.cipher.into(),
      ciphertext: c.ciphertext.into(),
      kdf: c.kdf.into(),
      mac: c.mac.into(),
    }
  }
}

impl str::FromStr for Crypto{
  type Err =<json::Crypto as str::FromStr>::Err;

  fn from_str(s: &str) ->Result<Self, Self::Err>{
    s.parse::<json::Crypto>().map(Into::into)
  }
}

impl From<Crypto>for String{
  fn from(c: Crypto) ->Self{
    json::Crypto::from(c).into()
  }
}

impl Crypto{
  /// 加密账户私钥
  pub fn with_secret(secret: &Secret, password: &str, iterations: u32) ->Self{
    Crypto::with_plain(& *secret, password, iterations)
  }

  /// 加密数据
  pub fn with_plain(plain: &[u8], password: &str, iterations: u32) ->Self{
    let salt: [u8; 32] =Random::random();
    let iv: [u8; 16] =Random::random();

    // two parts of derived key
    // DK =[ DK[0..15] DK[16..31] ] =[derived_left_bits, derived_right_bits]
    let(derived_left_bits, derived_right_bits) =crypto::derive_key_iterations(password,
&salt, iterations);

    // preallocated(on-stack in case of `Secret`) buffer to hold cipher
    // length =length(plain) as we are using CTR-approach
    let plain_len =plain.len();
    let mut ciphertext: SmallVec<[u8; 32]>=SmallVec::new();
    ciphertext.grow(plain_len);
```

```
    ciphertext.extend(repeat(0).take(plain_len));

    // aes-128-ctr with initial vector of iv
    crypto::aes::encrypt(&derived_left_bits, &iv, plain, &mut *ciphertext);

    // KECCAK(DK[16..31] ++<ciphertext>), where DK[16..31] -derived_right_bits
    let mac =crypto::derive_mac(&derived_right_bits, &*ciphertext).keccak256();

    Crypto{
      cipher: Cipher::Aes128Ctr(Aes128Ctr{
        iv: iv,
      }),
      ciphertext: ciphertext.into_vec(),
      kdf: Kdf::Pbkdf2(Pbkdf2{
        dklen: crypto::KEY_LENGTH as u32,
        salt: salt,
        c: iterations,
        prf: Prf::HmacSha256,
      }),
      mac: mac,
    }
  }

  /// 解密并将解密结果转换成账户私钥
  pub fn secret(&self, password: &str) ->Result<Secret, Error>{
    if self.ciphertext.len() >32{
      return Err(Error::InvalidSecret);
    }

    let secret =self.do_decrypt(password, 32)?;
    Ok(Secret::from_unsafe_slice(&secret)?)
  }

  /// Try to decrypt and return result as is
  pub fn decrypt(&self, password: &str) ->Result<Vec<u8>, Error>{
    let expected_len =self.ciphertext.len();
    self.do_decrypt(password, expected_len)
  }

  fn do_decrypt(&self, password: &str, expected_len: usize) ->Result<Vec<u8>, Error>{
    //实现图 7.3 的功能
    let(derived_left_bits, derived_right_bits) =match self.kdf{
      Kdf::Pbkdf2(ref params) =>crypto::derive_key_iterations(password, &params.salt,
params.c),
      Kdf::Scrypt(ref params) =>crypto::derive_key_scrypt(password, &params.salt, params.
n, params.p, params.r)?,            //获得解密密钥
    };
    //实现图 7.5 的功能
    let mac =crypto::derive_mac(&derived_right_bits, &self.ciphertext).keccak256();

    if mac !=self.mac{          //实现上面图 7.5 的功能：比较 mac 和哈希值是否一样
      return Err(Error::InvalidPassword);
    }

    let mut plain: SmallVec<[u8; 32]>=SmallVec::new();
    plain.grow(expected_len);
    plain.extend(repeat(0).take(expected_len));

    match self.cipher{
      Cipher::Aes128Ctr(ref params) =>{
        debug_assert!(expected_len >=self.ciphertext.len());
```

```
        //实现上面图 7.4 的功能
        let from =expected_len - self.ciphertext.len();
        crypto::aes::decrypt(&derived_left_bits, &params.iv, &self.ciphertext, &mut plain
[from..]);
        Ok(plain.into_iter().collect())
      },
    }
  }
}
```

程序清单 7.19 Rust 语言处理 keystore 的例子

可以通过运行下面的单元测试来进行测试。例如:

```
1.  #[test]
2.  fn crypto_with_null_plain_data() {
3.      let original_data =b"";
4.      let crypto =Crypto::with_plain(&original_data[..],"this is sparta", 10240);
5.      let decrypted_data =crypto.decrypt("this is sparta").unwrap();
6.      assert_eq!(original_data[..], *decrypted_data);
7.  }
```

在上面的单元测试中,第 3 行定义了原始数据,此处为空(此处的 original_data 可以看作用户的以太坊账户私钥);第 4 行生成 Crypto 结构;第 5 行用同样的密码("this is sparta")进行解密;第 6 行判断解密出来的结构与原始结果是否一致。

7.7.4 密码学应用

不对称加密算法的主要用途有加密和签名验证。本节主要讨论的签名验证示意图如图 7.6 所示。

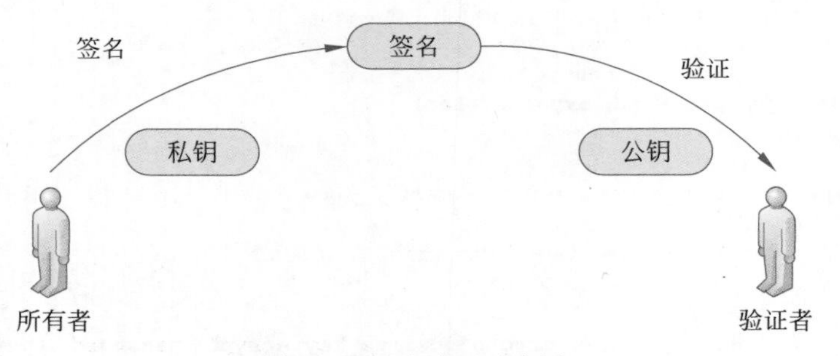

图 7.6 签名验证示意图

以太坊采用 ECDSA 签名算法,返回的字符串可以分为三部分:r,s,v。其中,[0,66)之间的字符串为 r 相关信息(排除“0x”这两个字符,[2,66)之间的字符串为 r 的字符串表示),[66,130)之间的字符串为 s,[130,132)之间的字符串为 v。示例如图 7.7 所示。

图 7.7 签名字符串的 r,s,v 结构图

注意,图 7.7 中用的是签名的字符串表示,如果是签名的十六进制表示,那么整个签名的返回值是 65 字节,前 32 字节是 r 的值,后 32 字节是 s 的值,最后一字节是 v 的值。其中,r 和 s 是标准 ECDSA 签名的输出,v 称为回复 ID(recovery id)或者 recid:

- 如果 r 为偶数，则 v=27；
- 如果 r 为奇数，则 v=28。

其类 Javascript 的伪代码如下：

```
// 伪代码(pseudo code)
  var sig =secp256k1.sign(msg, privateKey)
  var ret ={}
  ret.r =sig.signature.slice(0, 32)
  ret.s =sig.signature.slice(32, 64)
  ret.v =sig.recovery +27
```

下面来看 Parity 是如何实现签名验证功能的，其源代码位于 ethkey 子目录下的 parity-master\ethkey\src\signature.rs 中。例如：

```
// parity-master\ethkey\src\signature.rs
use std::ops::{Deref, DerefMut};
use std::cmp::PartialEq;
use std::fmt;
use std::str::FromStr;
use std::hash::{Hash, Hasher};
use secp256k1:: { Message as SecpMessage, RecoverableSignature, RecoveryId, Error as
SecpError};
use secp256k1::key::{SecretKey, PublicKey};
use rustc_hex::{ToHex, FromHex};
use bigint::hash::{H520, H256};
use{Secret, Public, SECP256K1, Error, Message, public_to_address, Address};

/// Signature encoded as RSV components
#[repr(C)]
pub struct Signature([u8; 65]);                          // 定义签名为 65 字节长的字节数组

impl Signature{
  pub fn r(&self) ->&[u8]{                               // 前 32 字节为 r
    &self.0[0..32]
  }
  pub fn s(&self) ->&[u8]{                               // 第 2 个 32 字节为 s
    &self.0[32..64]
  }
  pub fn v(&self) ->u8{                                  // 获取 RecoveryID,也就是 v
    self.0[64]
  }

  /// 将签名编码为 RSV 数组(V altered to be in"Electrum" notation).
  pub fn into_electrum(mut self) ->[u8; 65]{
    self.0[64] +=27;
    self.0
  }

  /// Parse bytes as a signature encoded as RSV(V in"Electrum" notation).
  /// May return empty(invalid) signature if given data has invalid length.
  pub fn from_electrum(data: &[u8]) ->Self{
    if data.len() !=65 || data[64] <27{
      // fallback to empty(invalid) signature
      return Signature::default();
    }

    let mut sig =[0u8; 65];
    sig.copy_from_slice(data);
    sig[64] -=27;                                        // v 值减去 27
```

```
    Signature(sig)
  }

  /// 从 r,s,v 生成一个 Signature 结构对象
  pub fn from_rsv(r: &H256, s: &H256, v: u8) ->Self{
    let mut sig =[0u8; 65];
    sig[0..32].copy_from_slice(&r);
    sig[32..64].copy_from_slice(&s);
    sig[64] =v;
    Signature(sig)
  }

  /// 检查签名是否是一个"low"签名
  pub fn is_low_s(&self) ->bool{
      H256::from_slice(self.s()) <="7FFFFFFFFFFFFFFFFFFFFFFFFFFFFFFF5D576E7357A4501DDFE
92F46681B20A0".into()
  }

  /// 检查签名的各部分是否都在正常范围
  pub fn is_valid(&self) ->bool{
    self.v() <=1 &&
      H256::from_slice(self.r()) <"fffffffffffffffffffffffffffffffebaaedce6af48a03bbfd25
e8cd0364141".into() &&
      H256::from_slice(self.r()) > =1.into() &&
      H256::from_slice(self.s()) <"fffffffffffffffffffffffffffffffebaaedce6af48a03bbfd25
e8cd0364141".into() &&
      H256::from_slice(self.s()) > =1.into()
  }
}

// 为 Signature 结构实现 PartialEq trait
impl PartialEq for Signature{
  fn eq(&self, other: &Self) ->bool{
    &self.0[..] ==&other.0[..]
  }
}

// 为 Signature 结构实现 Eq trait
impl Eq for Signature{ }

// 为 Signature 结构实现 Debug trait
impl fmt::Debug for Signature{
  fn fmt(&self, f: &mut fmt::Formatter) ->Result<(), fmt::Error>{
    f.debug_struct("Signature")
      .field("r", &self.0[0..32].to_hex())
      .field("s", &self.0[32..64].to_hex())
      .field("v", &self.0[64..65].to_hex())
    .finish()
  }
}

impl fmt::Display for Signature{                    // 为 Signature 结构实现 Display trait
  fn fmt(&self, f: &mut fmt::Formatter) ->Result<(), fmt::Error>{
    write!(f,"{}", self.to_hex())
  }
}
```

```
impl FromStr for Signature{                    // 为 Signature 结构实现 FromStr trait
  type Err =Error;

  fn from_str(s: &str) ->Result<Self, Self::Err>{
    match s.from_hex() {
      Ok(ref hex) if hex.len() ==65 =>{   // 自动将字符串表示方式的签名转换为 Signature 结构
        let mut data =[0; 65];
        data.copy_from_slice(&hex[0..65]);
        Ok(Signature(data))
      },
      _ =>Err(Error::InvalidSignature)
    }
  }
}

impl Default for Signature{                    // 为 Signature 结构实现 Default trait
  fn default() ->Self{
    Signature([0; 65])
  }
}

impl Hash for Signature{                       // 为 Signature 结构实现 Hash trait
   fn hash<H: Hasher>(&self, state: &mut H) {
     H520::from(self.0).hash(state);
   }
}

impl Clone for Signature{                      // 为 Signature 结构实现 Clone trait
   fn clone(&self) ->Self{
   Signature(self.0)
   }
}

impl From<[u8; 65]>for Signature{              // 为 Signature 结构实现 From trait
  fn from(s: [u8; 65]) ->Self{                 // 自动转换字节数组为 Signature 结构对象
    Signature(s)
  }
}

impl Into<[u8; 65]>for Signature{              // 为 Signature 结构实现 Into trait
  fn into( self) ->[u8; 65]{                   // 自动转换 Signature 结构对象为字节数组
    self.0
  }
}

impl From<Signature>for H520{
  fn from(s: Signature) ->Self{
    H520::from(s.0)
  }
}

impl From<H520>for Signature{
  fn from(bytes: H520) ->Self{
    Signature(bytes.into())
  }
}

impl Deref for Signature{
  type Target =[u8; 65];

  fn deref( &self) ->&Self::Target{
```

```
    &self.0
  }
}

impl DerefMut for Signature{
  fn deref_mut(&mut self) ->&mut Self::Target{
    &mut self.0
  }
}

pub fn sign(secret: &Secret, message: &Message) ->Result<Signature, Error>{ // 签名给定的消息
  let context =&SECP256K1;  // 定义在 lib.rs 中,库包导入时生成
  let sec =SecretKey::from_slice(context, &secret)?;
  let s =context.sign_recoverable(&SecpMessage::from_slice(&message[..])?, &sec)?;// 签名
  let(rec_id, data) =s.serialize_compact(context);   // 获得 v
  let mut data_arr =[0; 65];

  // no need to check if s is low, it always is
  data_arr[0..64].copy_from_slice(&data[0..64]);        // 提取 r 和 s
  data_arr[64] =rec_id.to_i32() as u8;                  // 设置 v
  Ok(Signature(data_arr))                               // 返回 Signature 签名结构对象
}

pub fn verify_public(public: &Public, signature: &Signature, message: &Message) ->Result
<bool, Error>{
  let context =&SECP256K1;
  let rsig =RecoverableSignature::from_compact(context, &signature[0..64], RecoveryId::from_
i32(signature[64] as i32)?)?;
  let sig =rsig.to_standard(context);

  let pdata: [u8; 65] ={
    let mut temp =[4u8; 65];
    temp[1..65].copy_from_slice(&**public);
    temp
  };

  let publ =PublicKey::from_slice(context, &pdata)?;
  match context.verify(&SecpMessage::from_slice(&message[..])?, &sig, &publ){
    Ok(_) =>Ok(true),
    Err(SecpError::IncorrectSignature) =>Ok(false),
    Err(x) =>Err(Error::from(x))
  }
}

pub fn verify_address(address: &Address, signature: &Signature, message: &Message) ->Result
<bool, Error>{
  let public =recover(signature, message)?;                   // 从签名消息中恢复签名公钥
  let recovered_address =public_to_address(&public);         // 从签名公钥获得签名地址
  Ok(address ==&recovered_address)                            // 检查签名地址是否与传入地址相符
}

pub fn recover(signature: &Signature, message: &Message) ->Result<Public, Error>{
  let context =&SECP256K1;
  let rsig =RecoverableSignature::from_compact(context, &signature[0..64], RecoveryId::from_
i32(signature[64] as i32)?)?;
  let pubkey =context.recover(&SecpMessage::from_slice(&message[..])?, &rsig)?;// 恢复签名公钥
  let serialized =pubkey.serialize_vec(context, false);

  let mut public =Public::default();
  public.copy_from_slice(&serialized[1..65]);
  Ok(public)                                                  // 返回从签名消息里恢复的签名公钥
}
```

程序清单 7.20　Rust 语言密码学应用的例子

可以通过单元测试来测试其功能：

```
#[test]
fn sign_and_verify_address() {
  let keypair =Random.generate().unwrap();                    // 生成公私钥对
  let message =Message::default();                            // 使用默认的签名消息
  let signature =sign(keypair.secret(), &message).unwrap(); // 使用上面生成的私钥对签名消息进行签名

  // 检验从签名消息里恢复出来的签名地址是否与上面生成的公私钥对的地址相符
  assert!(verify_address(&keypair.address(), &signature, &message).unwrap());
}
```

7.8　错误处理

本节演示使用第三方的 thiserror crate 来设计一个自定义的错误类型系统。我们的模拟样例程序是一个 Web 应用：它读取一个 key 文件，通过读入的 key 来调用 RPC API 以获取某些内容；最后删除 key 文件。我们使用 reqwest crate[1] 来处理 HTTP API 调用。

首先要修改 Cargo.toml：

```
[dependencies]
reqwest ={ version ="0.11", features =["blocking"]}
```

7.8.1　版本 1

样例程序的需求可以用下面的类 Rust 语言表达：

```
fn make_request() ->Result<(), Box<dyn std::error::Error>>{
    let key =std::fs::read_to_string("some-key-file")?;  // 读取 key 文件
    // 对于请求 URL,发起 GET 请求
    _ = reqwest::blocking::get(format!("https://httpbin.org/key/{}", key))?.error_for_
status()?;
    std::fs::remove_file(key)?;
    Ok(())
}
```

可以看到，我们使用 Box < dyn std::error::Error >>作为返回类型，从而统一处理错误。

make_request 函数的调用者希望对不同的错误有不同的处理方式。例如，如果是读取文件错误，我们希望给调用者返回 404(NOT_FOUND)状态码；如果 API 请求失败，我们希望给调用者返回 500 (INTERNAL_SERVER_ERROR 状态码)。我们使用枚举类型来自定义错误类型如下：

```
enum CustomError{                    // 自定义错误类型
  FileReadError(std::io::Error),
  RequestError(reqwest::Error),
  FileDeleteError(std::io::Error),
}

fn make_request() ->Result<(), CustomError>{
  let key =std::fs::read_to_string("some-key-file")?;
  reqwest::blocking::get(format!("https://httpbin.org/key/{}",key))?.error_for_status()?;
  std::fs::remove_file(key)?;
  Ok(())
}
```

---

① https://docs.rs/reqwest/latest/reqwest/

上面的程序会有编译错误,因为“?”操作符不知道如何把方法的返回错误类型转换为自定义的 CustomError 类型。所以,我们需要使用 map_error 把错误映射到自定义的 CustomError 枚举类型。示例如下:

```
fn make_request() ->Result<(), CustomError>{
   use CustomError::*;

   let key =std::fs::read_to_string("some-key-file").map_err(FileReadError)?;
   reqwest::blocking::get(format!("https://httpbin.org/key/{}", key))
       .map_err(RequestError)?                    //第一次判断请求是否失败
       .error_for_status()
       .map_err(RequestError)?;                   //第二次判断请求状态码

   std::fs::remove_file("some-key-file").map_err(FileDeleteError)?;
   Ok(())
}
```

上面的程序使用 map_err 解决了错误类型的转换问题。但是我们必须映射 reqwest 错误两次:一次映射请求失败,另一次映射不正确的状态码。我们可以做一些改进:为 CustomError 实现 From<reqwest::Error> trait。Rust 编译器会通过 From trait 使用“?”操作符隐式地转换错误,但是不能为 std::io::error 实现 From trait,这是因为 std::io::error 的错误类型太多,无法全部映射到 CustomError 的两个 io 错误分支。例如:

```
// chapter7\customerrordyn\src\main.rs
impl From<reqwest::Error> for CustomError{
   fn from(e: reqwest::Error) ->Self{
      CustomError::RequestError(e)
   }
}

fn make_request() ->Result<(), CustomError>{
   use CustomError::*;

   let key =std::fs::read_to_string("some-key-file").map_err(FileReadError)?;
   reqwest::blocking::get(format!("https://httpbin.org/key/{}", key))?.error_for_status()?;
   std::fs::remove_file("some-key-file").map_err(FileDeleteError)?;
   Ok(())
}
```

下面通过为 CustomError 实现 Debug 和 Display traits 来提供一个错误消息。例如:

```
impl std::error::Error for CustomError{
   fn source(&self) ->Option<&(dyn Error +'static)>{
      match self{
         CustomError::FileReadError(s) =>Some(s),
         CustomError::RequestError(s) =>Some(s),
         CustomError::FileDeleteError(s) =>Some(s),
      }
   }
}

impl Debug for CustomError{
   fn fmt(&self, f: &mut std::fmt::Formatter<'_>) ->std::fmt::Result{
      writeln!(f,"{}", self)?;
      if let Some(source) =self.source() {
         writeln!(f,"Caused by:\n\t{}", source)?;
      }
```

```
        Ok(())
    }
}

impl std::fmt::Display for CustomError{
    fn fmt(&self, f: &mut std::fmt::Formatter<'_>) ->std::fmt::Result{
        match self{
            CustomError::FileReadError(_) =>write!(f, "failed to read the key file"),
            CustomError::RequestError(_) =>write!(f, "failed to send the api request"),
            CustomError::FileDeleteError(_) =>write!(f, "failed to delete the key file"),
        }
    }
}
```

程序清单 7.21 自定义错误类型版本 1 的例子

上面的程序为 CustomError 类型实现了 std::error::Error trait。source 方法返回具体的错误,并且 Debug trait 把它列为最原始的错误。Display trait 的实现可以将清晰的消息返回给用户。

7.8.2 版本 2

版本 1 的实现过于臃肿。本节使用 thiserror crate 来做一些改进。thiserror crate 使用 derive 宏来生成简洁的错误处理代码。例如:

```
// chapter7\customerrorthiserror\src\main.rs
fn main() {
    println!("{:?}", make_request("key.txt").unwrap_err());
}

#[derive(thiserror::Error)]
enum CustomError{
    #[error("the length of filename should be 10, but was{}", .0.len())]
    ValidationError(String),

    #[error("failed to read the key file")]        // #[error..]属性提供详细错误信息
    FileReadError(#[source]std::io::Error),       // #[source]定义错误的根源

    #[error("failed to send the api request")]
    RequestError(#[from]reqwest::Error),

    #[error("failed to delete the key file")]
    FileDeleteError(#[source]std::io::Error),
}

fn make_request(filename: &str) ->Result<(), CustomError>{
    use CustomError::*;

    let filename =if filename.len() ==0{
        filename
    } else{
        return Err(ValidationError(filename.into()));
    };
    let key =std::fs::read_to_string(filename).map_err(FileReadError)?;
    reqwest::blocking::get(format!("http:key/{}", key))?.error_for_status()?;
    std::fs::remove_file(filename).map_err(FileDeleteError)?;
    Ok(())
}
```

```
impl Debug for CustomError {            // thiserror 只要求实现 Debug trait
   fn fmt( &self, f: &mut std::fmt::Formatter<'_> ) ->std::fmt::Result {
      writeln!( f, "{} ", self) ?;
      if let Some ( source) =self.source () {
         writeln!( f, " Caused by:\n\t{} ", source) ?;
      }
      Ok( () )
   }
}
```

程序清单 7.22　自定义错误类型版本 2 的例子

在上面的程序中，我们删除了 std::error::Error、std::fmt::Display 和 From < reqwest::Error >的实现。thiserrror 只要求自定义错误类型实现 Debug trait。

我们利用 #[derive(thiserror::Error)]生成了代码。

- #[error(/* */)]定义枚举类型分支的 Display trait 的表现形式。例如，如果 key 文件不存在，则错误会返回"failed to read the key file"字符串。
- #[source]用来返回在 Error::source 中记录的原始错误，在 Debug trait 的实现中会用到。
- #[from]自动为自定义错误类型派生 From trait 实现。被 #[from]标注的域用作错误源。我们不能用#[from]标注两个 std::io::Error 分支。这是因为同一类型会有多个 From < std::io::Error > 实现。
- 我们增加了 ValidationError 错误分支：假设 key 文件要求文件名必须是 10 个字母，如果不是，则返回 ValidationError。
- #error 属性支持从错误中展开字段，例如 ValidationError 错误分支中的"{}"。如果表达式的参数指向的字段是 struct 或者 enum，则可以用.var 来访问，用.0 来访问元组字段。

附录 词 汇 表

本书有些地方采用中文翻译，但是对于有些术语，为了防止歧义和混淆，直接使用了英文术语。

简　写	中文翻译	本书采用的术语
Trait	特征	Trait
Slice	切片，也称为片段	切片
Crate	包装箱	Crate
module	模块	模块
DSL(Domain Specific Language)	领域特定语言	DSL
Early Return	提早返回	提早返回
Toolchain	工具链	工具链
Future	也称为 Promise 或 Callback，翻译为回调函数	Future
Workspace	工作空间	工作空间
Impl	实现	Impl
Shadow	遮蔽，覆盖	遮蔽
Pattern Destructuring	模式解构	模式解构
DST(Dynamically Sized Type)	动态大小类型。内存占用量在编译时不确定的类型	动态大小类型
Combinator	组合子	组合子
Tag	标记	Tag
Data Acquisition	数据获取	数据获取
Data Aggregation	数据聚集	数据聚集
Don't Repeat Yourself(DRY)	不要重复自己	DRY
Read-Evaluate-Print-Loop(REPL)	读、执行、打印、循环	REPL
FFI(Foreign Function Interface 的首字母缩写)	外部功能接口	FFI
Dangling Pointer	悬垂指针问题(dangling pointer)：程序员在对象被释放后还在继续访问该对象	悬垂指针
Monomorphization	单态化 编译器在编译时，在泛型类型应用到具体的类型时，编译器会用具体类型来替代类型参数 T。这个在编译时为特定类型生成特定函数的过程称为单态化	单态化
Borrow	借用	借用
Reference	引用	引用
COW(Copy-On-Write)	写时复制。除非是因为资源紧张的限制，推荐使用对象的另一个实例。这个原则在提高可读性的同时也能更好地维护系统	COW
Static Dispatch	静态分发	静态分发
Dynamic Dispatch	动态分发	动态分发
Binding	绑定	绑定

续表

简　　写	中文翻译	本书采用的术语
NLL,Non-Lexical Lifetimes	Rust 编译器知道一个引用在作用域结束之前不会再使用的位置点的功能。具体请参照 The Edition Guide[①]	NLL
Arc(Atomic Reference Counter)	原子引用计数	Arc
Rc(Reference Counter)	引用计数	Rc
RAII (Resource AcquisitionIs Initialization)	资源获取即初始化 Rust 中的通用规则:任何时候,对象一旦离开其作用域,它就不再有所有者了。这个对象的析构函数(如果有)就会被自动调用,其所有的资源都会被释放,这样可以防止内存(或者其他资源)泄露	RAII
Boxed Value	被盒封的值	被盒封
Dereference	解引用	解引用
DWARF (Debugging With Attributed Record Format)	一种调试用的文件格式	DWARF
Circular Reference	循环引用	循环引用
HOF(Higher Order Function)	高阶函数:执行一个或多个函数来产生一个用处更大的函数	高阶函数
feature	特征	feature
ADT(Algebraic Data Type)	代数数据类型	ADT
Turbofish	::<>	Turbofish
zk-SNARKs	zero-knowledge Succinct Non-interactive Arguments of Knowledge 的简写	zk-SNARKs
Compile-TimeFunction Execution (CTFE)	编译时函数执行	CTFE
Panic	恐慌	Panic
P2P(Peer-to-Peer)	对等点对点网络	P2P
TokenSteam	词条流	TokenSteam
Barrier	屏障	Barrier
Condvar	条件变量	Condvar
Reactor	反应堆	反应堆
Executor	执行器	执行器
Waker	唤醒器	唤醒器
Poll	轮询	轮询
Bug	臭虫	Bug
Null Pointer	空指针	空指针
Wild Pointer	野指针	野指针
Memory Leak	内存泄露	内存泄漏
Out of Boundary	内存越界	内存越界
Segment Fault	段错误	段错误
Data Race	数据竞争	数据竞争
vtable	虚拟函数表	虚拟函数表

① https://blog.rust-lang.org/2018/12/06/Rust-1.31-and-rust-2018.html#non-lexical-lifetimes

续表

简写	中文翻译	本书采用的术语
Newtype	新类型	Newtype
Leaf future	叶子 Future	Leaf future
Non-Leaf future	非叶子 Future	Non-Leaf futures
Item	项(迭代器)	Item
Thread parking		Thread parking
Leaking	泄漏,泄露	Leaking
Pin	钉住	Pin
trait object	trait 对象	trait 对象